# 码农野蛮生长
## Java 源码阅读方法论

沈进群 编著

电子工业出版社
Publishing House of Electronics Industry
北京·BEIJING

## 内 容 简 介

如何克服阅读经典源码的畏难情绪？如何将零散的 Java 高级知识串联为一个整体？如何将 Java 高级知识的学习与实践融为一体？阅读本书，你将获得想要的答案。本书向流畅阅读集高并发、高可用于一体的 ZooKeeper 源码的终极目标进发，从环境搭建开始点滴积累，提供了一种与众不同的 Java 语言学习路径。

本书首先讲解了源码阅读环境选型、必备插件准备、快捷操作高级技巧、源码跟踪调试高级技巧及常见问题分析，介绍了如何构建 ZooKeeper 源码及多个底层开源组件的源码阅读环境；其次完整地论述了字符集的基础知识，说明了字符乱码产生的原因及根本的解决办法；接着以装饰模式为核心构建一套新的 I/O 学习方法，并结合源码深入分析了线程、线程池、ThreadFactory 和 ThreadLocal；然后以 JCStress 压测为辅助手段深入讲解 Java 内存模型，并深入分析了高并发常用编程组件；最后围绕案例讲解基于 BIO、NIO、AIO 的网络编程模型，以实战形式分析 RMI、WebService、RPC、HttpServer、HttpClient 等 JDK 内置组件。

未经许可，不得以任何方式复制或抄袭本书之部分或全部内容。
版权所有，侵权必究。

### 图书在版编目（CIP）数据

码农野蛮生长：Java 源码阅读方法论 / 沈进群编著.
北京：电子工业出版社，2025.7. -- ISBN 978-7-121-50615-4
Ⅰ．TP312.8
中国国家版本馆 CIP 数据核字第 2025K4Q842 号

责任编辑：李树林　　文字编辑：张锦皓
印　　刷：天津千鹤文化传播有限公司
装　　订：天津千鹤文化传播有限公司
出版发行：电子工业出版社
　　　　　北京市海淀区万寿路 173 信箱　邮编：100036
开　　本：787×1092　1/16　印张：20.25　字数：515.2 千字
版　　次：2025 年 7 月第 1 版
印　　次：2025 年 7 月第 1 次印刷
定　　价：88.00 元

凡所购买电子工业出版社图书有缺损问题，请向购买书店调换。若书店售缺，请与本社发行部联系，联系及邮购电话：（010）88254888，88258888。
质量投诉请发邮件至 zlts@phei.com.cn，盗版侵权举报请发邮件至 dbqq@phei.com.cn。
本书咨询和投稿联系方式：（010）88254463，lisl@phei.com.cn。

# 前言

从庞大到以 30 吨计的电子计算机到轻量便携可穿戴式的计算设备，计算机的发展只不过经历了短短数十年。在这数十年间，信息产业从无到有、从弱到强，这离不开无数计算机从业人员的日夜打拼。计算机行业是一个新陈代谢极其快速的行业，它代谢的不只是硬件、软件和厂商，还迭代着软件从业人员的知识体系。笔者在实际工作中先后使用了 13 门开发语言，其更新迭代速度几乎不逊于由摩尔定律支撑的硬件技术的飞速发展。技术的进步为广大终端用户带来不断提升的体验和享受，但它也是广大软件从业人员的魔咒。软件的快速发展驱使着从业者不断地自我提升，码农逐步演化成型，这是一个需要不断学习、不断追赶的群体。如何从码农晋升到"码工"，再从"码工"升级成为"码皇"，是本书需要解决的问题。

笔者常年工作在软件研发一线，参与了众多不同设计语言、不同架构风格和不同团队规模的项目。在多年的工作实践中，笔者始终致力于推动并督促团队成员彼此之间的技术分享，分享个人所学、所思、所长，促进团队共同成长。多年的技术分享汇成了一个知识的宝库，这个宝库里面既有时髦的技术，又有从实践中摸索出来的学习方法。现将部分经验积累分享给更多渴望技术进步的人。

## 本书为何而写

Java 语言作为一门静态编译型语言，拥有严谨的语法结构，这使 Java 语言具有简单易学的特点，拥有海量的忠实用户。Java 生态开源的优势，促进了 Java 社区的持续繁荣，但是大量 Java 开源框架，又成为精通 Java 的阻拦索。作为分布式互联网发展的基石，开源组件 ZooKeeper 是分布式一致性协调服务的首选，大量的中间件依托于 ZooKeeper 部署和管理。ZooKeeper 集数据管理、集群管理、网络控制、远程过程调用传输、命令行交互、Paxos 算法于一身，具有代码简洁、设计精巧和技术密集的特点。挑战阅读 ZooKeeper 底层源码，将成为学习 Java 语言的试金石。

本书是一本关于 Java 源码阅读方法的书，但是书中并没有安排单独的章节来叙述源码阅读方法，事实上也无此必要。因为读完本书的第 1 章到第 8 章，也就相当于掌握了 Java 源码阅读的方法。贯穿全书的主线是读懂 ZooKeeper 源码，而具体的战术则是从深入剖析 Java I/O、多线程、高并发和网络编程等基础知识入手，为 ZooKeeper 源码阅读积蓄力量。

## 内容结构

本书共 8 章，第 1 章至第 3 章属于学习的预备内容，第 4 章至第 8 章介绍编程基础知识，具体如下：

第 1 章 图文并茂地讲解源码阅读环境的搭建，包括安装源码阅读必备插件，优化环境相关配置；选择主流且官方长期支持的 Java 开发工具包版本，下载并导入源码。

第 2 章 为全书创建统一标准的示例工程，并上传至 GitHub 网站；对源码跟踪技巧进行集中举例说明，对常见问题进行深入分析。

第 3 章 下载并导入 ZooKeeper 源码到本地工作区，以本地命令行方式进行最小化启动；下载并导入 Log4j、SLF4J、JUnit 等关联组件的源码包，完成编译调试等工作。

第 4 章 全书重点章节之一，对字符集知识进行了完整而详细的归纳，通过示例程序验证了字符编码规范及其底层的转换逻辑；介绍了与字符集控制相关的参数，对字符集相关的 JDK 源码进行深入解读，为深入理解 Java I/O 打下良好的基础。

第 5 章 通过结合示例程序源码分析，辨析输入流与输出流，字节流与字符流；在理解装饰模式的层层嵌套格式的基础上，达到 Java I/O 功能读得懂、写得出的目标，为理解网络编程奠定基础。

第 6 章 结合示例代码介绍线程、线程池的多种用法；通过源码解读，详细分析线程状态流转的规律。熟练掌握多线程后，将为进入下一章的学习做好准备。

第 7 章 概述 Java 高并发支撑体系，研究 wait、notify、notifyAll 与 synchronized 关键字之间的相互作用，研究 AQS 类对并发控制的积极作用。

第 8 章 演示 C/S 结构的网络编程技巧，针对网络编程中的重点和难点知识进行深入挖掘。

## 怎样阅读本书

阅读源码当然不是做阅读理解题，也不是划重点提炼中心思想，而是需要反复磨炼和实践，从而摸清系统的骨骼结构和经络走向。本书按照技术难度逐层递进，并给出相应的示例，所举的例子力求精练简洁，一般都不会超过 30 行代码，既方便了对代码的分析和理解，也为上机实验带来了极大的方便。本书避免在代码中间插入注释，从而保证读者的阅读体验。本书的技术跨度比较大，涉猎内容较广，因此在学习过程中避免不了查阅基础资料，力求学以致用，而不是浅尝辄止。本书从前到后难度逐渐增加，建议读者按章节顺序阅读。

## 特别约定

- 本书以缩写"ZK"统一表示 ZooKeeper 开源组件。
- 代码左上方标记分类:"【源码】"为截取自 ZK、JDK 或其他开源组件中的代码,"【示例源码】"为作者编写的功能演示代码,相应的一级包名范围为 chap01~chap08。
- 为提升图书的阅读体验,对代码中的 Java 关键字用下划线标记,对代码中的局部变量和成员变量使用斜体表示。
- 本书截取的代码力求精简,对于阅读难度不大或与主题无关的代码,采用省略号代替。
- 本书对部分文字较长的包名采用缩略的书写方式,例如 java.util.concurrent 被表述为 j.u.c。
- 本书所有的代码中间没有夹杂注释信息,以留白的方式让读者可以更加深入地思考。
- 本书以类似于 write(...)的方式泛指代码中的方法定义,而类似于 write()的方式则特指没有输入参数的方法。

## 适用人群

本书围绕读懂优秀的 Java 源码这一主线展开,从最初的阅读环境准备到最后的 Java 重点难点综合运用,各章节之间环环相扣,层层递进。

- 如果你对阅读优秀的源码感兴趣,那么你可以从本书学到源码阅读的方法,还可以跟随本书领略经典源码的魅力。
- 如果你有一定基础,希望继续提高 Java 编程能力,那么本书不但提供了大量的 Java 编程技巧,还可以使读者对 Java 语言的认知从"知其然"转变为"知其所以然"。
- 如果你从事软件设计或系统架构相关的工作,那么本书对多线程、高并发和网络编程的深度剖析将为架构选型及性能优化提供方向指引。

## 联系作者

为了更好地服务于读者,搭建一个 Java 用户之间的沟通、分享、交流平台,各位读者可以访问和关注我的个人公众号及视频号(@码农野蛮生长),笔者将在公众号上分享学习、工作中遇到的各种新技术、新架构。同时,由于篇幅所限及个人精力有限,本书有些技术点未能完全深入展开,读者或许有未能尽兴之憾,请各位读者不吝分享自己的读书心得，对于本书的疏漏之处，恳请批评指正。

### 感谢

本书得以出版，离不开亲朋好友的支持。首先要感谢我的妻子王思萍，她作为一个圈外人士从纯文学的角度通读了本书，并提出众多宝贵意见，她是本书的第一位读者。其次要感谢阅读初稿的刘军伟、李伟、张泽泽和范真诚，他们对书稿的修改提出了许多很有价值的建议。

谨以此书献给我的女儿沈宁，希望她能谅解爸爸没有给予她更多的陪伴、更多的鼓励和呵护。希望她永远快乐，从容面对生活！

# 目 录

## 第 1 章 打磨源码阅读环境 ... 1
### 1.1 集成开发环境准备 ... 1
#### 1.1.1 Eclipse IDE 安装与优化 ... 2
#### 1.1.2 IntelliJ IDEA 社区版安装与优化 ... 8
### 1.2 Eclipse 开发环境高级设置 ... 10
#### 1.2.1 高效编程必备设置 ... 10
#### 1.2.2 全键盘操作修炼之道 ... 12
### 1.3 IDEA 快捷操作进阶 ... 15
#### 1.3.1 快捷操作之 Live Templates ... 15
#### 1.3.2 快捷操作之 Postfix Completion ... 16
### 1.4 编码效率提升利器——Vrapper 与 IdeaVim 速成 ... 16
#### 1.4.1 命令模式 ... 17
#### 1.4.2 文本编辑模式 ... 17
#### 1.4.3 尾行模式 ... 17
### 1.5 JDK 版本选型、安装和配置 ... 18
#### 1.5.1 版本选型——OpenJDK 11 ... 19
#### 1.5.2 Eclipse 环境设置 Java Module 可访问性 ... 19
#### 1.5.3 IDEA 中设置 JDK Module 可见性 ... 20
### 1.6 本章小结 ... 22

## 第 2 章 创建示例工程，开启源码调试研究 ... 23
### 2.1 示例工程的设计原则 ... 23
### 2.2 创建标准工作区——Eclipse ... 23
### 2.3 创建标准工作区——IntelliJ IDEA ... 24
### 2.4 源码跟踪及调试实用技巧——Eclipse ... 25
#### 2.4.1 六种显式断点各尽其用 ... 25
#### 2.4.2 六种隐式断点深度揭秘 ... 27
#### 2.4.3 揭秘断点调试中的八大"灵异"事件 ... 29
#### 2.4.4 持续提升 Debug 技能 ... 33
### 2.5 基于 IntelliJ IDEA 的源码跟踪及调试实用技巧 ... 37

            2.5.1　IDEA 调试功能"平替"Eclipse……37
            2.5.2　IDEA 高阶调试技巧……46
            2.5.3　调试侵入干扰程序功能和性能……52
    2.6　本章小结……53
第 3 章　导入、编译与运行 ZooKeeper 源码……54
    3.1　ZooKeeper 3.4.14 源码阅读准备……54
        3.1.1　ZooKeeper 3.4.14 源码导入 Eclipse……55
        3.1.2　ZooKeeper 3.4.14 源码导入 IDEA……57
    3.2　极速简易法开启 ZK 工程验证……60
        3.2.1　ZK 编译常见问题处理……60
        3.2.2　突破源码阅读第一关……61
        3.2.3　ZK 服务端启动……62
        3.2.4　ZK 客户端启动连接……62
    3.3　JDK 11 源码解压缩及导入……63
    3.4　Log4j 源码阅读准备……65
        3.4.1　源码搜索方法汇总……65
        3.4.2　将日志组件源码导入到示例工程……67
        3.4.3　补充导入循环依赖组件……68
    3.5　SLF4J 源码阅读准备……69
    3.6　JUnit 源码阅读准备……70
    3.7　本章小结……71
第 4 章　根治中文乱码——Java 字符集考证……72
    4.1　常见字符集与字符编码辨识……72
        4.1.1　ASCII 码回顾……73
        4.1.2　单字节拉丁字符集 ISO-8859-1……77
        4.1.3　双字节中文字符集 GB2312……80
        4.1.4　汉字扩展库 GBK 与 CP936 代码页……86
        4.1.5　Windows 操作系统中的 ANSI……88
    4.2　统一码（Unicode）……88
        4.2.1　动手制作 Unicode 字典表……89
        4.2.2　Unicode 字符集知识体系……90
        4.2.3　基于 Unicode 字符集的六大编码辨析……92
    4.3　发掘 Java 端字符集控制的工具箱……100

4.3.1　JDK 命令行工具与字符集控制参数 ……………………………………… 100
　　　4.3.2　操作系统对字符集的影响 …………………………………………………… 101
　　　4.3.3　IDE 中的字符编码设置 ……………………………………………………… 104
　4.4　让乱码原地现形的组合拳 ………………………………………………………………… 105
　　　4.4.1　解决乱码的策略 ……………………………………………………………… 105
　　　4.4.2　字符集有损转换与无损转换实践 ………………………………………… 106
　　　4.4.3　常见乱码典型特征识别 ……………………………………………………… 108
　　　4.4.4　Java 命令行参数解决乱码问题 …………………………………………… 109
　　　4.4.5　IDE 设置与乱码处置 ………………………………………………………… 113
　　　4.4.6　通过代码转换解决乱码（String 类）……………………………………… 114
　　　4.4.7　操作系统侧修正乱码 ………………………………………………………… 115
　4.5　字符集控制底层逻辑与 JDK 源码解读 ……………………………………………… 116
　　　4.5.1　UTF-16 字符编码关联 Character 类 ……………………………………… 117
　　　4.5.2　String 类中的显式或隐式编码转换 ……………………………………… 123
　　　4.5.3　所有字符集或编码的祖先——Charset 类 ……………………………… 130
　　　4.5.4　Java 序列化之 DataOutputStream 类 ……………………………………… 132
　　　4.5.5　Java 反序列化之 DataInputStream 类 ……………………………………… 137
　　　4.5.6　属性文件处理与 Properties 类 ……………………………………………… 140
　　　4.5.7　标准输入、标准输出与 System 类 ………………………………………… 144
　4.6　本章小结 …………………………………………………………………………………… 148

# 第 5 章　摒弃死记硬背，全方位精通 Java I/O 体系 …………………………………… 149
　5.1　Java I/O 迂回学习归纳总结 ……………………………………………………………… 149
　　　5.1.1　深扒 Java I/O 体系学习十大槽点 ………………………………………… 149
　　　5.1.2　Java I/O 学习的必要性 ……………………………………………………… 152
　　　5.1.3　Java I/O 学习范式 …………………………………………………………… 152
　5.2　字节流基础应用及源码分析 …………………………………………………………… 160
　　　5.2.1　向本地磁盘写 Java 对象 …………………………………………………… 160
　　　5.2.2　两种方式从本地磁盘获取文本内容 ……………………………………… 161
　　　5.2.3　自定义输入流——按指定分隔符读取 …………………………………… 162
　　　5.2.4　字节输出流源码解读 ………………………………………………………… 164
　　　5.2.5　字节输入流源码解读 ………………………………………………………… 168
　5.3　节点流、过滤流与序列化的综合应用 ………………………………………………… 173
　　　5.3.1　八个原生数据类型的字节码输入输出 …………………………………… 173

5.3.2　自定义原生数据类型可视化输出 ……………………………………… 175
　　5.3.3　Java 对象的序列化与反序列化 ………………………………………… 177
　　5.3.4　回退流应用原理解析 ……………………………………………………… 178
5.4　字符流基础应用及源码分析 ……………………………………………………………… 179
　　5.4.1　字符输入流的整行读取 …………………………………………………… 179
　　5.4.2　从源码看字符流与字节流的关系 ………………………………………… 180
5.5　字符流与半个汉字读写问题 ……………………………………………………………… 183
　　5.5.1　字符输出流对 SMP 文字的支持 ………………………………………… 183
　　5.5.2　用混编字符串考查字符输出流 …………………………………………… 185
5.6　从 BIO 到 NIO 的延伸阅读 ……………………………………………………………… 187
　　5.6.1　NIO 中的通道和缓冲区 …………………………………………………… 188
　　5.6.2　自定义字节缓冲区 MyByteBuffer …………………………………………… 189
　　5.6.3　模拟 Netty 中的双向指针字节缓冲区 …………………………………… 191
　　5.6.4　NIO 中的性能优化 ………………………………………………………… 194
5.7　本章小结 …………………………………………………………………………………… 195

## 第 6 章　盘点线程、线程状态与线程池　196

6.1　轻松入门多线程编程 ……………………………………………………………………… 196
　　6.1.1　三种线程初始化方法比较 ………………………………………………… 196
　　6.1.2　返回式线程的回调与阻塞 ………………………………………………… 198
　　6.1.3　源码解读之 java.lang.Thread 类 …………………………………………… 200
6.2　枚举全部线程状态，探究状态跳转规则 ………………………………………………… 201
　　6.2.1　枚举线程运行时的六种状态 ……………………………………………… 201
　　6.2.2　区分 Thread 类中的 interrupt 关键字 …………………………………… 204
　　6.2.3　线程中断不能立即生效的例外情况 ……………………………………… 208
6.3　线程池与线程工厂应用 …………………………………………………………………… 210
　　6.3.1　线程池中的单例多线程 …………………………………………………… 210
　　6.3.2　静态变量无惧多线程干扰 ………………………………………………… 212
　　6.3.3　带返回参数的线程池应用 ………………………………………………… 213
　　6.3.4　ThreadFactory 简单应用 …………………………………………………… 214
6.4　线程本地对象与线程安全 ………………………………………………………………… 215
　　6.4.1　ThreadLocal 类应用实例 …………………………………………………… 215
　　6.4.2　从源码再认识 ThreadLocal ………………………………………………… 217
6.5　非侵入式多线程优化重构 ………………………………………………………………… 221

6.6 本章小结 ………………………………………………………………………… 225

## 第 7 章 挖掘 Java 高并发支撑体系 …………………………………………………… 226
7.1 线程安全基础之 synchronized 关键字 ………………………………………… 226
    7.1.1 synchronized 关键字锁定对象验证 ……………………………………… 227
    7.1.2 线程通信与 wait、notify 和 notifyAll …………………………………… 228
7.2 Java 内存模型与高并发陷阱 …………………………………………………… 230
    7.2.1 JMM 原子性检验及实现策略 …………………………………………… 230
    7.2.2 JMM 可见性验证及应对策略 …………………………………………… 234
    7.2.3 用 JCStress 验证 JMM 的有序性 ………………………………………… 239
    7.2.4 final 关键字语义分析 …………………………………………………… 244
7.3 ZK 组件之高并发 Lock 应用 …………………………………………………… 246
    7.3.1 LockSupport 功能演示 …………………………………………………… 247
    7.3.2 重入锁 ReentrantLock 详细解读 ………………………………………… 249
    7.3.3 AQS 底层的原子性与可见性 …………………………………………… 251
    7.3.4 读写分离与 ReentrantReadWriteLock …………………………………… 254
7.4 ZK 组件之高并发同步工具应用 ………………………………………………… 255
    7.4.1 ZK 应用之 CountDownLatch …………………………………………… 255
    7.4.2 CountDownLatch 源码解析 ……………………………………………… 257
7.5 ZK 组件之高性能 List、Set 和 Map …………………………………………… 258
    7.5.1 ArrayList 线程不安全分析 ……………………………………………… 258
    7.5.2 线程安全的 List 实现及 Vector 类解析 ………………………………… 263
    7.5.3 读多写少之 CopyOnWriteArrayList ……………………………………… 263
7.6 ZK 组件之高并发 Queue 应用 ………………………………………………… 265
    7.6.1 单锁数组队列 ArrayBlockingQueue ……………………………………… 265
    7.6.2 双锁链表队列 LinkedBlockingQueue …………………………………… 269
    7.6.3 无锁无界队列 ConcurrentLinkedQueue ………………………………… 271
7.7 本章小结 ………………………………………………………………………… 273

## 第 8 章 探索网络原理与网络应用的边界 …………………………………………… 275
8.1 阻塞式网络编程模型 …………………………………………………………… 275
    8.1.1 Java 阻塞式网络编程 …………………………………………………… 276
    8.1.2 基于 BIO 的双向简易聊天室实现 ……………………………………… 278
    8.1.3 基于 NIO 的阻塞式网络编程模型 ……………………………………… 280
8.2 非阻塞、多路复用和异步网络编程模型 ……………………………………… 282

8.2.1 基于 NIO 的非阻塞式网络编程模型 ············· 282
8.2.2 基于 Selector 的多路复用网络编程模型 ············· 284
8.2.3 基于 AIO 的异步网络编程模型 ············· 287
8.3 JDK 内置网络组件应用 ············· 290
8.3.1 远程方法调用（RMI） ············· 290
8.3.2 WebService 远程调用 ············· 292
8.3.3 远程过程调用（RPC） ············· 295
8.3.4 JDK 内置 HTTP 协议支持 ············· 298
8.4 ZK 组件之网络应用 ············· 301
8.4.1 Netty 模式应用 ············· 301
8.4.2 ZK 工程中的 NIO 模式应用分析 ············· 304
8.4.3 ZK 工程中 Netty 应用分析 ············· 306
8.4.4 粘包拆包问题处理 ············· 307
8.5 本章小结 ············· 310

# 第 1 章
## 打磨源码阅读环境

工欲善其事，必先利其器。想要深入地学习研究 Java 经典源码，就要为这项工作量身打造出一套高效的源码阅读环境。本章采用较大的篇幅巨细靡遗地讲解了源码阅读环境的准备过程，包括主流集成开发环境（Integrated Development Environment，IDE）工具的下载安装，源码阅读必备插件的选择和使用场景说明，IDE 的设置优化等。另外，本章还就高效使用 IDE 工具进行了深入讨论，对常用快捷键和快捷操作方式进行了完整的归纳和总结。

千里之行，始于足下。本书开篇从最为基础的环境搭建入手，可以达成以下三个目标。

第一，经典源码的阅读不仅需要饱满的热情和扎实的技术功底，更需要冷静的思考和高超的技巧，需要在反复的推理和不厌其烦的验证中探寻真相。搭建合适的环境，掌握必要的技巧，可以极大地提高源码阅读效率，防止因为长时间的低效徘徊而产生阅读疲劳，久而久之导致厌倦甚至不了了之。

第二，源码阅读环境的准备过程是一个多种知识综合运用的过程，涉及方方面面的技术，这些知识和技术通常以零散化和碎片化的形式存在于一些文档或论坛中。只有对这些知识进行系统的归纳和整理，才能为高效源码阅读环境的搭建带来实质性的帮助。

第三，本章将约定相关组件的版本和技术规范，后续章节中的演示案例都在此标准下验证通过。读者如果遵照本章内容搭建本地学习环境，则可以保证在摸索过程中少走弯路少踩坑，节省宝贵的学习时间。

## 1.1 集成开发环境准备

当前主流的 Java 开发工具不外乎 Eclipse IDE 和 IntelliJ IDEA[1]两款软件。考虑到 Eclipse 具有良好的开源开放特性，拥有完善的应用生态以及丰富的第三方插件，本节第一部分以 Eclipse for Java 为基准，搭建标准的学习环境，从方便源码阅读的角度出发，优化 Eclipse 参数设置；另外，从 Eclipse 丰富的插件库中精心选择了一组适合源码阅读的开源插件，构建出一个完整高效的源码阅读环境。同理，第二部分讲解了基于 IDEA 社区版的源码阅读环境搭建，对其中的参数设置进行了优化调整，并演示了必备插件的安装及简单应用。

---

[1] IntelliJ IDEA 是指 Java 编程语言的集成开发环境。

### 1.1.1　Eclipse IDE 安装与优化

作为个人学习和研究之用，IDE 的选择当然是越新越好，这样既可以保证学习过程有更多更好的体验，也能够及时追踪业界最新的技术动态。笔者依据 Eclipse 官方网站[①]上发布的最新信息，确定 Eclipse 2024-03 R 版本为本书指定的标准 IDE，本书所有示例及讲解均在此版本上验证通过。

Eclipse 安装包下载界面如图 1-1 所示。Eclipse 提供了面向 Windows、macOS 和 Linux 三大主流操作系统的安装包，并且明确发布包中已经包含了 Java 运行环境（Java Runtime Environment，JRE）、Git、Maven、Ant 等常用插件，这些插件也是源码阅读必备插件。

图 1-1　Eclipse 安装包下载界面

使用合适的开发插件，可以为工作效率的提升带来极大的帮助。定期搜索插件市场，也许会带来意想不到的收获。下面选取了七个源码阅读必备的插件，详细介绍了插件的下载、安装和简单使用。需要强调的是，并非所有的插件都来自官方的插件市场，在插件安装过程中遇到版本兼容性问题，需要善于查找官方文档。

1. Bracketeer 插件安装与使用

Bracketeer 是一款零学习成本、零使用成本的增强显示插件，针对代码中被层次嵌套的判断逻辑（if）或循环逻辑（for）包裹的冗长的源码，该组件支持基于光标位置最多向外扩展四层代码块，并将其中成对的大括号、中括号或小括号以自定义背景色高亮显示，让代码的层次关系一目了然。

Bracketeer 插件的开源代码托管在 GitHub 官网，搜索"chookapp/Bracketeer"站点，相关的安装说明文档可以在该站点找到。由于 GitHub 官网从 2021 年 4 月 15 日起关闭了从".com"站点自动跳转到".io"站点的功能，因此需要手动将安装包地址中的".com"替换为".io"[②]。在 Eclipse 中，从菜单"Help→Install New Software…"打开对话窗口，添加上述安装地址后，可以搜索到 Bracketeer 插件的当前可用版本，勾选最新版的"Bracketeer"和"Bracketeer JDT support"，进行安装即可，如图 1-2 所示。

Bracketeer 插件安装完毕后，打开菜单"Window→Preferences"，在"Preferences"窗口

---

[①] Eclipse 官网的/downloads/packages 目录下。
[②] ChookappUpdateSite 安装地址不支持浏览器访问，可以直接通过 Eclipse 的软件安装功能访问。

中输入关键字"bracket"查找，可以看到如图 1-3 所示的界面，选中"Bracket Highlighting"项后，可以在图 1-3 中右边窗格中配置 Pair 1、Pair 2、Pair 3、Pair 4 的显示背景色。

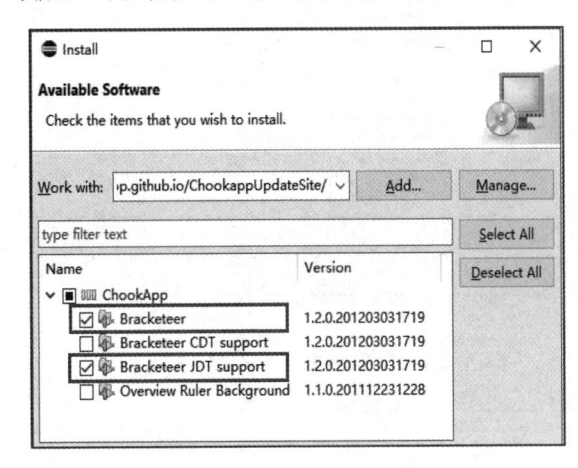

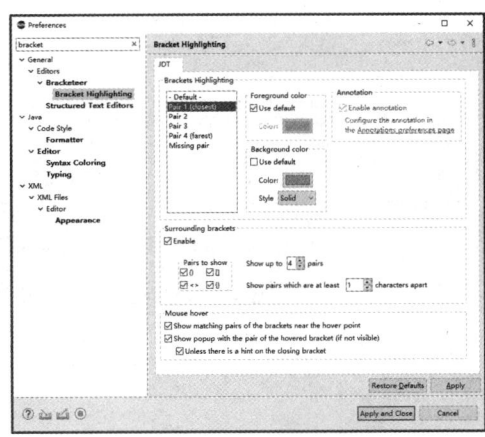

图 1-2　Bracketeer 插件安装

图 1-3　Bracketeer 插件配置

Bracketeer 插件的功能演示如图 1-4 所示，当光标位置落在文本"bracketeer"上时，一共突出显示了四对括号，含两对大括号和两对小括号。

图 1-4　Bracketeer 插件功能演示

> **注意**
>
> 安装 Bracketeer 后，偶尔可能会触发 Error Log 窗口不断刷新，造成系统资源的浪费，可以临时关闭 Error Log 窗口，避免代码编辑窗口焦点的频繁切换。

#### 2. Vrapper 插件安装与使用

Vrapper 是一个文本编辑器插件，它实现了类 Unix 系统中 Vim（或 vi）编辑器的绝大部分功能。源自古老的字符终端时代的 Vim 编辑器，在全键盘操作的场景下（鼠标尚未诞生），可以极其高效地完成代码编写工作。而在 Eclipse 环境中，以插件形式发布的 Vrapper 降低了使用难度，使得类 vi 编辑器可以在图形化时代的 IDE 中继续发光发热。在 Eclipse Marketplace 中查找 Vrapper 插件如图 1-5 所示。

如图 1-6 所示，Vrapper 插件安装列表中除了基础版本外，还包括了不同开发语言、不同使用场景的可选包。就 Java 源码阅读来说，只需要勾选第一个即可。

Vrapper 插件安装完毕后，在 Eclipse 工具栏可以看到 Vrapper 插件的图标，如图 1-7 所示。单击该图标，可以启用或禁用 Vrapper 插件的编辑功能。

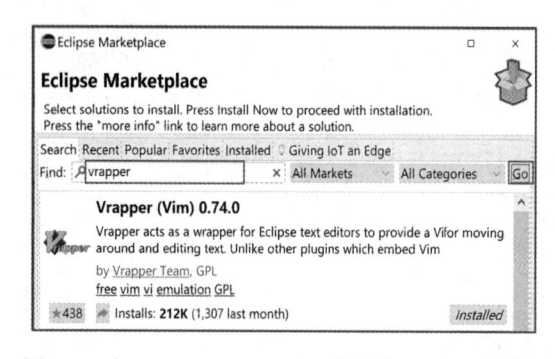

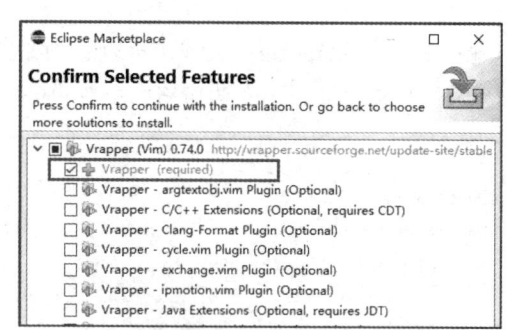

图 1-5　在 Eclipse Marketplace 中查找 Vrapper 插件

图 1-6　Vrapper 插件安装列表

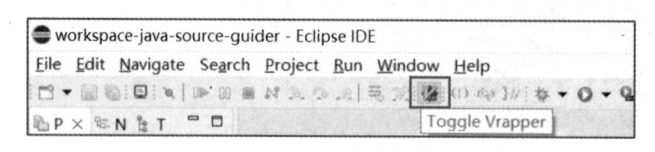

图 1-7　Eclipse 工具栏显示 Vrapper 插件图标

根据官方网站关于 Vrapper 的配置说明[①]，在 Windows 操作系统上，Vrapper 插件配置信息默认保存于 Windows 系统登录用户的 Home 目录，也就是直接从 Windows "开始"栏键入"cmd"命令后进入的目录，配置文件命名为"_vrapperrc"。假定需要设置 Vrapper 插件的查找功能为开机即默认忽略大小写，则可以在"_vrapperrc"文件中添加一行语句为"set ic"，即设置为默认忽略大小写。配置完成后，重启 Eclipse 即可生效，更多与 Vrapper 插件相关的优化设置将在后续章节说明。

3. Autodetect Encoding 插件安装与使用

Eclipse 获得了广大中国开发者的青睐，但可惜的是其对中文编码的支持能力不足，对中国程序员不够友好。例如，所有文本编辑工具的状态栏都有标配的编码格式显示功能，但 Eclipse 环境就没有默认提供这类功能。如果想要像文本编辑器一样方便地获取工程目录中源文件被设定的编码格式，就需要通过第三方的插件来实现同样的效果。下面将介绍在 Eclipse 中如何安装字符编码显示插件。

如图 1-8 所示，在"Eclipse MarketPlace"窗口中检索"encoding"关键字，可以找到具备字符编码显示功能的插件，排在第一位的是"Autodetect Encoding"，选择安装即可。

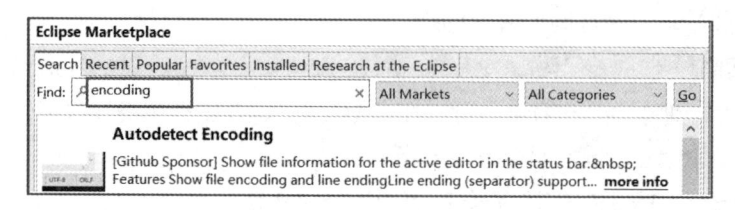

图 1-8　在 Eclipse Marketplace 中查找 Autodetect Encoding 插件

---

① 从 GitHub 托管网站搜索"vrapper/vrapper"可以进入 Vrapper 源码托管地址，在 README.md 文档中提供了 Vrapper 官方网站、文档网站及 wiki 站点等信息。特别说明，在网站中进行查找搜索时，对输入的字母没有大小写之分。

> **注意**
>
> Eclipse 在配置文件 ".settings/org.eclipse.core.resources.prefs" 中维护了工程目录或文件的字符属性，Autodetect Encoding 插件展示的字符编码来源于此，源文件的真实编码与配置信息并不总是一致，这也是产生中文乱码的原因之一。

4. BinEd Binary/Hexadecimal Editor 插件安装与使用

在深入研究 Java 底层技术，特别是网络、I/O 等相关知识时，面临着二进制、十进制、十六进制等的显示、转换等相关问题。在搭建源码研究环境时，可以预装二进制、十进制、十六进制等的显示与转换插件。下面将具体介绍 Eclipse 环境中相关插件的安装及使用。

如图 1-9 所示，在"Eclipse MarketPlace"窗口中输入"binary"关键字，可以搜索二进制、十六进制显示与转换功能的插件，排列靠前的是"BinEd Binary/Hexadecimal Editor"最新版本的插件（简称 BinEd 插件），选择安装即可。

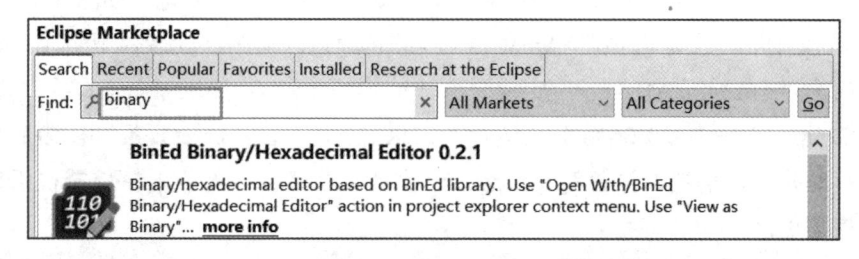

图 1-9　在 Eclipse Marketplace 中搜索 BinEd 插件

在使用 BinEd 插件时，在待显示或编辑的文件上单击鼠标右键，在弹出菜单"Open With"中选择"Other…"，再搜索"Bin"即可找到该插件。打开插件后显示如图 1-10 所示。

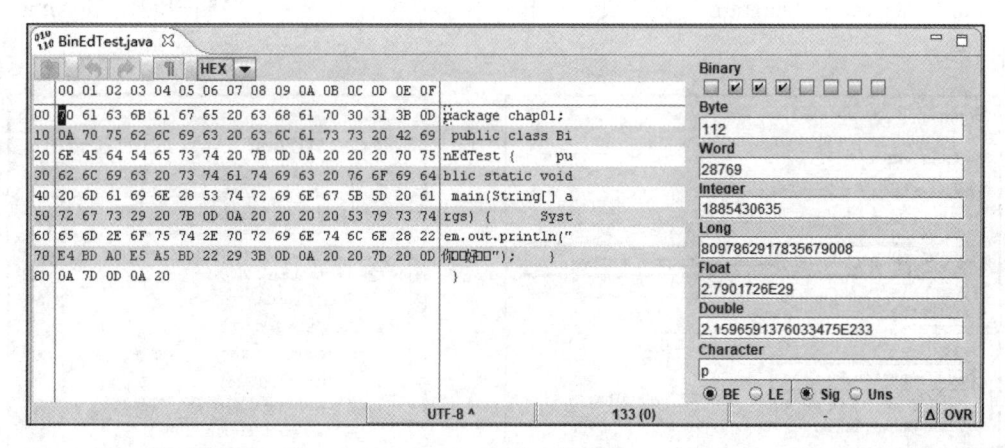

图 1-10　BinEd 插件使用

该插件具有多种进制的显示和编辑能力，可实现的具体功能如下：

- 具有二进制、八进制、十进制、十六进制切换显示能力。
- 支持对源文件以多种进制直接编辑，并回写保存。

- 以光标所在位置为基准，将紧随其后的内容一起组成 Word、Integer、Long、Float 等数据类型并单独展示。
- 支持字符的大端序（Big-Endian，BE）、小端序（Little-Endian，LE）模式切换；支持有符号、无符号数字切换。

BinEd 插件同样适用于 Java 字节码研究，为不同编码格式的源文件和编译后的 Class 文件提供了二进制的读写能力。

5. UML 插件安装与使用

虽然日常的设计开发工作较少使用统一建模语言（Unified Modeling Language，UML）工具制作类图和时序图，但是在阅读整理第三方源码时，类图、时序图仍然是有力的表达形式。在 Eclipse 生态中，Amateras 至今仍是一款比较优秀的 UML 开源插件，下面将介绍该插件的安装及使用。

从"Help"菜单中打开"Install New Software…"子菜单，将显示如图 1-11 所示的窗口，在"Work with"文本框中将 Amateras[①]安装包地址注册为新的软件下载地址，然后在列表框中勾选"Amateras Modeler"安装即可。

由于 Eclipse IDE 2023-06 版默认运行于 JDK 17 之上，Amateras 插件安装后直接使用会导致运行时报错。解决办法是对 eclipse.ini 文件进行修改，将如下模块授权语句放在该文件的末尾即可：

```
1  --add-opens=java.desktop/java.beans=ALL-UNNAMED
```

Amateras 安装成功以后，在 Eclipse 中通过 Ctrl+N 快捷键调出新建对象的向导窗口，如图 1-12 所示，可以查看已经新增的"Activity Diagram""Class Diagram""Sequence Diagram""Usecase Diagram"等选项。本书后续章节所有类图、时序图等均使用 Amateras 插件绘制。

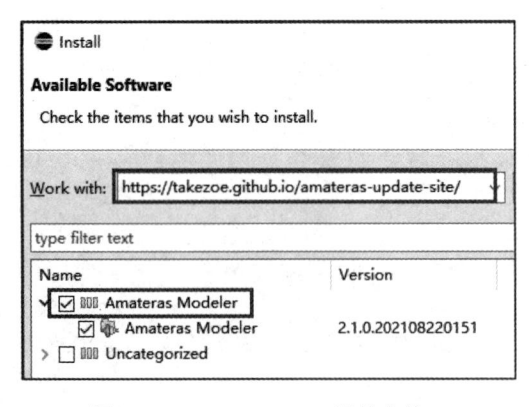

图 1-11　Amateras UML 插件安装　　　　图 1-12　新建 UML 插件图

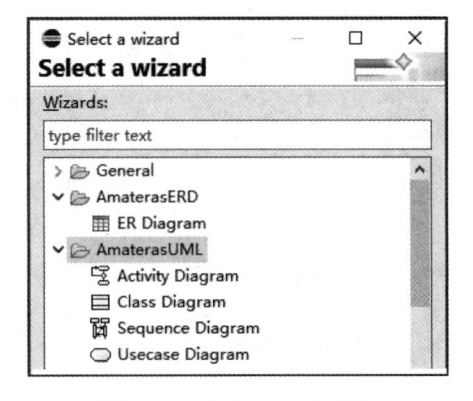

---

[①] 在 GitHub 托管网站搜索"takezoe/amateras-modeler"关键字，进入 Amateras 源码托管地址，在 README 文件中可以找到最新的安装地址及安装说明。

> **注意**
>
> 这里需要特别注意表达式在 eclipse.ini 中的书写要求，必须在 add-opens 后接符号"="，而不是类似于 Eclipse Build Path 以空格的方式书写 add-opens 语句。

#### 6. 反编译插件安装与使用

在 Eclipse Marketplace 中，输入"Decompiler"关键字，可以查找到"Enhanced Class Decompiler"插件，如图 1-13 所示，在线安装该插件即可。

在使用 Eclipse 反编译插件打开 Class 文件之前，需要先将类所属的 Jar 文件或包路径添加到工程上下文环境中，添加到 Modulepath 或 Classpath 中皆可。添加完成后，就可以在 Class 文件上单击鼠标右键，从弹出窗口中选择"Open Class With"，可以尝试选择 CFR、FernFlower、JD-Core、Jad 等工具打开，如图 1-14 所示。

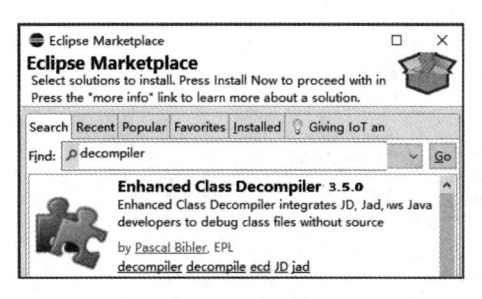

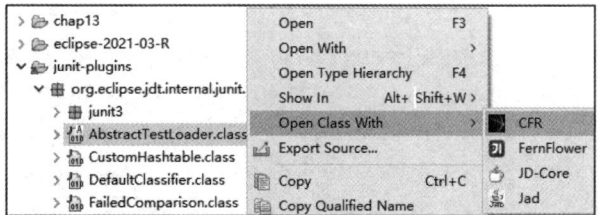

图 1-13　反编译插件安装

图 1-14　用反编译插件打开 Class 文件

#### 7. 支持语法检查和提示的 XML 编辑器

默认情况下，在 Eclipse 中编辑可扩展标记语言（Extensible Markup Language，XML）文件时没有语法提示和语法检查功能，不过插件市场为我们提供了多样化的选择。在 Eclipse Marketplace 中输入关键字"xml editors"时，搜索结果第一行推荐的"Eclipse XML Editors and Tools"即能胜任 XML 编辑要求，如图 1-15 所示，选择安装该插件即可。

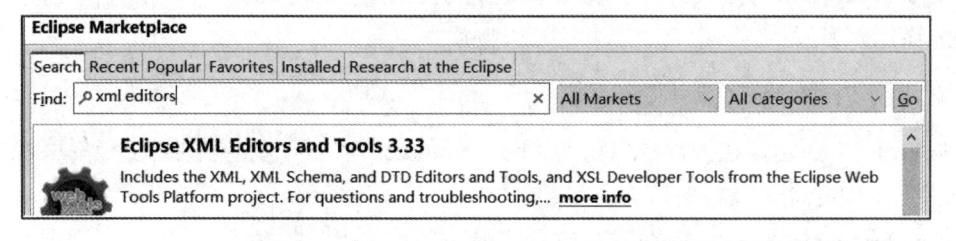

图 1-15　Eclipse XML Editors and Tools 插件安装

Eclipse XML Editors and Tools 插件依托 Eclipse，结合 XML DTD 或 XML Schema 中的定义信息，可以为 XML 文件的编写带来极大的便利，在研究类似 log4j.xml 的定义文件时，可以充分利用该插件的功能特性。

### 1.1.2 IntelliJ IDEA 社区版安装与优化

IDEA 同样是广受欢迎的 Java 语言集成开发工具，它以智能化而著称。IDEA 发行版本分为旗舰版（Ultra）和社区版（Community）。本书选择使用更加广泛的开源社区版进行演示和讲解，并且充分利用社区版发布的插件，持续优化和提升 IDEA 社区版的开发效率。

从浏览器中访问 JetBrains 公司的官方下载网址，可以看到类似于图 1-16 所示的下载页面。本书选用基于 Windows 操作系统的 IDEA 2024.2.1 作为指定版本，后续环境的优化设置和插件安装都基于该版本进行。当然，针对 macOS 或 Linux 操作系统的下载同样可以从此页面获取。

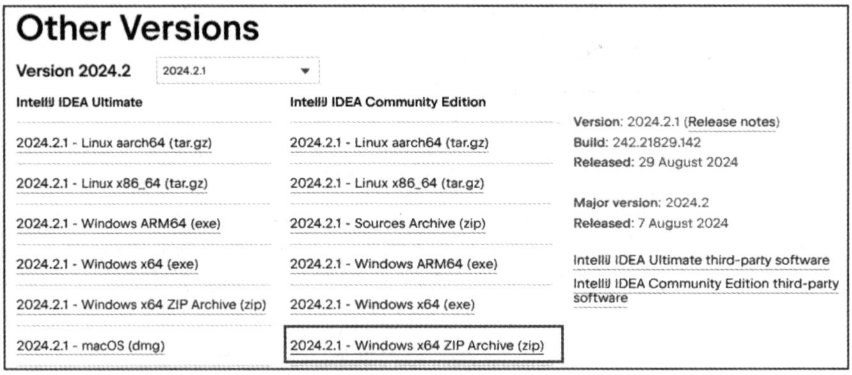

图 1-16 IDEA 开发工具官方下载

基于 IDEA 社区版搭建开发环境，在基础软件安装完成后，还需要进行进一步的优化设置，例如第三方插件的安装、软件的优化设置、快捷键调整补充等。下面从提高源码阅读效率的角度，选取了几个必备的 IDEA 小插件。

相比 Eclipse 插件安装，IDEA 插件安装更为简洁。从"File"菜单中选择"Settings→Plugins"，打开插件浏览窗口。在搜索框中输入插件的名称，系统将模糊匹配出相应的插件列表。

1. Key Promoter X 插件安装

如图 1-17 所示，在搜索框中输入"key promoter x"后，系统查找到了该插件的相关信息，单击"Install"按钮即可完成安装。

Key Promoter X 插件特别适合初次使用 IDEA 的用户，在用户使用鼠标操作 IDEA 时，插件将判断是否有对应的快捷键，如果存在，则立即提示相应的快捷键。如果没有定义快捷键的功能，当多次通过鼠标操作时，则 Key Promoter X 插件将调出"KeyMap"窗口，用户可以直接为该项功能设置快捷键。另外，Key Promoter X 插件还具有统计功能，可以统计一段时间内各个功能点使用快捷键和未使用快捷键的汇总数据，以便用户查缺补漏，更快更好地熟悉 IDEA 快捷键。

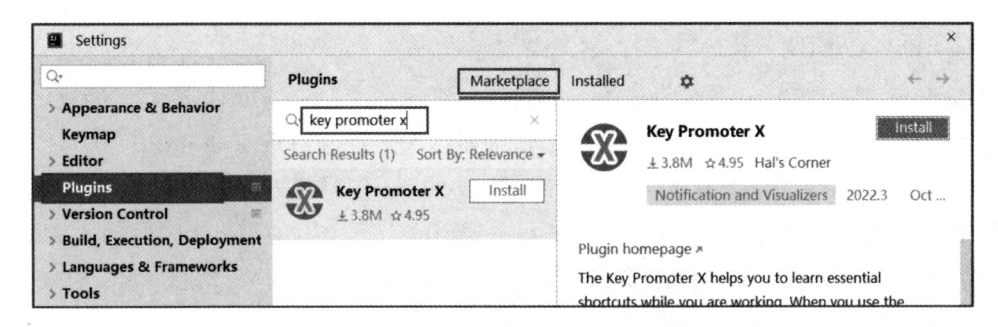

图 1-17　Key Promoter X 插件安装

2. Rainbow Brackets 插件安装

Rainbow Brackets 插件是 IDEA 开发工具的必备插件，它最基本的功能就是将 Java 代码中的括号对通过醒目的字体颜色突出显示，并且对不同层次的括号通过不同的颜色区分，使代码层次关系一目了然。

从插件市场中输入"Rainbow Brackets"关键字，可以直接搜索到该插件。插件安装完成后，在"Settings"窗口中，勾选如图 1-18 所示的设置，可以启用插件。

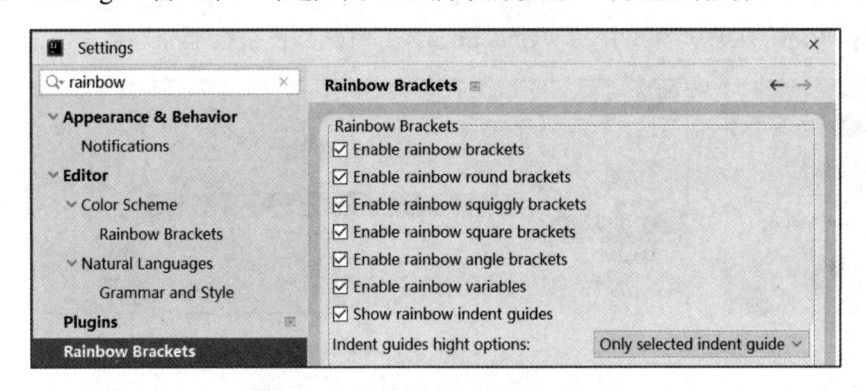

图 1-18　Rainbow Brackets 插件配置

Rainbow Brackets 插件除了实现基本的显示效果以外，还有以下几项功能。当在代码中任意区域按 Ctrl 键并单击鼠标右键时，当前层级的区域的背景颜色将会变为与本级括号相同的颜色，如图 1-19 所示。该插件与此相对的另外一个功能就是虚化未被选中的区域，当在代码任意区域按 Alt 键并单击鼠标右键时，非当前层级的内容将虚化显示，如图 1-20 所示。

图 1-19　高亮显示选中的区域　　　　图 1-20　虚化显示未被选中的区域

### 3. IdeaVim 插件安装

IdeaVim 是 IDEA 上下载量过千万的插件，它支持大部分 Vim 编辑器的特性，喜欢全键盘操作的程序员一定不能错过这一上古神器。通过插件市场安装 IdeaVim 插件后，打开 Java 源程序或者其他文本文件即可自动进入 Vim 编辑模式。如果需要关闭 Vim 编辑模式，IdeaVim 插件也很贴心地在 IDEA 主窗口的右下角提供了一个绿色的"V"型按钮，如图 1-21 所示，单击弹出窗口中的"Enable/Enabled"开关按钮，可以启用/关闭 Vim 插件。

IdeaVim 插件提供了默认初始化设置功能，在 Windows 环境下，可以进入登录用户的 Home 目录下，创建名称为".ideavimrc"[①]的文本文件。例如，想要设置查找时忽略大小写功能，则可以在文件中插入"set ic"语句，重启 IDEA 后设置生效。

IdeaVim 插件安装完成后，其默认的快捷键与 IDEA 自身拥有的快捷键存在部分重叠，需要立即进行调整。在"IDEA Settings"窗口中可以查看到 Vim 快捷键设置信息，如图 1-22 所示，单击左边栏的"Editor→Vim"按钮后，在右边栏展示了 IdeaVim 插件默认的快捷键。单击窗口右侧的"Handler"区域，弹出的小窗口提示了相应的快捷键的绑定范围，作用域包括 Vim、IDE 和都不使用（Undefined）三种选项，按需调整即可。

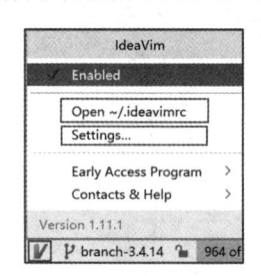

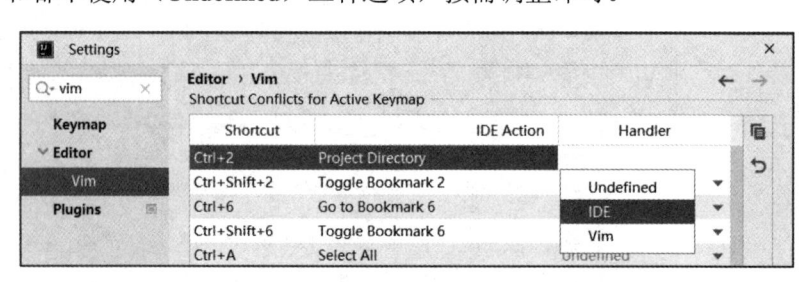

图 1-21　IdeaVim 插件图标　　　　图 1-22　IdeaVim 插件快捷键设置

## 1.2　Eclipse 开发环境高级设置

从官网下载 Eclipse 后，还需进行部分设置才能让源码阅读工作更加丝滑顺畅，本节以此为出发点，列举其中几个比较实用的设置技巧，进一步提高源码的阅读效率。

### 1.2.1　高效编程必备设置

提高 Eclipse 工具的代码编写效率可以从多方面入手。例如，修改软件的默认设置，使其更加符合个人的操作习惯；将常用的程式化的输入内容进行抽象，以模板的形式定义到 IDE 工具中；对快捷键进行调整或追加，将使用频率最高的部分设置得更加简便高效。

---

① 注意文件名开头的符号"."。

### 1. 快速辅助补全功能

在利用 Eclipse 编写程序时，IDE 提供的自动代码提示补全功能给开发者带来了极大的便利，但在默认情况下 Eclipse 仅自动响应 "." 字符的提示输入。如果想要扩展到对更多的字符输入具备自动补全功能，甚至对任意字符的输入都能根据上下文推荐补全后续的输入内容，则需要对 Content Assist 进行参数设置，具体操作如图 1-23 所示。通过菜单"Window→Preferences→Java→Editor"打开"Content Assist"设置窗口，设置"Auto activation triggers for Java"的值为".abcdefghijklmnopqrstuvwxyzABCDEFGHIJKLMNOPQRSTUVWXYZ"，即除了保留默认的"."，另外再补充 26 个小写字母和 26 个大写字母。

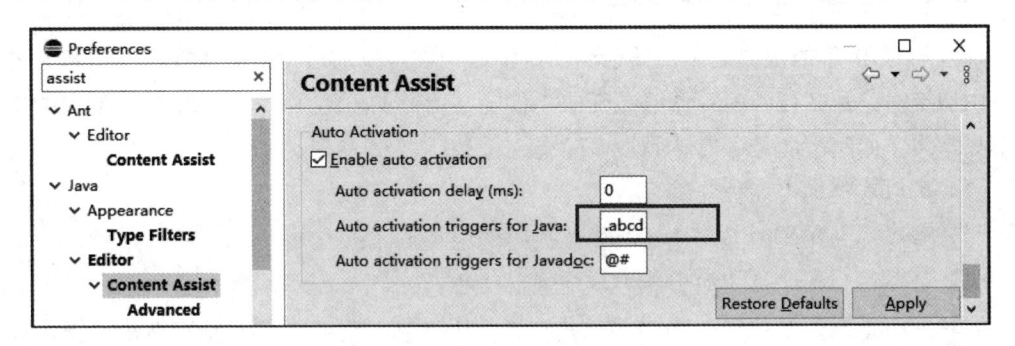

图 1-23　设置 Eclipse 自动提示功能

### 2. 活用 Templates 功能设置

在阅读开源 Java 代码时，在阅读过程中添加注释是一个良好的习惯。添加注释既可以标记阅读过程中的重点难点段落，也可以标记哪些部分已经阅读，还可以将添加了注释的内容随同代码上传到个人的 GitHub 站点，分享阅读心得。

Eclipse 在注释模板的前缀部分设置了固定的格式，既可以提高添加注释的效率，也便于以后进行全文搜索和分析。Eclipse 工具提供了模板功能，可以通过菜单"Window→Preferences→Java→Editor→Templates"打开模板设置窗口。

一个常规的备注前缀设置样例如图 1-24 所示，其中"date"是 Eclipse 内置的变量类型，格式参数与 java.text.SimpleDateFormat 类的格式保持一致，其中"MM"表示月份，且不足两位时补零，这样可以保证所有注释前缀对齐。"HH"表示 24 小时制，数字的显示范围是 0~23，如果用"hh"表示，则数字的显示范围是 1~12，零点则表示为 12 点。图 1-24 中的"cc"是唤醒插入模板的快捷键关键字。

> **注意**
> 在 java.text.SimpleDateFormat 定义格式化串中，在用"hh"表示 12 小时制时很容易引起误解，这一问题值得关注。

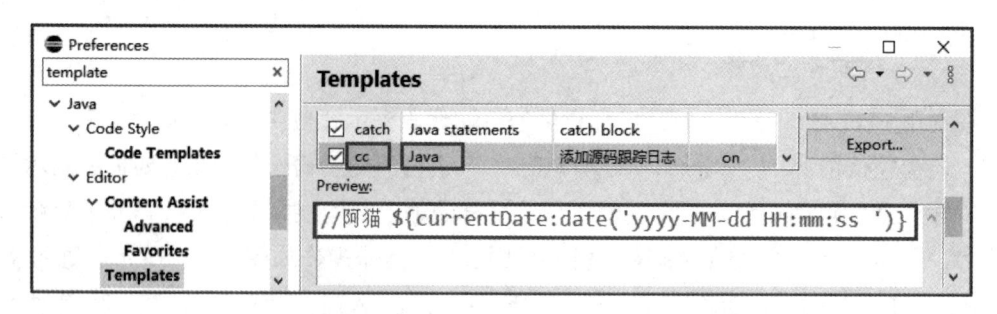

图 1-24　设置格式规范的备注前缀信息模板

### 1.2.2　全键盘操作修炼之道

熟练掌握 IDE 的快捷键是一件很酷的事情，当你可以通过键盘在查找、编辑和调试之间自由切换时，那么代码编写就已经变成一件随心所欲的事情了。当然，掌握 IDE 的快捷键不只是为了耍酷，而是可以达到很多效果，例如：

（1）可以成倍地提高程序编写效率；

（2）可以提高代码的书写质量，规范代码的编写方式；

（3）可以锤炼程序员的动手能力，增强自信心。

要想熟练地掌握快捷键，当然不只是在网络上一搜了之。想要真正掌握快捷键，除了平常有意识的训练，还需要掌握合适的方式方法，必要时还可以根据个人的使用习惯，设置个性化的快捷键。

#### 1. 高频使用的快捷键

表 1-1 展示了 Eclipse 中高频使用的快捷键，并且对快捷键的使用场景作了详细说明。有些快捷键需要在特殊上下文场景时才能触发，还有一些快捷键在不同的上下文有不同的使用效果，这些因素隐藏在快捷键细节的最深处，如果能有意识地多加训练，就会不断发现惊喜。

表 1-1　Eclipse 高频使用快捷键

| 序号 | Eclipse 快捷键 | 说　明 |
| --- | --- | --- |
| 1 | F2 | 当前对象的 Javadoc；"Project Explorer"窗口中重命名对象；<br>当光标在类或变量上时，弹窗显示类或对象的注释；可以显示对象所属类 |
| 2 | F3 | 打开对象定义窗口 |
| 3 | F4 | 根据光标所在位置的不同，在"Type Hierarchy"窗口中显示相应类的层次结构（所有上级和下级）、包含相应类的变量和方法，同时在窗口底部显示包路径或 Jar 包名称及路径。类似功能还可以尝试 Ctrl+Shift+H |
| 4 | F11 | 调试执行 |
| 5 | F12 | 光标焦点重新回到文本窗口 |
| 6 | Alt+/ | 智能提示输入，提示内容和光标所处位置有关系，构造方法排第一位<br>可以多次按 Alt+/，系统会有不同的提示 |

(续表)

| 序号 | Eclipse 快捷键 | 说　　明 |
| --- | --- | --- |
| 7 | Alt+Enter | 窗口对象的属性 |
| 8 | Alt+Shift+B | 开启 Breadcrumb 显示功能，如果已启用，则光标将转移到 Breadcrumb 处 |
| 9 | Alt+Shift+R | 重构类名、接口名、变量名、方法名等，在 Workspace 内所有调用的地方也自动替换；如果是类名、接口名修改，则文件名也自动修改。与 Alt+Shift+T 同类 |
| 10 | Alt+Shift+S | 属性快捷菜单，自动生成 getXxx()、setXxx(...)和 toString()方法等 |
| 11 | Alt+Shift+T | 弹出重构快捷菜单，与 Alt+Shift+R 同类 |
| 12 | Alt+Shift+W | 选择可用窗口 |
| 13 | Ctrl++ | 缩小编辑器字体大小 Zoom In |
| 14 | Ctrl+− | 放大编辑器字体大小 Zoom Out |
| 15 | Ctrl+<(,) | 向上检索本代码文件内的警告和异常，可以设置成只定位异常 |
| 16 | Ctrl+>(.) | 向下检索本代码文件内的警告和异常，可以设置成只定位异常 |
| 17 | Ctrl+1 | 快速修复，给出建议方案 |
| 18 | Ctrl+3 | 快速访问，可输入关键字检索 |
| 19 | Ctrl+Alt+G | 查找选择的单词，显示在"Search"窗口中，全文检索 |
| 20 | Ctrl+E | 快速查找已打开的文件，每按一次 Ctrl+E 下移一位 |
| 21 | Ctrl+F10 | 弹出属性窗口 |
| 22 | Ctrl+F3 | 显示光标所在位置的当前对象层次结构，在弹出窗口上再按一次 Ctrl+F3 补充显示返回值类型，当光标在调用处的 class 上时，Ctrl+F3 可以显示内部类 |
| 23 | Ctrl+F7 | 动态切换 View |
| 24 | Ctrl+F8 | 动态切换 Perspective |
| 25 | Ctrl+G | declarations in Workspace−对象定义位置，在"Search"窗口显示 |
| 26 | Ctrl+H | 弹出查找窗口 |
| 27 | Ctrl+M | 窗口最大化、最小化 |
| 28 | Ctrl+N | 创建新对象 |
| 29 | Ctrl+O | 显示对象的 Outline，在弹出窗口上再按一次补充显示返回值类型，当光标焦点落在调用处的类上时，比 Ctrl+F3 少显示内部类；列表内容按照代码中的先后顺序显示，而快捷键 F4 列出的内容是按照字母排序的 |
| 30 | Ctrl+Q | 返回最后编辑位置 |
| 31 | Ctrl+R | 执行到光标当前所在的行 |
| 32 | Ctrl+Shift+Down | 逐个方法或成员变量向下查找 |
| 33 | Ctrl+Shift+F | 选中文本的格式自动修正，如处理多余的空格、不合理的换行等 |
| 34 | Ctrl+Shift+G | reference in Workspace−光标落在某对象上，在"Search"窗口中显示 Workspace 中引用该对象的文件 |
| 35 | Ctrl+Shift+H | Open Type in Hierarchy，弹出窗口中输入类名，显示类层次（所有上级和下级），窗口底部显示类所属 Jar 包。例如，输入"HaMa"，可以找到 HashMap（注意区分大小写） |
| 36 | Ctrl+Shift+I | 在调试模式下，显示对象光标所在对象的详细数据信息 |
| 37 | Ctrl+Shift+M | 将光标放在报错的对象上，按快捷键后自动导入包 |
| 38 | Ctrl+Shift+O | 定位对象后，推荐 import 可用的包 |
| 39 | Ctrl+Shift+R | 弹出筛选资源窗口，按文件查找，Java 文件，XML 文件，属性文件等 |

(续表)

| 序号 | Eclipse 快捷键 | 说　明 |
|---|---|---|
| 40 | Ctrl+Shift+T | 筛选类窗口，可以搜到内部类，如输入"HaMa"可以找到 HashMap（注意区分大小写） |
| 41 | Ctrl+Shift+U | 查找内容使用到的地方，在"Search"窗口显示 |
| 42 | Ctrl+Shift+Up | 逐个方法或成员变量向上查找 |
| 43 | Ctrl+T | 如果光标在类、抽象类或接口名字上，显示所有继承或实现该类型的子类型，显示类层次（所有上级和下级），如果光标在其他位置则作用不大。再按一次 Ctrl+T，显示该类的父类及接口，也就是说连按 Ctrl+T 两次可以切换显示 SuperType 和 SubType；对于@Override 方法，通过 Ctrl+T 也可以向上查找父类中的方法 |
| 44 | Ctrl+U | Debug 时，在"Display"窗口中输入一段代码，选中代码后，按 Ctrl+U 快捷键执行被选中的文本 |
| 45 | Ctrl+W | 关闭窗口 |
| 46 | Shift+F10 | 类似于单击鼠标右键的操作，弹出属性菜单，Ctrl+Shift+F10 也可以 |

## 2. 自定义快捷键

部分常用的功能在 Eclipse 中默认没有设置快捷键，只能从菜单触发执行，还有一些常用的快捷键默认设置得过于烦琐，所以需要将其进行简化，调整策略考虑以下三点：

（1）功能点默认没有分配快捷键，而其实际属于源码阅读常用功能，因此需添加快捷键。

（2）默认快捷键设置过于复杂，有些常用快捷键可能需要同时按下四个按键，需进行简化。

（3）默认快捷键涉及数字小键盘，而笔记本电脑大多没有单独的数字小键盘，需对快捷键进行优化。

自定义快捷键的原则是使用频率越高的功能，采用越简单的键盘组合，如果快捷键已经被占用，则需要先解绑已被占用的快捷键。表 1-2 给出了推荐使用的自定义快捷键，设置方式是在快捷键设置页面中，输入下表中"Command"列的内容作为关键字查找功能项，在"绑定（Bind）"文本框中设置快捷键组合即可。

表 1-2　Eclipse 自定义快捷键列表

| 序号 | Eclipse 快捷键 | Command | 说　明 |
|---|---|---|---|
| 1 | Alt+L | Quick Assist - Assign to local variable | 智能提示输入，比如先写赋值语句左侧的 obj.getAbc()，再按快捷键则自动补全完整语句 |
| 2 | Ctrl+[ | Go to Matching Bracket | 匹配成对出现的括号 |
| 3 | Alt+1 | Backward History | 轨迹回退功能，建议重新设定为 Alt+1，便于左手单手操作 |
| 4 | Alt+2 | Forward History | 轨迹前进功能，建议重新设定为 Alt+2，便于左手单手操作 |
| 5 | Alt+K | Scroll Line Up | 光标位置与代码保持相对固定，窗口整体向上滚动，与 Vim 中 K 键方向一致 |
| 6 | Alt+J | Scroll Line Down | 光标位置与代码保持相对固定，窗口整体向下滚动，与 Vim 中 J 键方向一致 |

| 序号 | Eclipse 快捷键 | Command | 说明 |
|---|---|---|---|
| 7 | Alt+3,C | Show View(Console) | 打开或调出"Console"窗口,并切换焦点 |
| 8 | Alt+3,D | Show View(Debug) | 打开或调出"Debug"窗口,并切换焦点 |
| 9 | Alt+3,N | Show View(Navigator (Deprecated)) | 打开或调出"Navigator"窗口,并切换焦点 |
| 10 | Alt+3,P | Show View(Package Explorer) | 打开或调出"Package Explorer"窗口,并切换焦点 |
| 11 | Alt+3,S | Show View(Search) | 打开或调出"Search"窗口,并切换焦点 |
| 12 | Alt+3,B | Show View(Bookmarks) | 打开或调出"Bookmarks"窗口,并切换焦点 |
| 13 | Ctrl+P | Expand | 展开焦点所处位置的折叠文本 |
| 14 | Ctrl+Shift+P | Collapse | 单层折叠焦点所处位置的文本 |
| 15 | Alt+Shift+Right | Expand All | 展开整个文件 |
| 16 | Alt+Shift+Left | Collapse All | 折叠整个文件 |
| 17 | Alt+Shift+Up | Select Enclosing Element | 基于语义块向外扩展并选取内容 |
| 18 | Alt+Shift+Down | Restore Last Selection | 还原基于语义块向外扩展并选取的内容 |
| 19 | F10 | Add Bookmark | 对源码添加书签,方便跟踪 |

## 1.3 IDEA 快捷操作进阶

作为一款同步发行商业版和社区版的开发工具,IDEA 社区版对高级功能的整合自然有所欠缺。但是从功能完整度上来说,IDEA 社区版同样达到了"开箱即用"的程度,不需要对默认设置进行太多的调整。下面仅对其中的部分功能点进行简要介绍。

在 IDEA 中,利用 Key Promoter X 插件的实时提醒功能,可以快速上手掌握常用的快捷键。IDEA 针对同一个功能点可以设置多组快捷键,就快捷键的使用来说,单键操作要优于多个键同时操作,单手操作要优于双手配合操作,双键操作要优于三键操作,因此设置时应综合考虑。

通常情况下,如果系统的自动补全功能被设置为大小写敏感,代码自动补全将几乎沦为摆设,无法通过模糊匹配推荐有价值的内容。在 IDEA 中设置忽略大小写比较简单,在"Settings"窗口中选择"Editor→Code Completion",然后将右侧窗口中"Match case"选项的勾选去掉即可。

### 1.3.1 快捷操作之 Live Templates

在日常工作中,相信各位读者对于主入口方法(psvm)、程序循环逻辑(fori)等字母组合的操作熟稔于心,这就是 IDEA 提供的 Live Templates 功能。如图 1-25 所示,在"Settings"窗口中输入"live template"即可进入"Live Templates"维护窗口,在右边窗口中选择 Java 语言,可以看到其中已经内置了 40 个左右的标准模板,如图 1-25 所示的"fori"模板。

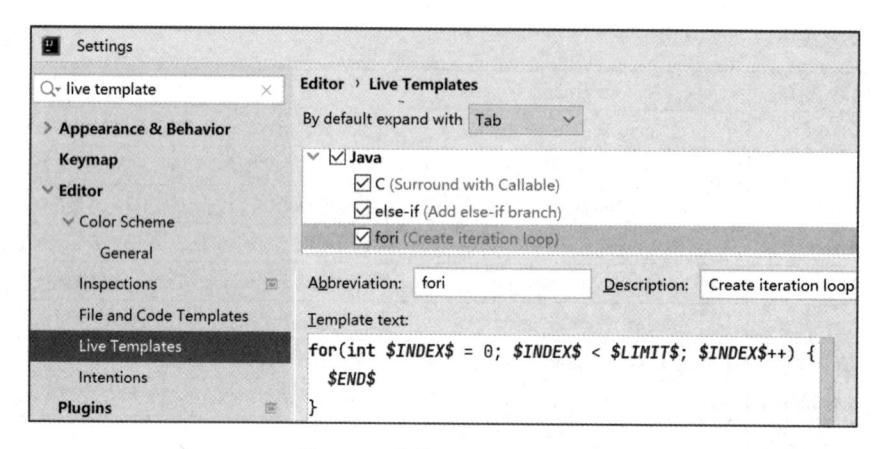

图 1-25　维护 Live Templates

用户可以根据需要在"Live Templates"维护窗口中添加新的自定义模板，如本地工程中的一些架构规范或者其他常用固定写法都适合此项功能，可以快速提高代码的编写效率。

### 1.3.2　快捷操作之 Postfix Completion

在 IDEA 中，另一个与快捷键相对应的杀手锏功能就是后缀补全功能（Postfix Completion）。例如，在 new ArrayList()语句后面加上后缀".var"，则可以自动补全完整的赋值语句。IDEA 2023.3 版本默认提供了 37 个 Java 语言相关的后缀补全功能，而且支持扩展。

以下代码列举了三种后缀补全功能，第一行使用".var"后缀，自动生成完整的变量定义语句；第二行使用".fori"后缀，自动生成典型的 for 循环逻辑；当后缀为".try"时，则自动补全为标准的 try…catch 代码块。

```
1  new ArrayList().var  →  ArrayList<Object> objects = new ArrayList<>();
2  new ArrayList().fori →  for(int i = 0; i < new ArrayList<>().size(); i++) { }
3  new ArrayList().try  →  try{ new ArrayList() } catch( Exception e ) ……
```

## 1.4　编码效率提升利器——Vrapper 与 IdeaVim 速成

在百度搜索框中输入关键字"vi 编辑器老了吗"，弹出来的第一条信息是"为什么老编辑器 Vim 这么难用，却很受欢迎"；在另一个搜索引擎上输入同样的关键字，得到的第一个搜索结果是"怎么保存退出 vi 编辑器"。这两个搜索结果生动诠释了认真学习 vi 编辑器的必要性。vi 编辑器源自字符终端时代，也就是鼠标还没有问世的年代，其强大之处在于可以通过全键盘的操作进行快速高效的文本编辑，Vrapper、IdeaVim 插件较好地模拟了编辑器的核心功能。下面简略介绍一些 vi 编辑器常用且实用的知识，以便读者在阅读源码时可以借助 Vrapper、IdeaVim 插件的强大功能，提升源码阅读的流畅性。

### 1.4.1 命令模式

该模式是进入 vi 编辑器后的默认模式。任何时候，不管用户处于何种模式，按下 Esc 键即可还原到命令模式。在命令模式下，用户可以通过输入 vi 命令管理自己的文档。此时从键盘上输入的任何字符都被当作命令来解释，若输入的字符是合法的 vi 命令，则 vi 在接到用户命令之后完成相应的动作。但需注意的是，所输入的命令并不会显示在屏幕上，若输入的字符不是 vi 的合法命令，则界面上可能看不到任何反馈，这很容易让新手崩溃。

### 1.4.2 文本编辑模式

在命令模式下输入插入命令 i、追加命令 a、打开命令 o、修改命令 c、取代命令 r 或替换命令 s 时都可以进入文本编辑模式。在该模式下，用户输入的任何字符都被 vi 当作文本信息显示在屏幕上。在文本输入过程中，若想回到命令模式下，按下 Esc 键即可退出。

### 1.4.3 尾行模式

该模式用于保存内容、查找替换、设置行号等功能性操作。当需要保存文本编辑模式下输入的内容时，可以先按 Esc 键回到命令模式，然后按下"："进入到尾行模式，在编辑器的底部出现一行可编辑文本框后，在其中输入操作命令并回车执行，然后编辑器再次回退到命令模式。

表 1-3 是 Eclipse 中 Vrapper 插件的常用命令列表，主要包括文本编辑命令、文本查找命令和文本替换命令。与 Unix 操作系统一脉相承，Vrapper 插件中的命令严格区分大小写。另外一个比较特殊的地方是光标移动方向命令，Vrapper 插件采用了 h、j、k、l 四个字母分别代表左、下、上、右四个方向，这四个键正好对应右手的食指、中指和无名指的位置。另外，Vrapper 插件中的"."代表重复执行上一个命令，是一种非常便捷的宏操作。

表 1-3　Vrapper 插件常用命令

| 序号 | vi 键（Vrapper） | 说　明 |
|---|---|---|
| 1 | h 或者 j 或者 k 或者 l | 光标向左移或向下或向上或向右移动，四个最常用的键与右手的食指、中指和无名指对应 |
| 2 | w 或者 b | 以单词为单位向前或向后移动光标位置 |
| 3 | Ctrl+D | 向下翻页，与 Eclipse 原有删除一行的快捷键冲突，需要在 Eclipse 中解绑 Ctrl+D |
| 4 | Ctrl+U | 向上翻页 |
| 5 | G 或'n' + G | G 表示跳转到文件结尾，与 Eclipse 中 Ctrl+End 功能相同；n 表示数字，例如"1G"表示跳转到第 1 行，"18G"表示跳转到第 18 行 |
| 6 | I 或 I | 进入编辑模式，在光标所在字符前面开始插入 |

（续表）

| 序号 | vi 键（Vrapper） | 说明 |
|---|---|---|
| 7 | A 或 A | 进入编辑模式，在光标所在字符后面开始插入 |
| 8 | o 或 O（大写） | 进入编辑模式，在当前行的下面或上面插入 |
| 9 | yy 或者 'n' + yy | 复制当前 1 行或者复制 n 行内容到剪贴板，n 代表数字，如"28yy"表示复制 28 行内容到剪贴板 |
| 10 | dd 或者 'n' + dd | 删除当前 1 行或者删除指定的 n 行，例如"28dd"表示删除 28 行内容，并且存放到剪贴板，从当前行开始往下删除 |
| 11 | p | 粘贴剪切板中的内容，移动选中的文本到合适的位置 |
| 12 | dw 或者 d+'n'+ w | 前进方式删除 1 个或 n 个单词，例如"d3w"表示删除三个单词 |
| 13 | cw 或者 c+'n'+ w | 前进方式删除 1 个或 n 个单词，例如"c3w"表示删除三个单词，并进入编辑模式 |
| 14 | x 或者 X 或者 D（大写） | 向右删除字符，或者向左删除字符，或者从当前位置删除到行尾 |
| 15 | J（大写） | 合并行，Eclipse 同功能键为 Ctrl+Alt+J |
| 16 | vw 与 viw | 当光标处在一个单词的中间位置时，如果输入 vw 快捷键，则只能选中光标起始的后半个单词；当输入 viw 时，可以一次选定整个单词 |
| 17 | v+导航键 | 进入命令模式，按键 v 结合导航键，可以选中符合条件的文本，连续按导航键，可以追加选中，导航键包括 h、j、k、l、b、e、ge、0、^、$、G、gg 等 |
| 18 | /"..." | 向下查找方法，按下快捷键后直接输入要查找的内容，与 Ctrl+K 配合使用，Eclipse 同功能键为 Ctrl+J |
| 19 | /"..." 后敲 n 或 N | 查找下一个 Ctrl+J 搜索到的内容位置，n 和 N 分别表示向下和向上继续查找 |
| 20 | . | 英文的句点符号，表示重复前一次操作 |
| 21 | :s/aaa/bbb | 本行替换操作，只替换一个 |
| 22 | :s/aaa/bbb/g | 本行替换操作，全部替换 |
| 23 | :%s/aaa/bbb/g | 替换当前文本中所有 aaa 为 bbb |
| 24 | :n1,n2 co n3 | 将 n1 行至 n2 行之间的内容复制到 n3 行后面 |
| 25 | :g/aaa/d | 删除文本中包含 aaa 的行 |
| 26 | :set ic 或:set noic | ic 即忽略大小写（ignore case），用于设置查找时是否忽略大小写，系统默认为区分大小写 |
| 27 | 设置默认忽略大小写 | Windows 系统，在登录用户目录放置文件：_vrapperrc，文件内容为 set ic |

## 1.5 JDK 版本选型、安装和配置

Java 开发工具包（Java Development Kit，JDK）底层源码是本书分析研究的重要组成部分，选择恰当的 JDK 版本具有现实指导意义。自 2021 年起，Java 11 版本在企业应用中的份额已经略微超出 Java 8，因此本书选取 Java 11 版本作为分析基础。Java 11 发布于 2017 年，是 Oracle 公司承诺长期支持的版本，该版本包含了最新的模块化编程等功能，具有较高的研究价值。而 JDK 后续版本改为按照固定时间周期发布，版本推出频率加快，但在实际应用中基本没有大规模地进入企业应用。

### 1.5.1 版本选型——OpenJDK 11

根据 Oracle 官方下载网站的资料显示，JDK 发行分为两套版本。一套是 Oracle JDK 发行版，它是 Oracle 公司提供长期支持，面向授权客户或者独立软件开发商（Indepent Software Vendons，ISV）的商业版本。另一套是 Open JDK 发行版，它是面向开发人员或最终用户提供的免费版本，与 Oracle JDK 具有相同的功能和性能，基于 GNU 通用公共许可证（General Public License，GPL）协议开源。就源码研究来说，Open JDK 发行包中的 src.zip 文件包中的源码比 Oracle JDK 提供的源码更加齐全，对于代码分析或者调试更友好。如果只是偶尔跟踪 JDK 源码，通过反编译工具或许可以满足要求，但如果涉及源码分析，则免不了对源码包进行全文搜索，所以下载完整的源码并导入 IDE 更加便于源码的分析。

打开 OpenJDK 官网，可以看到页面中提供了最新的可用版本下载地址，单击后跳转到下载页面，再次单击页面左下方的"Archive"链接可以查看更多历史版本，如图 1-26 所示，选择其中的 JDK 11.0.2 版本下载安装。

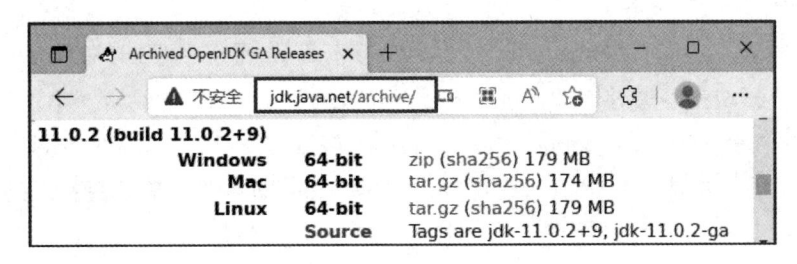

图 1-26　OpenJDK 11 下载

针对 Windows 用户，通常推荐将 JDK 的压缩文件解压到 C:\Program Files\Java\jdk-11.0.2。然后在 Windows 上下文中添加 JAVA_HOME 系统变量及追加 Path 访问路径，便于本书后续的命令行方式访问操作。

完成 JDK 版本的下载、解压、配置后，还需要在 Eclipse 或 IDEA 中配置相应的 JDK 参数值，并且将新安装的版本设定为默认版本。

### 1.5.2　Eclipse 环境设置 Java Module 可访问性

在 Java 9 中引入的模块化技术相较于 Java 8 是一个非常大的跨越。模块化是一个关键的架构设计原则，模块可以封装实现细节，只暴露出需要的接口。同时，模块可以准确地描述能够提供的接口，以及对外部的依赖。

如果将开发环境从 Java 8 升级到 Java 9 及以上版本，应用程序可能会报出"XXX cannot be resolved to a type"，这是对应模块没有导入造成的，需要在 Eclipse 的模块依赖配置窗口中进行设置。

例如，本书第 4 章将讲到的 sun.nio.cs.ext.GB18030 类默认不可见，当应用程序需要访问该类时，需要如图 1-27 所示的方式，从工程名称鼠标右键单击"Build Path→Configure Build Path"进入配置窗口，选择"Module Dependencies"选项卡，进入到模块依赖配置页面。

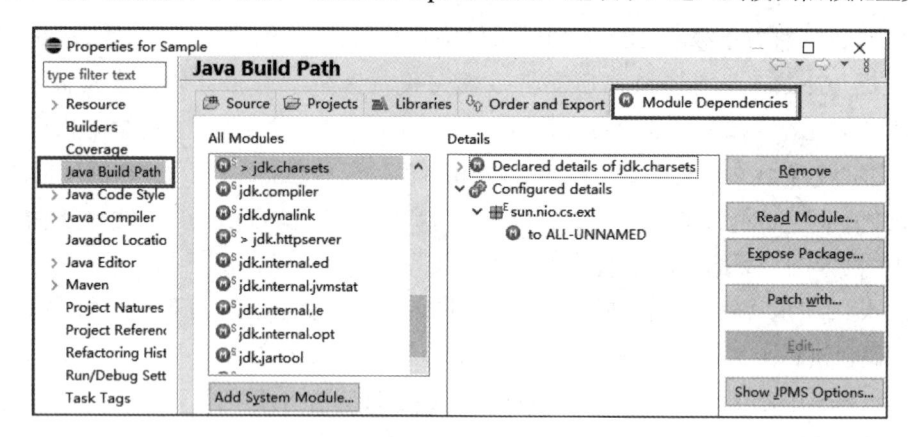

图 1-27  设置 Java Module 可见性

1. add-modules 配置

在类编辑窗口上的"Breadcrumb"工具条中可以观察到 GB18030.java 文件处于"jdk.charsets"模块中。通过比较发现，该模块默认不在图 1-27 所示的"All Modules"列表中。单击"Add System Module"按钮，从弹出窗口列表中选择"jdk.charsets"即可完成自动添加。如果需要移除 Module，则可以在"All Modules"列表中选择相应的模块，然后单击"Remove"按钮即可。

2. add-exports 配置

在"All Modules"列表中选择"jdk.charsets"，单击右侧"Expose Package"按钮，在弹出窗口的两个文本框中分别输入"sun.nio.cs.ext"和"ALL-UNNAMED"即可完成配置。

经过上面两个步骤的操作，可以单击"Show JPMS Options"按钮查看生成的脚本信息，以下脚本是本书示例代码中涉及的模块依赖配置，添加完成后即可解决报错信息。

```
1  --add-exports jdk.charsets/sun.nio.cs.ext=ALL-UNNAMED
2  --add-exports jdk.httpserver/sun.net.httpserver=ALL-UNNAMED
3  --add-exports java.base/sun.nio.cs=ALL-UNNAMED
4  --add-exports jdk.unsupported/sun.misc=ALL-UNNAMED
5  --add-exports java.base/jdk.internal.misc=ALL-UNNAMED
6  --add-modules jdk.charsets
```

### 1.5.3  IDEA 中设置 JDK Module 可见性

在 IDEA 中，对于模块或包的可见性设置最终同样体现为对 Java 编译和运行时的命令行脚本维护，这是一种最简单的解决办法。另外，为了提高维护的便利性，IDEA 对于包的可见性提供自动维护的功能，开发人员可以在报错提示信息上单击鼠标右键选择合理的处理选项。

### 1. 模块的可见性设置

在 IDEA 下，如果程序代码中引用了 sun.nio.cs.ext.GB18030 类，则 IDEA 将提示如下错误语句，说明 jdk.charsets 模块不可见。

```
1  java: 程序包 sun.nio.cs.ext 不可见
2  (程序包 sun.nio.cs.ext 已在模块 jdk.charsets 中声明，但该模块不在模块图中)
```

要想解决模块不可见问题，需要在"Settings"窗口中进行设置。如图 1-28 所示，选择"Build,Execution,Deployment→Java Compiler"后，通过单击图 1-28 底部的"+"号，添加示例工程中的"Sample"模块，然后在右边的文本域中添加"--add-modules jdk.charsets"语句。

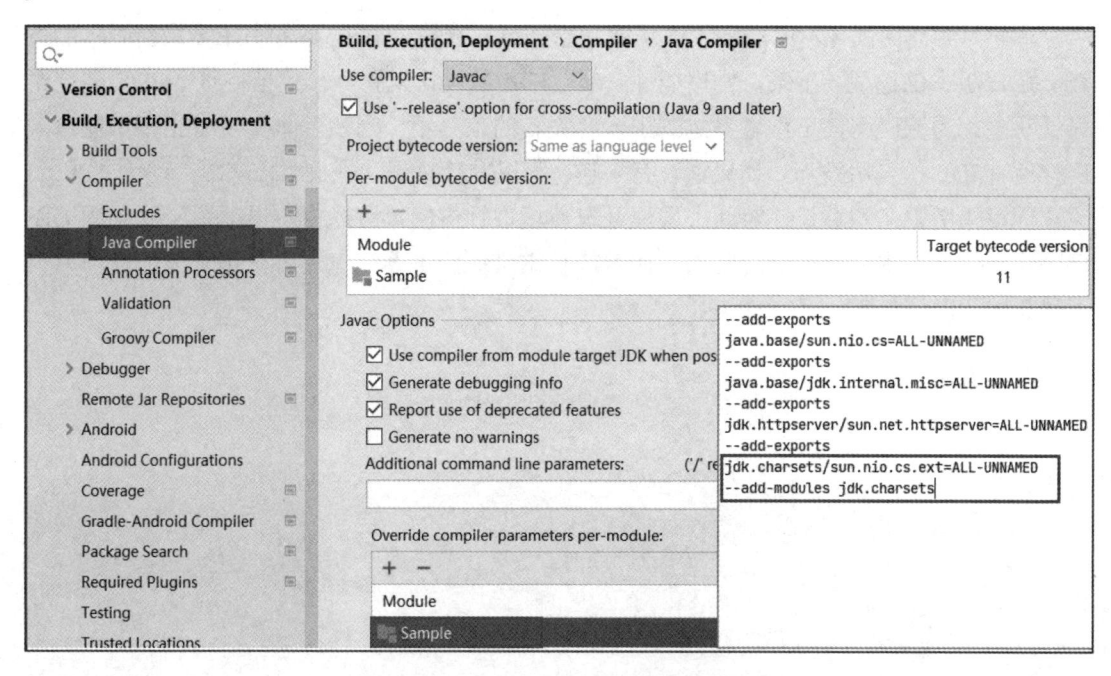

图 1-28　IDEA 环境设置模块可见性

### 2. 包可见性设置

当程序中引用了 sun.nio.cs.US_ASCII 类时，如果程序中存在包可见性问题，则程序编译后将在主控台输出如下错误信息，明确指出程序包 sun.nio.cs 不可见。

```
1  java: 程序包 sun.nio.cs 不可见
2  (程序包 sun.nio.cs 已在模块 java.base 中声明，但该模块未将它导出到未命名模块)
```

针对程序包的可见性错误，IDEA 除了在主控台中输出报错信息，还在程序中以红色波浪线的形式推荐可能的解决办法。如图 1-29 所示，在程序的第二行 import sun.nio.cs.

US_ASCII 位置，IDEA 推荐在模块编译选型中添加"--add-exports java.base/ sun.nio.cs= ALL-UNNAMED"语句，单击执行后，包可见性问题得以正确解决。

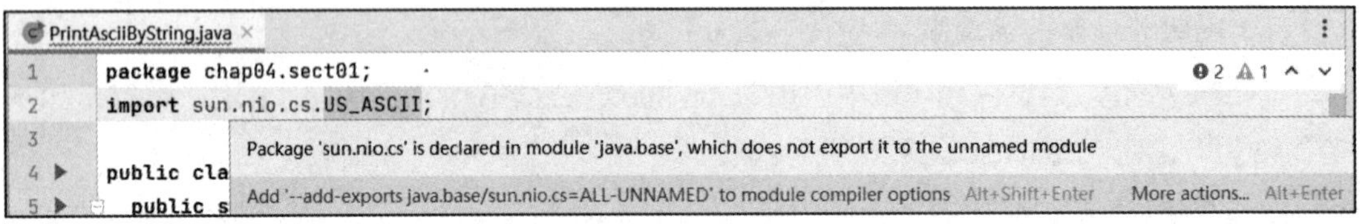

图 1-29 IDEA 环境设置包可见性

当然，在程序"Java Compiler"设置窗口中，可以将推荐语句手动添加到编译参数中。

## 1.6 本章小结

本章对源码阅读环境的准备工作从零开始介绍，涵盖了 Eclipse 和 IDEA 最新版本的下载、JDK 版本的选型、下载、常用插件安装、IDE 的优化配置等，直至将整个 IDE 调配至最佳状态，为源码阅读工作量身定制了一套完备的工具箱。当然，本章没有也不可能深入研究所有 IDE 的使用技巧。如果读者有兴趣，可以继续拓展和挖掘 IDE 的高级操作技巧。

因篇幅所限，本章仅针对两大主流开发环境进行讲解，所述内容以适用于底层源码阅读为主。另外，本章所列举的常用快捷键或自定义快捷键乃一家之言，每个人的操作习惯不尽相同，仅供参考。

# 第 2 章
## 创建示例工程，开启源码调试研究

与本书配套的示例工程（IDEA 中为 Module）命名为 Sample，采用 Maven 格式，示例代码托管在 GitHub 上，读者可以在 GitHub 托管网站搜索"cn-farmer/Sample"并获取。

代码的调试是辛勤劳作的码农们每天都要面对的基本任务，代码调试不应满足于简单的 F5、F6、F7、F8 等快捷键操作，只有经过系统的学习、大量的训练才能练就炉火纯青的调试操作技巧、火眼金睛般的 Bug 发现能力。当然，即使对调试技术了如指掌，面对复杂的调试环境，在工作过程中仍然难免碰到未知情况。很多开发人员把调试过程中碰到的未解之谜当作灵异事件来解释，采用"惹不起躲得起"的绕道迂回策略，而不去深究底层的根本原因，这种做法实不可取。本章不但对 Java 调试基础知识有完整的讲解，而且对常见调试问题也进行了深入研究。

## 2.1 示例工程的设计原则

本书共 8 章，各章节的示例代码对应包名为 chap01、chap02……，如果章节的内容比较多，则按小节细分，命名方式为 sect01、sect02 等。

本书对每个知识点所给出的示例代码都力求简短，大部分示例代码都控制在 20 行左右，便于读者阅读以及实际上手练习。对于需要多个类交互的示例代码，优先采用内部类的形式在单个 Java 文件中实现，保证示例代码运行的完整性。为了控制篇幅，部分示例代码中包导入语句用"…"代替，在 IDE 中可以通过自动导入补全，不存在歧义性，不影响正常运行。

为了避免打断读者的阅读节奏和思路，本书没有在程序内附带过多注释，而是在程序结尾处对重点难点部分进行详细讲解和剖析，通过前后对照的方式阅读，更有利于理解代码。

## 2.2 创建标准工作区——Eclipse

为了避免因环境不一致造成的程序执行偏差，下面对本书的示例代码和 ZK 工程的源码在本地进行了统一组织。新建工作区名称为"cn-farmer"，存放目录置于"D:\cn-farmer"下，统一约定工作区的"text file encoding"为"UTF-8"，"JRE System Library"设置为 jdk 11.0.2。

在 Eclipse 上新建一个 Maven 工程，其中有两步操作需要特别说明。

第一步，在选择 Maven 工程骨架时，可以在"Catalog"下拉框中选择"Internal"进行筛选，选择"maven-archetype-quickstart"作为架构模板，如图 2-1 所示。

第二步，在页面中设置 Group Id 和 Artifact Id，如图 2-2 所示。

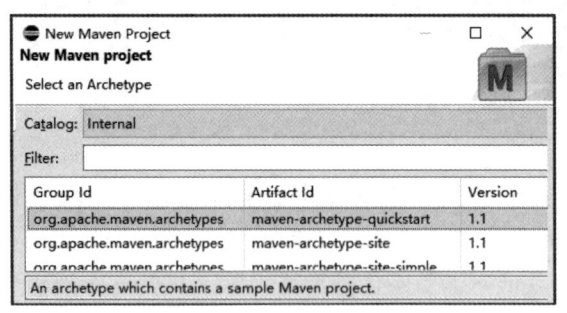

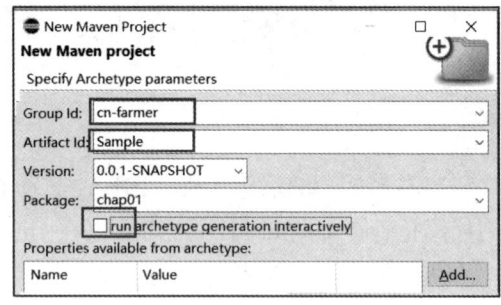

图 2-1　选择"maven-archetype-quickstart"

图 2-2　设置 Group Id 和 Artifact Id

在 Sample 工程上单击鼠标右键，选择"Properties"选项，弹出属性设置窗口，在该窗口上，可以对"Java Build Path"和"Java Compiler"进行设置。设置 JDK 版本为 11.0.2，如图 2-3 所示；设置编译器兼容版本号为 11，如图 2-4 所示。

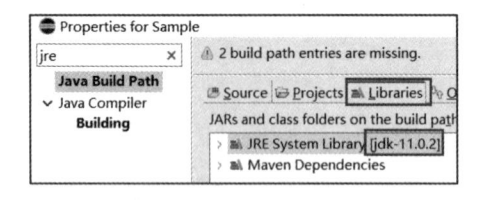

图 2-3　设置 JDK 版本

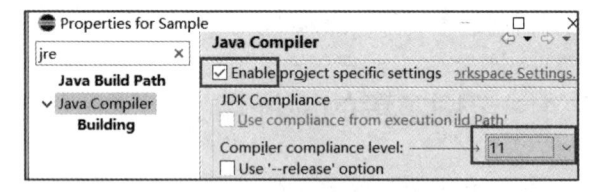

图 2-4　设置编译器兼容版本号

## 2.3　创建标准工作区——IntelliJ IDEA

在 IDEA 上搭建示例工程可以分为三步。

第一步，创建 Empty Project，设置工程名称为"cn-farmer"，工程路径 Location 设置为"D:\"，如图 2-5 所示，此工程名称与本书托管在 GitHub 网站的用户名一致。

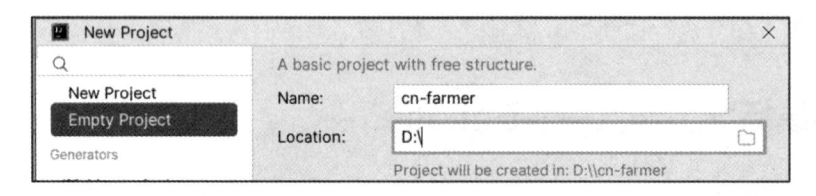

图 2-5　在 IDEA 上创建 Project

第二步，打开"Project Structure"窗口，单击其中的"-"按钮将默认创建的 cn-farmer 模块删除，如图 2-6 所示。

图 2-6　删除默认创建的 cn-farmer 模块

第三步，在"Project Structure"窗口中添加模块，单击图 2-6 中的"+"按钮，弹出如图 2-7 所示的窗口，设置 Module 名称为"Sample"，指定 Module 在本地磁盘中的路径，选择 Build system 为"Maven"格式，选择 JDK 版本为"Oracle OpenJDK version 11.0.2"。

图 2-7　在 IDEA 上创建 Module

## 2.4　源码跟踪及调试实用技巧——Eclipse

断点跟踪是发现程序中复杂业务逻辑内隐藏 Bug 的不二法门，熟练掌握高级调试技巧是提高编程效率的唯一途径。源码的阅读，特别是底层框架类源码的学习，需要更高的调试技能。只有不厌其烦地提出猜想，进行案例准备、数据模拟和调试验证，才能最终实现看懂优秀源码的目标。

### 2.4.1　六种显式断点各尽其用

在 JDK 发布包中，附带有 jdb.exe 作为命令行调试工具，而 Eclipse 或 IDEA 等 IDE 工具和 jdb.exe 一样，底层采用了统一的 Java 平台调试架构（Java Platform Debugger Architecture，JPDA），如果想对断点调试功能做深入研究，可以参考 API–JPDA 相关文档。此处以 Eclipse 为例，在 Eclipse 的"Run"菜单中将 Java 断点划分为六种类型，包括跟踪断点、行断点等，如图 2-8 所示。下面对六种断点类型的使用方法及使用场景进行详细介绍。

图 2-8　Eclipse 对 Java 断点的六种分类

为了说明六种断点的异同，下面用一段简短的代码进行模拟演示。如图 2-9 所示，示例程序中共包含 7 行有效代码，从其左侧栏可以看出五个断点覆盖了五种不同的图标样式，说明它们分属不同的断点类型。断点列表中列出的六种断点如图 2-10 所示，除了在图 2-9 中已列出的五种断点外，不能在 Java 编辑器窗口中标记的断点类型为异常断点（Java Exception Breakpoint）。

图 2-9　五种常见断点展示　　　　　图 2-10　六种断点展示

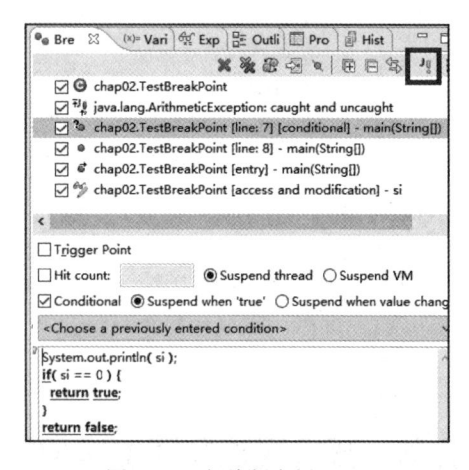

下面从适用场景、设置方式、运行效果等方面对六种断点进行详细介绍。

1. 行断点（Line Breakpoint）

行断点是平常使用最多的断点，其作用是当程序运行到某一行的时候将其挂起。其设置方式也比较简单，一般可以通过在指定行的左边栏双击添加。如果当前行是成员变量定义行或者方法定义行，则默认添加的不是行断点。一种迂回的解决办法是从菜单中操作添加，Eclipse 支持同一行有两个不同类型的断点相互叠加并用。以下为行断点触发时的主控台显示信息。

```
1 Thread [main] (Suspended (breakpoint at line 8 in chap02.TestBreakPoint))
2     chap02.TestBreakPoint.main(java.lang.String[]) line: 8
```

2. 跟踪断点（Tracepoint）

跟踪断点是行断点的一种变形，是一种带逻辑判断条件的断点，如图 2-10 所示，其中勾选了"Conditional"复选框，并且在下部的文本框中附带了多行脚本程序。跟踪断点中的条件必须保证返回布尔值为 true 或 false。如果去掉条件判断逻辑,跟踪断点就变成了普通的行断点。以下为跟踪断点触发时的主控台显示信息。

```
1  Thread [main] (Suspended (breakpoint at line 7 in chap02.TestBreakPoint))
2      chap02.TestBreakPoint.main(java.lang.String[]) line: 7
```

### 3. 类加载断点(Class Load Breakpoint)

Class Load 类型的断点在类加载的时候被触发,一般都是在某个类第一次被使用的时候挂起程序。类加载断点的设置不依赖于程序源码,在 Classpath 中能够访问的类,理论上都可以设置类加载断点。以下为类加载断点触发时的主控台显示信息。

```
1  Thread [main] (Class load: chap02.TestBreakPoint)
```

### 4. 观察断点(Watchpoint)

观察断点是作用于成员变量的断点,对成员变量的访问或修改都可以触发该断点。在断点设置窗口中可以通过勾选"Access"或"Modification"复选框控制断点在访问或修改时触发,以便适应不同场景。以下为观察断点触发时的主控台显示信息。

```
1  Thread [main] (Suspended (modification of field si in chap02.TestBreakPoint))
2      chap02.TestBreakPoint.<clinit>() line: 4
```

### 5. 方法断点(Method Breakpoint)

方法断点是作用于类中方法上的断点,当方法被调用时触发。在 Eclipse 中,方法调用还可以区分为进入方法前和从方法返回后两种情况,在断点设置窗口可以通过复选框勾选"Entry"或"Exit"进行细微调整,以便适应不同调试场景。以下为方法断点触发时的主控台显示信息。

```
1  Thread [main] (Suspended (entry into method main in chap02.TestBreakPoint))
2      chap02.TestBreakPoint.main(java.lang.String[]) line: 7
```

### 6. Java 异常断点(Java Exception Breakpoint)

Java 异常断点是针对某个指定的异常抛出时触发的断点,它在 Java 虚拟机(Java Virtual Machine,JVM)层面进行统一拦截处理,不针对具体某一行代码或针对某个类文件进行设置。设置 Java 异常断点时,一种方法是可以通过菜单操作,另一种方法如图 2-10 所示,在窗口的右上角可以通过按钮添加异常断点。以下为 Java 异常断点触发时的主控台显示信息。

```
1  Thread [main] (Suspended (uncaught exception java.lang.ArithmeticException))
2      chap02.TestBreakPoint.main(java.lang.String[]) line: 9
```

## 2.4.2 六种隐式断点深度揭秘

除了系统菜单中显式声明的六种典型断点,Eclipse 中还有六种隐式断点同样可以达到挂起程序的效果。下面分别进行详细介绍。

### 1. 程序 main(...) 方法入口断点（Stop in main）

在 Eclipse 中设置"Java Application"类型的启动脚本时，可以勾选"Stop in main"复选框，如图 2-11 所示。当程序以 Debug 模式引导时，在进入 main(...) 方法之前挂起代码，从而可以检查环境变量的初始化情况，甚至在正式运行前修改参数值。该类断点从功能上来说与方法断点类似，在某些特殊场景下使用非常方便，一种是主程序隐藏得比较深，而且也不是关注重点的情形；另外一种是在主程序没有源码，无法设置对应的行断点时，则可以控制在程序入口处即进入调试模式。

### 2. 未知异常挂起断点（Suspend execution on uncaught exceptions）

在调试 Java 程序时，经常碰到的一种情况是程序在运行过程中遇到未知异常，导致 JVM 直接崩溃退出。在异常位置尚不确定或者异常原因尚不明确的情况下，特别是在循环逻辑中，想要保留异常崩溃前一刹那的现场，并不总是容易实现的，解决这个问题可以通过第二种隐式断点解决。如图 2-12 所示，在 Eclipse 的"Debug"参数设置窗口中，可以勾选"Suspend execution on ……"复选框。

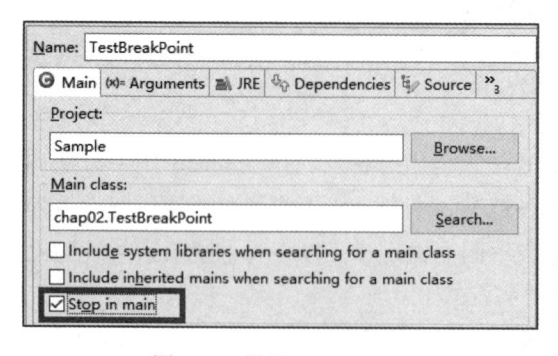

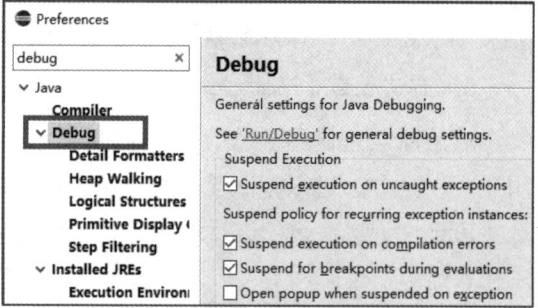

图 2-11　设置 Stop in main

图 2-12　设置为捕获异常中断

### 3. 在断点上添加触发点（Trigger Point）

如图 2-13 所示，"Trigger Point"是对显式断点设置的属性参数，只有当标记为"Trigger Point"的断点首次被触发时，其他断点才会进入激活状态。这种断点可以理解为一种断点的断点，它不是控制断点的位置，而是控制断点起作用的时机。

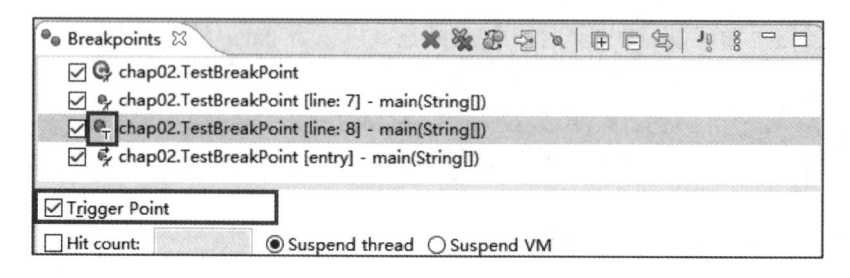

图 2-13　Trigger Point 设置

#### 4. 向下运行至光标所在行挂起（Run to Line）

当程序已经启动调试时，可以通过按下快捷键 Ctrl+R 控制程序运行至光标当前所在位置，这是一种在运行时动态设置断点的方法。当然，如果光标所在位置程序已经运行，则快捷键操作跳转不能生效。如图 2-14 所示，如果需要经常使用该功能，则可以通过自定义配置，将该功能按钮添加至调试工具条中。

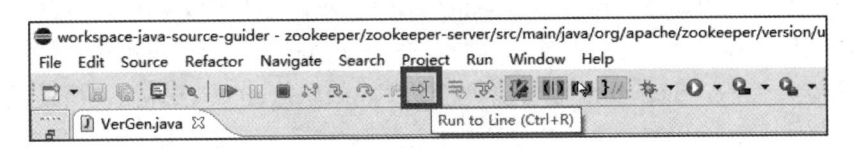

图 2-14　在调试工具条中新增 Ctrl+R 功能按钮

#### 5. 回溯至光标所在方法入口（Drop to Frame）

在程序运行过程中，如果想要回退到某个方法位置，则可以通过 Drop to Frame 功能返回到指定位置。该断点可以被看作一种动态添加的断点，它与 Run to Line 的功能正好相反。该功能和当前的上下文有关，并不支持向上回溯到任意位置，而且对于已经发生的数据库或本地文件操作，Drop to Frame 也不能让相关资源还原到当时的上下文状态。如果需要反复调试同一段代码逻辑，而冷启动又耗时特别长时，强烈建议使用该方法。

#### 6. 运行至光标选定方法上挂起（Step Into Selection）

当程序已经进入调试状态后，如果想要让程序运行到某个方法的起始位置挂起，那么可以将光标焦点移动到程序调用的指定方法名上，然后按下快捷键 Ctrl+F5，调试断点可以跳转至对应方法的起始位置。这是一种运行时动态通过光标控制断点的方式，当选中上下文中的某个方法时，选择 Step Into Selection（Ctrl+F5）可以直接进入选中的方法。

### 2.4.3　揭秘断点调试中的八大"灵异"事件

程序调试不只是一个技术活，而且还是一个熟练工种，需要经常有意识地加以训练。否则遇到复杂状况时，很容易搞不清楚状况，有时甚至会怀疑是 IDE 出了问题，到了疑神疑鬼的地步。

#### 1. 该进入的没进入——Step Into（F5 键）无响应问题分析

Step Into（F5 键）操作是调试过程中最为频繁使用的操作，理论上来说，使用 F5 键一键到底，可以遍历整套程序的全部运行轨迹。但是在某些特殊场景下，可能会出现 F5 键无响应的情况，这里存在两种可能。

第一，无法单步执行最主要的原因是 Debug 窗口的焦点不在断点所在的当前行，需要在 Debug 窗口中选择堆栈的顶层。如图 2-15 所示，程序当前断点停留在 staticF()方法的第 18 行，这里属于程序堆栈的顶层。但是在查看程序的过程中，焦点跳转到了堆栈的内部层次，导致按 F5 键没有响应。

```
 ∨ ⚙ Thread [main] (Suspended (breakpoint at line 18 in chap02.StaticMethodDebug))
    ≡ chap02.StaticMethodDebug.staticF() line: 18
    ≡ chap02.StaticMethodDebugTest.main(java.lang.String[]) line: 7
```

图 2-15　执行堆栈激活状态

第二，在程序左侧双击设置断点跟踪后，程序执行到该行挂起，当继续按 F5 键时程序不能进入到相应的方法体内部。ZooKeeper 工程中的启动入口类如图 2-16 所示，在源程序中，当第 39 行和第 40 行合并成一行时，在该行代码的左边栏双击添加断点，通过正常调试进入该断点后，Step Into 操作并不会进入 getLogger()方法体内，而是顺序执行下一行语句。

```
38  public class ZooKeeperServerMain {
39    private static final Logger LOG =
40      LoggerFactory.getLogger(ZooKeeperServerMain.class);
```

图 2-16　单条语句添加多个断点

出现这一现象的原因是默认添加的断点类型是 Watchpoint，所以感觉 F5 键没起作用。Eclipse 支持在一行代码上设置多个不同类型的断点，添加的方式是从"Run"菜单中选择"Toggle Line Breakpoint"菜单项，添加完成后在"Breakpoint View"中可以看到增加了一个新的断点。当程序执行到"Line Breakpoint"时，则可以按 F5 键顺利进入 getLogger(...)方法体内部。另外一个解决此类问题的办法是将成员变量定义行和赋值语句切分为两行，通过双击代码行的左边栏分别添加对应的断点，如图 2-16 所示。

### 2. 不该停的停了——没加"断点"但程序暂停执行

根据前文的分析，可以了解到断点类型达到十二种之多，每一种断点都有各自的应用场景。在调试的时候，程序初始挂起的位置一定是在断点标记的位置吗？答案当然是否定的。实际上，初始挂起位置与断点标记位置重合只是少数情况，所以不要因为看不到断点标记就认为调试功能的程序挂起出现了错乱。在实际调试过程中，一定要注意查看断点类型。在"Debug"视图中对挂起类型有具体的标记，结合"BreakPoint"视图中的断点信息，就可以知道程序挂起的真实原因。

### 3. 代码行无法设置 Watchpoint 断点

在调试代码的时候，当分析到某段程序存在疑点，很习惯的动作就是双击代码行的左边栏，添加断点进入调试，但是添加的断点类型或实际断点的挂起情况还需要考虑更加复杂的场景。如图 2-17 所示，当双击第 66 行的左边栏时，实际添加的是 Line Breakpoint 断点，而双击第 85 行和第 86 行时，添加的都是 Watchpoint 断点。启动程序开始调试后，程序在第 66 行根本不会挂起，而是会挂起在第 85 行，这里需要了解 final 关键字的特性。当原生类型或 String 类型采用 final 关键字修饰时，说明这个对象是一个常量，在编译器编译时已经优化编译到了引用的代码中，对于调试器来讲，final 修饰的原生类型是不起作用的。

```
64  public final class LoggerFactory {
65
66      static final String CODES_PREFIX = "http://www.slf4j.org/codes.html";
        ......
79      static final int UNINITIALIZED = 0;
        ......
85      static volatile int INITIALIZATION_STATE = UNINITIALIZED;
86      static final SubstituteLoggerFactory SUBST_FACTORY = new SubstituteLoggerFactory();
```

图 2-17　在 final 修饰对象上添加断点

### 4. Debug 时无法选择对应程序源码

如果工程中相同的包名或类名在多个源码目录（Source Folders）中重复出现，则会引发编译冲突问题，一般的处理策略可能是将某个源文件路径排除出 Classpath，将某个源文件排除后的效果如图 2-18 所示。

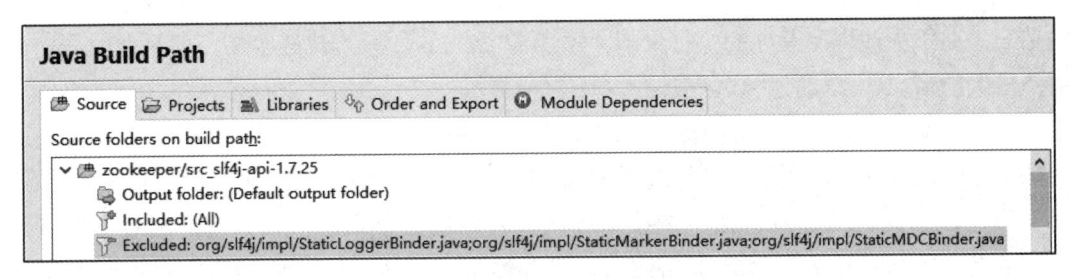

图 2-18　在工程中排除指定源文件

当对编译通过的类进行断点调试时，可能会面临无法查找源码的问题，即使通过"Lookup Source"命令选择工程中的 Java 文件，仍然无法解决。实践发现，设置 Classpath 加载顺序可以解决此问题，如图 2-19 所示，将工程中真正应用的类放在靠前的位置加载即可。这也为在调试过程中解决找不到源码的问题提供了思路。

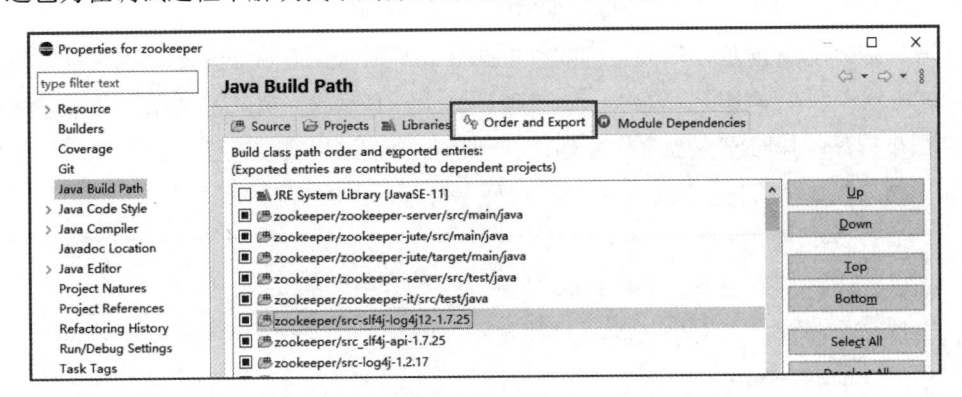

图 2-19　设置 Classpath 中的加载顺序

### 5. 添加 Tracepoint 断点避坑指南

如果从菜单或者 Java 编辑器的左边栏弹出菜单中选择添加 Tracepoint，则可能默认的条件没有返回 true，断点不能生效。如果在条件窗口中有内容，但是没有返回 true，则默认为 false，不进入断点。如果在条件输入框中添加内容，需要记住按 Ctrl+S 保存。

在使用 Tracepoint 时，如果只希望观察中间结果，而不需要挂起程序，则可以通过定义脚本，执行 System.out 语句将观察结果输出到控制台。另外，脚本中的代码行数没有限制，只需要在结尾处返回 true 或 false，判断逻辑就能生效。

6. 该加的加不上——静态代码块也可以增加 Line 断点

对于通过 Maven 导入的构件（JAR 文件），如果想要对其中某个类的静态代码块添加断点，通过鼠标双击左边栏的方式不可行，需要从菜单上操作添加。同理，通过菜单在静态代码块中添加的行断点，不能在左边栏双击撤销。

7. 该停的停不住——Class Load 断点"失灵"

Class Load 断点有着非常独特的作用，它只关心程序对某个类第一次加载之后的动作的情况，而不关注程序具体的执行步骤。添加 Class Load 断点比较容易，但是偶尔会出现断点失灵的情况，主要使用误区有两种。

第一，有些 JVM 底层的类在系统调试机制发挥作用前已经初始化加载，在应用层面添加 Class Load 断点，实际已经错过了类加载时机。

第二，因为类的加载包括了加载、连接、初始化三个步骤，如果只是加载，也就是通过执行 ClassLoader.loadClass(...)方法，类并没有进行初始化，则断点跟踪系统并不会进入调试模式。Class.forName(String className)方法默认执行时，类会加载静态代码块的内容，也就是执行类的 cinit()内部初始化方法，而 Class.forName(...)的另外一个方法可以传输是否初始化的参数，控制类的初始化，如果初始化时传入"否"，则不进入类加载断点。

8. 该定位的没定位——Debug 时程序挂起位置无高亮显示

当程序启动 Debug 后，如果工程的"Enable project specific settings"选项被勾选，如图 2-20 所示，则在工作区（Workspace）的属性上作任何设置都不会生效。更加极端的情况是，如果程序编译时没有包含行号标记，则会出现程序确实挂起了，但是在代码编辑窗口中看不到高亮显示的行，挂起位置不在任何一行代码上的情况。

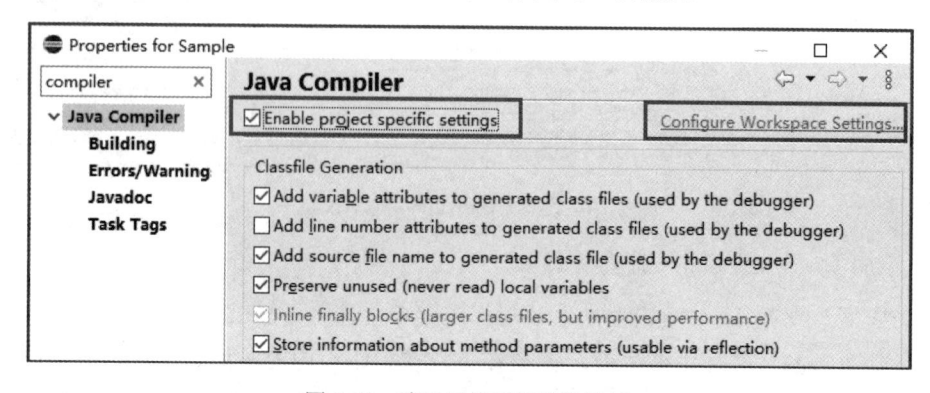

图 2-20　确认属性设置的作用域

### 2.4.4 持续提升 Debug 技能

在 Eclipse 官方文档中，有一段关于 Eclipse 使用技巧（Tips and Tricks）的专门章节，其中调试部分以图文结合的方式呈现，详细讲解了大部分调试基础技能，对于学习调试技巧非常有帮助。

1. 优化调试期间的对象展示形式

Eclipse 默认提供了强大的变量展示能力，在特殊场景下，变量的展示形式还可以灵活定义。

1）设置对象显示形式

对于调试过程中的对象显示，需要根据调试内容的不同加以灵活应对。复杂对象可以按需设置显示摘要内容，而不必被无用信息填充。在 Eclipse 中，可以从菜单"Java→Preferences"进入参数设置窗口，在其中的"Java→Debug→Logical Structures"页面中自定义对象的显示逻辑结构。

2）运行时查看或修改对象

在调试的时候，Eclipse 为复杂对象的查看提供了简化的逻辑结构视图，通过逻辑结构视图，可以清晰地看出对象的整体结构及包含的主要内容。但是，在某些场景下逻辑结构的显示方式可能会带来困扰。例如，如果想看清 Vector 对象中某个具体元素的值，并且想要在调试进行时对其中的内容进行修改，这个时候就需要关闭逻辑结构显示方式。如图 2-21 所示，单击方框内的"Show Logical Structure"按钮可以打开或关闭逻辑结构显示功能。

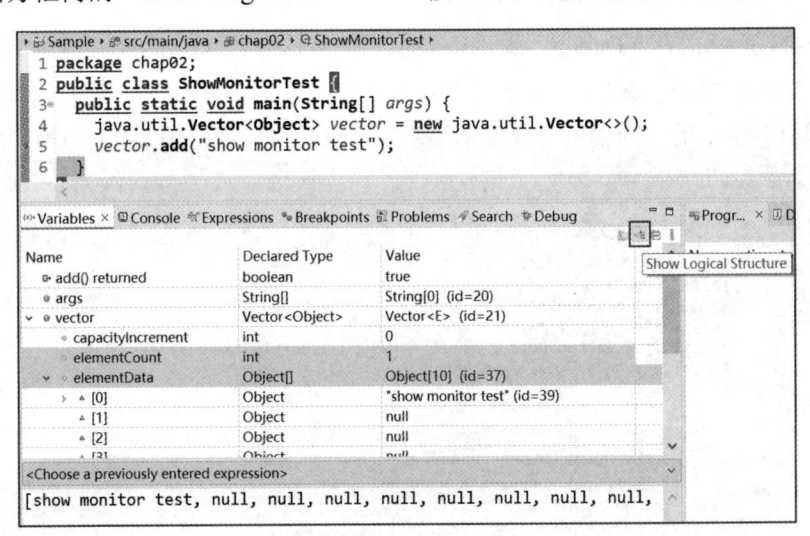

图 2-21 设置对象显示内容

另外，在调试过程中，对变量的观察可以添加不同的维度。如图 2-22 所示，单击"Variables"面板上的显示内容调整按钮，然后在弹出窗口中选择"layout→Select Columns"

菜单，然后可以在多选列表中选择所需字段。追加的"Instance ID""Instance Count"等字段如图 2-22 所示，这些字段对于高并发程序的调试或内存泄漏的分析都将带来帮助。

图 2-22　程序调试时设置与观察变量相关的字段

3）十六进制输出格式调整

针对日常习惯使用十六进制表述的信息与运算场景，如字符编码内容、数字位移操作、数字与、数字或、数字非等，Eclipse 可以方便地设定十六进制显示模式。如图 2-23 所示，在原生数据类型的显示选项中，可以勾选按十六进制显示。

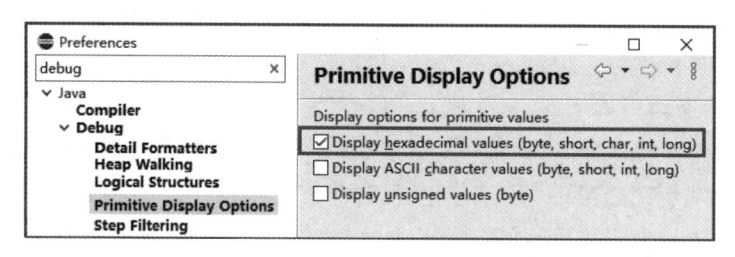

图 2-23　设置以十六进制形式显示

2. Show Monitors 监控线程同步对象

如图 2-24 所示，在"Debug"窗口中显示了持有锁对象（owns）的信息，其左侧图标显示为一把钥匙，另外，owns 关联的是类，而不是具体的代码行，这是由 synchronized 关键字的作用机制决定的。如果不需要展示 owns 信息，可以通过图 2-24 中的"Java→Show Monitors"菜单关闭。

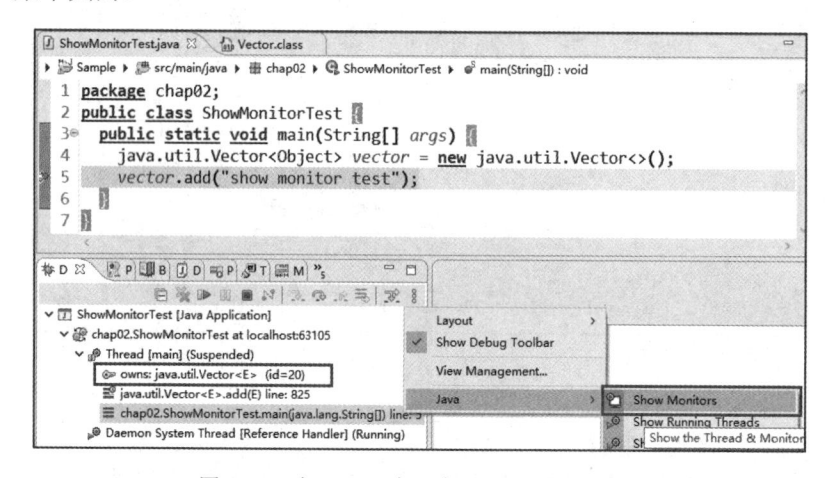

图 2-24　在 Debug 窗口中显示 Monitor 对象

### 3. 脚本式监控与修正能力

为了加强调试能力，Eclipse 对老版本中的"Display View"功能进行了改进，以"Debug Shell View"的新名称出现。利用新的视图窗口，可以在断点挂起位置的上下文执行脚本，查看脚本执行结果。另外，在调试过程中如果发现某个变量的实际值与预期值不一致，且期望在后续的调试中按照预期值继续执行，则可以通过脚本的形式进行修改。如图 2-25 所示，复杂的 map 对象可以在"Debug Shell"窗口中以脚本的形式执行，包括移除操作或赋值操作等。

图 2-25　通过 Debug Shell View 执行脚本

### 4. 设置 Debug 过滤

执行单步调试的时候，关注点并不总是需要面面俱到；针对某个特定功能调试的时候，不相关的包或模块完全可以忽略。如果希望继续使用 Step Into（F5）进行调试，而又不想进入不相干的功能模块，可以通过两步完成相关操作。首先，在 Eclipse 的参数设置窗口中设置需要过滤的包，如图 2-26 所示，通过"Add Packages"按钮或者"Add Class"按钮向列表中添加包或类，也可以使用带有通配符的模式匹配格式。其次，是勾选"Use Step Filters"选项，启用调试过程中的过滤功能。如果过滤功能需要频繁地开启和关闭，可以单击工具条上对应的图标快速切换。

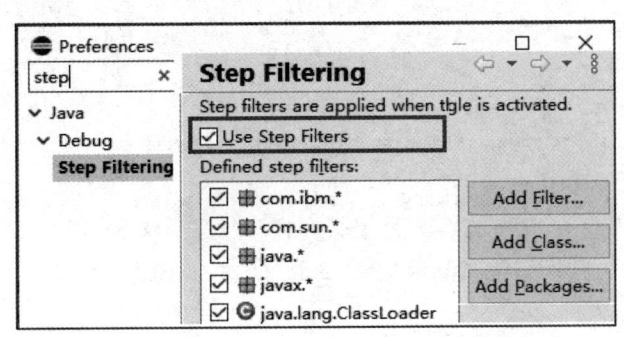

图 2-26　设置 Debug 过滤

### 5. 在 Eclipse 中反复调试

在源码调试过程中，经常需要频繁启动源码。而在代码启动之后，如果出现类似网络端口资源被占用的情况，则会影响服务启动。下面三行文本显示了端口未被释放的情况下，以及再次运行程序时的报错信息。

```
1 java.net.BindException: Address already in use: bind
2 at java.base/sun.nio.ch.Net.bind0(Native Method)
3 at java.base/sun.nio.ch.Net.bind(Net.java:461)
```

在 Eclipse 环境中，可以通过参数设置控制重启动作。如图 2-27 所示，在"Lanuching"配置中，可以勾选"Terminate and Relaunch ……"，当前一个进程尚未结束的时候，如果再次单击"Run/Debug"按钮，系统会自动关闭上次未结束的进程，清除缓存并释放资源，然后再次启动应用。

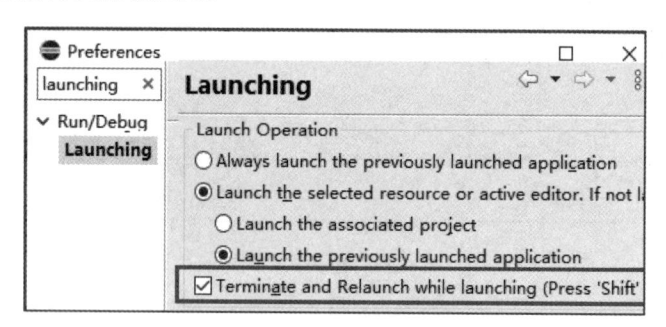

图 2-27 重启前自动中断设置

### 6. 远程调试必备技能

远程调试功能是一项历史悠久而又实用的编程技巧，观察 Eclipse 中应用程序的命令行参数可以发现，Java Application 程序的调试就是通过模拟远程调试来实现的。在命令行窗口中执行"java -agentlib:jdwp=help"语句，可以查看启用远程调试的完整帮助信息，程序示例如下：

```
1 C:\Program Files\Java\jdk-11.0.2\bin>java -agentlib:jdwp=help
2 Examples
3 --------
4   - Using sockets connect to a debugger at a specific address:
5     java -agentlib:jdwp=transport=dt_socket,address=localhost:8000 …
6   - Using sockets listen for a debugger to attach:
7     java -agentlib:jdwp=transport=dt_socket,server=y,suspend=y …
```

Eclipse 提供的远程调试配置功能如图 2-28 所示，在弹出窗口中可以设置连接类型、端口等信息。

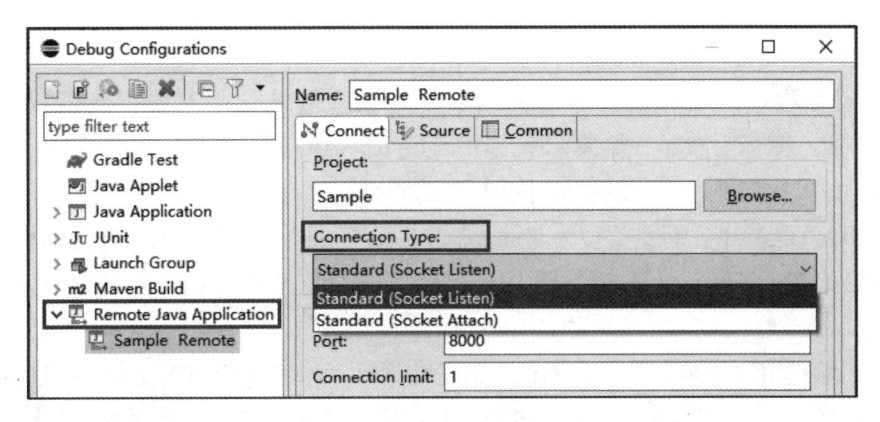

图 2-28  Eclipse 环境图形界面配置远程调试功能

## 2.5 基于 IntelliJ IDEA 的源码跟踪及调试实用技巧

IDEA 的调试工具提供了强大的功能，包括设置断点、查看变量和表达式、调用栈、单步调试和多线程调试等；可以设置条件断点和异常断点，方便根据特定条件暂停程序执行或在抛出异常时触发断点；还支持远程调试，可以在远程服务器上调试代码；其性能分析功能可帮助找出代码中的性能问题。

### 2.5.1 IDEA 调试功能"平替"Eclipse

IDEA 和 Eclipse 都具备非常强大的断点调试能力，基于相同的底层应用程序接口（Application Programming Interface，API）实现，IDEA 和 Eclipse 中 90%以上的功能都可以互相替代。本节将以比对的形式来呈现 IDEA 所具备的调试能力，不再对 IDEA 工具中的调试功能作完整的复述，建议读者先参阅前一节的 Eclipse 调试功能相关介绍。

1. 断点类型与断点控制属性

IDEA 断点分类与 Eclipse 有所不同，如图 2-29 和图 2-30 所示，IDEA 一共定义了四类断点，包括行断点、方法断点、成员变量断点和异常断点，相比 Eclipse 缺少了类加载断点。

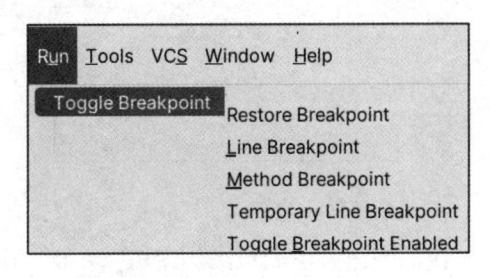

图 2-29  在 Run 菜单中设置断点 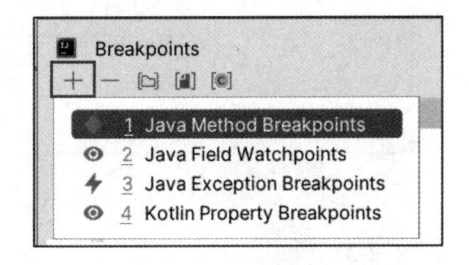　　　　图 2-30  通过断点管理窗口新增断点

1）行断点（Line Breakpoint）

行断点是程序调试中最为普通的断点，可以直接在代码左边栏双击或通过按下 Ctrl+F8 添加，图标为圆形。如果在断点图标上按下 Alt+鼠标右键，可以使断点失效，如果使用 Shift+鼠标左键，则可以添加非挂起型的断点。

在"Run"菜单下，断点类型为 Temporary Line Breakpoint 的断点实际上也是一种行断点，不同之处在于该断点默认勾选了"Remove Once Hit"属性，当断点被命中一次后即自动解除。

在源码编辑窗口中单击类名称所在行的左边栏时，与 Eclipse 中添加 Class Load 断点不同，IDEA 将添加一个行断点。但是这个行断点比较特殊，它仅对没有提供构造方法的类有效，如果类中提供了有参或无参的构造方法，则在代码中以 new 命令创建对象时，类名上的行断点都不会生效。想要达成类似于 Eclipse 中的 Class Load 断点效果，则可以通过其他替代方式模拟实现，本书后续章节将对此进行深入探讨。

2）方法断点（Method Breakpoint）

方法断点是针对执行逻辑进入方法前或退出方法后起作用的断点。在 IDEA 中，除了可以在方法定义行左边栏双击定义方法断点外，还可以在"Breakpoints"窗口中新建带有通配符匹配的方法断点。在定义方法断点时，可以指定具体类的全路径限定名和方法名称，设定方法断点的生效位置等，即使在没有对应程序源码的情况下，方法断点的设置仍然有效。

如图 2-31 所示，默认情况下只在方法入口（Method entry）处挂起，而在方法出口（Method exit）处的挂起需要手动添加。添加方法断点时，并不需要打开源码，可以在"Breakpoints"窗口中直接添加。

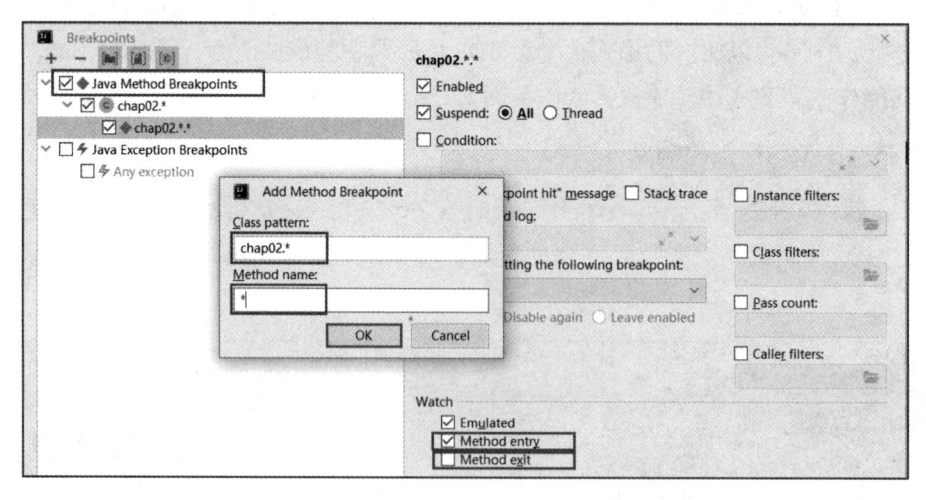

图 2-31　在 IDEA 中设置方法断点

如图 2-31 所示，单击页面左上角的"+"按钮，弹出方法断点添加窗口，在窗口中输入类的名称和方法名称即可设置断点，对于类名和方法名都可以输入符号"*"作为通配符。

### 3）成员变量断点（Field Watchpoint）

成员变量断点也被翻译为字段断点，它可以感知成员变量被修改或被读取的情形。在默认情况下，成员变量断点只作用于成员变量被修改（Field modification）的场景，用户可以手动勾选成员变量访问（Field access）属性，使得调试过程中成员变量在被访问时挂起。

在源码学习时，成员变量断点是非常有用的断点类型，在对整体源码不熟悉的情况下，如果想知道某个数据在什么时候被赋值，在什么时候被获取使用，都离不开对该断点的使用。

### 4）异常断点（Exception Breakpoint）

添加异常断点不需要程序源码可见，添加异常断点的方式只能在"Breakpoints"窗口中进行。在 Java 语言体系中，异常类的根类是 Throwable 类，Error 类和 Exception 类是其直接子类，在应用系统中经常用到的受查异常（Checked Exception）和运行时异常（Runtime Exception）则分别直接或间接继承于 java.lang.Exception 和 java.lang.RuntimeException。

打开 IDEA 软件的"Breakpoints"窗口即可以添加异常断点，如图 2-32 所示，在该窗口中默认显示"Any exception"异常，该异常实际针对的就是 java.lang.Throwable 类。

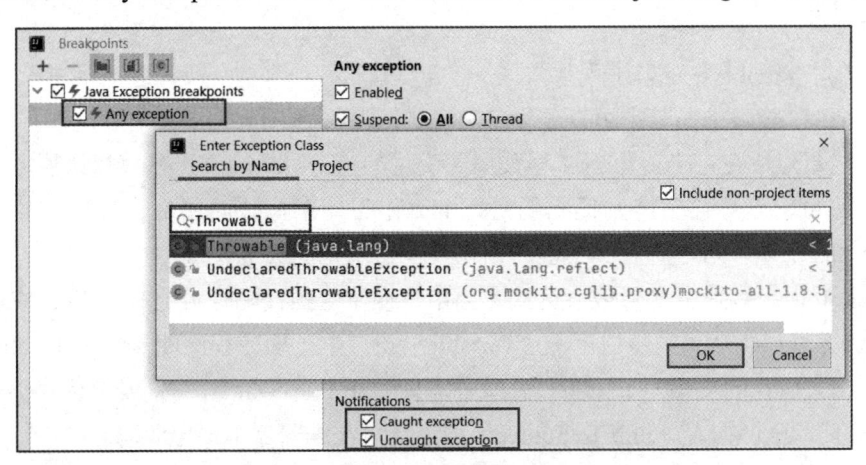

图 2-32　在 IDEA 中添加异常断点

另外，针对异常在源码中是否被 try-catch 语句块捕获，异常断点也可以区别对待。如果想对未被捕获的异常进行断点监控，则只需要勾选异常断点定义页面中的"Uncaught exception"复选框即可。

在工程中没有设置未捕获异常断点的情况下，如果系统产生未捕获异常，则程序无法挂起于异常发生时代码所处的位置，不能还原出错前一刻的上下文信息。

> **注意**
>
> 通常情况下用户在自定义异常断点时无法选择 Throwable 类，只有在重新启动 IDEA 软件，第一次从下拉框中选择可用的异常类时，才能够从中找到 Throwable 类。通过实际测试，可以确认默认的 Any exception 断点和 Throwable 类断点效果一致。

### 2. 断点上下文数据查看与修正

在断点调试过程中，既要学会观察变量值的变化，关注程序流的走向，更要学会控制变量值，让程序流向按需流转。IDEA 工具中的变量观察与修改功能丰富，展现形式多样，值得深入学习。

1) 观察局部变量、成员变量和静态变量

（1）Inline 数据观察

在 IDEA 中，一个比较直观的变量观察功能就是在代码行的右侧直接显示变量值，IDEA 中默认打开此项功能。当本行引用到局部变量或成员变量时，行尾将自动显示变量值。

用户还可以定义额外的变量或表达式以 Inline 模式展示，在代码行单击鼠标右键时，选择弹出窗口中的"Add Inline Watch"，即可在指定行添加观察值，在同一行代码上可以同时观察多个自定义变量或表达式。

与 Inline 展示模式类似，IDEA 还可以对尚未执行的条件判断逻辑和异常抛出逻辑进行推算，将推算的结果紧跟在代码后面显示。这个功能在实际调试的时候非常实用，假如观察到单步执行的下一行将抛出非预期的空指针异常，则可以通过手动修改变量值的方式阻止调试过程被异常中断。

（2）在"Variable"窗口中观察数据

"Variable"窗口中的数据可以分为三类：

第一，断点所在行当前上下文相关局部变量的值。"Variable"窗口默认展示上下文有效的局部变量，这里需要特别提到的是，this 作为一个特殊的局部变量默认显示在第一行，点开 this 变量，可以查看其中已初始化及未初始化的成员变量。

第二，Inline Watch 变量或表达式。当用户在特定的代码行自定义 Inline Watch 时，IDEA 将该变量或表达式同步展示于"Variable"窗口中，即使程序断点跳出了 Inline Watch 变量或表达式所在的类，"Variable"窗口中定义的 Inline Watch 变量或表达式仍然继续有效，并且可以通过单击"Jump To Source"弹出菜单在编辑器中调出源码。

第三，Class Level Watch 类级别数据观察。当光标焦点处于"Variable"窗口中的某个变量之上时，单击鼠标右键可以执行"New Class Level Watch……"，在定义窗口中输入当前上下文有效的表达式，则当程序挂起位置存在对应类的实例时，绑定该类的 Class Level Watch 变量可见。

另外，在定义 Watch 表达式的时候，有些特殊变量可以为程序调试带来方便，例如 Thread.currentThread()、Thread.currentThread().getStackTrace()、System.getProperties() 等，这些与系统属性相关的变量，可以很方便地带出其中想要的数据。

（3）在"Memory"窗口中观察数据

在默认情况下，"Memory"窗口处于隐藏状态，可以在"Debug"窗口的右上角勾选"Memory"选项打开此项功能。"Memory"窗口中展示了 Java 堆信息，包括类的全路径名称、实例数量、前后两个断点之间的增量。这样在分析内存泄漏的问题时，具有非常便利的条件。

双击"Memory"窗口中的任意一行,将弹出该 Class 类对应的所有实例列表,在实例上单击鼠标右键,可以在弹出窗口中单击"Add to Watches",将当前选定的实例添加到"Variables"窗口中,作为全局 Watches 变量跟踪观测。另外,因为弹出窗口中的列表都是同一类的实例,所以可以对该类的方法进行条件过滤,如直接输入表达式 toString().equals("xxx"),可以从大量实例中快速筛选出想要的对象。

(4) 表达式方式观察数据

除了通过"Variable"窗口可以观察上下文中的变量信息,还有一个方式就是通过"Evaluate Express"(Alt+F8)按钮,打开"Evaluate"窗口,在"Code Fragment"文本域中输入代码片段,单击"Evaluate"按钮后,可以查看脚本执行结果。

(5) Lambda 表达式调试

自 Java 8 开始引入 Stream 流式编程风格后,基于 Java 语言的数据处理更加直观简洁,仅寥寥数行代码,就可以对流式数据进行过滤、筛选、映射等处理。与此同时,过于简洁的代码对流式数据的调试提出了新的挑战,【示例源码】2-1 只用一行代码就完成了对数据流的 filter、map、filter、toArray 四重处理。

【示例源码】2-1　chap02.LambdaDebug

```
1 package chap02;
2 import java.util.stream.Stream;
3 public class LambdaDebug {
4     public static void main(String[] args) {
5         var objects = Stream.of(1, 2, 3, 4, 5,6).filter(i ->i % 2 == 0).map(i->i+2).filter(i ->i > 5).toArray();
6     }
7 }
```

IDEA 为流式数据的调试提供了专门的跟踪观察方法,在"Debug"窗口顶部的工具条上单击"Trace Current Stream Chain"图标,系统将弹出"Stream Trace"窗口,如图 2-33 所示,其中的连线清楚地表明了流式数据经过每一道工序后的变化,逻辑映射关系一目了然。

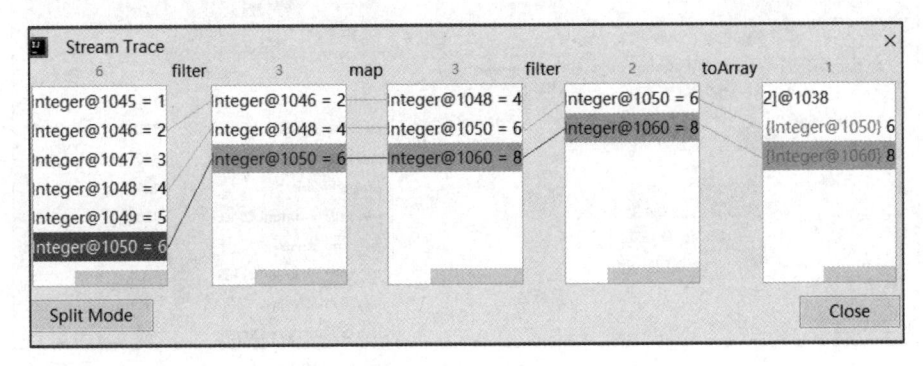

图 2-33　IDEA 流式数据调试展示区

2）手动在线修改变量值

在调试程序时，通过修改变量值的方式，可以更加快速地模拟调试上下文中需要的变量值，既不用完全依赖修改程序代码来满足调试要求，也节省了大量的重启时间，可以大大地提高调试效率，模拟覆盖场景更加全面。

（1）变量定义行修改数据

最便利的修改变量方式是在 Inline Watch 中修改变量值，鼠标左键单击 Inline Watch 变量，然后选择弹出窗口中的"Set Value"即可以修改当前变量值。在代码行中修改变量值的限制条件是只有变量定义行中的 Inline Watch 才有修改权限，非定义行的 Inline Watch 仅有只读权限。

（2）"Variable"窗口修改数据

在"Variable"窗口中，在变量上单击鼠标右键，从弹出窗口中选择"Set Value"同样可以修改变量值。

（3）在"Memory"窗口实例列表中修改数据

在"Memory"窗口中，双击打开"Instance"实例列表后，也可以修改变量值。

（4）表达式修改数据

从"Debug"窗口顶部的工具条中，打开"Evaluate Express"窗口，在此可以编写符合上下文语义的代码片段，也可以对局部变量、成员变量和静态变量的值进行修改，还可以一次修改多个变量值。

### 3. 控制程序执行流

以调试模式运行程序，当挂起于某个断点处时，IDEA 的"Debug"窗口展示了丰富的调试信息，如图 2-34 所示。窗口顶部的工具条中列出了六个控制程序执行方向的图标，窗口左侧列出了控制应用程序启停、断点属性维护等功能按钮，窗口中心位置分别列出了"Frames/Threads""Variables""Memory/Overhead"等监控指示窗口。

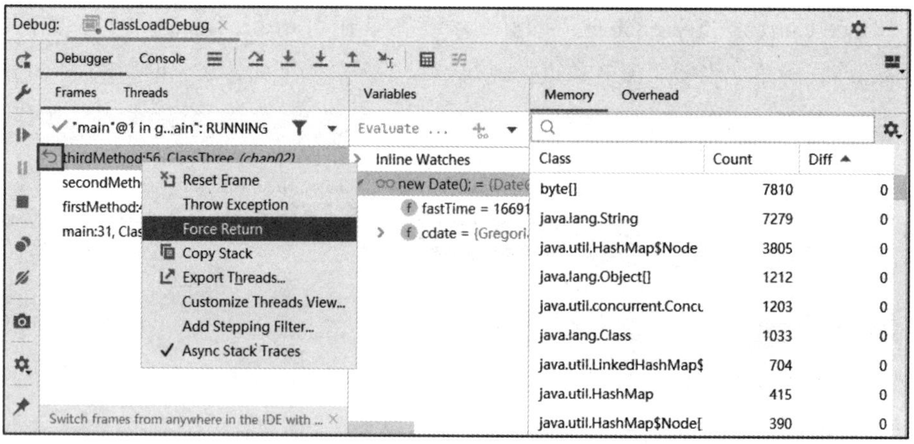

图 2-34　IDEA 断点调试展示区

1）一键返回与一键召唤

在源码调试的时候，需要跳转查看相关联代码的实现逻辑，在层层追踪分析之后，想要原路返回断点处，可能已经迷失了方向，此时单击 IDEA 调试面板中提供的一键返回按钮"Show Execution Point"，可以非常方便地回到当前断点位置，继续进行程序调试工作。

与此相对，在某些场景下可能希望程序从断点处执行到当前光标焦点所在的位置，此时可以单击调试面板中的一键召唤按钮"Run to Cursor"。当然，前提条件是光标所在的位置必须是程序执行时将要经过的位置，IDEA 调试器并没有逆向撤回全部操作的超能力。另外，在 IDEA 环境的默认设置中，运行至光标焦点处还可以通过鼠标左键单击源码编辑器左侧的行号实现，这样会更加地便利。

2）暴力结束与模拟异常返回

很多讲解 IDEA 调试功能的教学视频或学习教程，一再强调"Stop"（Ctrl+F2）按钮只是停止了调试会话进程，而方法内剩余的代码仍会被执行，并不是从当前断点处立即结束，如果后续代码中有对数据库访问或其他资源的修改，将会破坏调试现场。事实确实如此，特别是从 Eclipse 转换过来的开发人员需要一点时间来适应这一操作习惯。

IDEA 为什么会采用这样的设计呢？通过查阅相关资料后，可以在 IDEA 官方[①]文档中找到答案。官方文档提示当单击"Stop"按钮时，IDEA 将以软终止（Soft Kill）的方式执行优雅中断，这在 Windows 操作系统上类似于执行 Ctrl+C 操作。所以在使用 IDEA 软件调试时，"Stop"按钮需要特别关注。

如何能够做到从当前断点处暴力结束程序而不拖泥带水呢？IDEA 在断点所在的方法上提供了强制返回（Force Return）功能。如果方法的返回值类型不为空类型，则自动弹出窗口，用户通过编写表达式的形式手动赋予返回值。如果当前断点位于 try…finally 代码块的 try 部分或 finally 部分，系统将弹出窗口确认是否需要执行完整的 finally 语句块。

如果需要在方法中模拟抛出异常并直接返回，则可以在弹出窗口中单击"Throw Exception"命令。由于强制返回功能在执行抛出异常（Throw Exception）操作时，返回过程有需要指定特定返回值或者执行 finally 代码块等情况，因此在 IDEA 中限定此项操作只能从栈顶一帧一帧地逐步返回，而不能像下面将要提到的 Reset Frame 一样，可以在任意位置回退。

3）重置方法栈帧不是满血复活

在调试代码的时候，可能想要回炉再次分析已经跳过的某个代码段的情况，这个时候就需要用到 Reset Frame 功能（老版 IDEA 称为 Drop Frame）。Reset Frame 功能可以对应到方法栈中不同的帧上。如图 2-34 所示，在"thirdMethod"上单击鼠标右键后，弹出的窗口中第一个选项即为"Reset Frame"。另一种更简便的方法是直接单击"thirdMethod"左侧的回退图标，可以直观明了地看出退回到了哪个方法栈帧。

需要注意的是，在执行 Reset Frame 操作时，仅仅是销毁了顶层栈帧到当前栈帧的上

---

① 从 IDEA 工具的"Help→Help"菜单打开在线帮助页面，在页面中查询"run-toolbar"可以获取详细说明。

一层,已经发生的外部资源修改或全局变量修改都不可能回到从前,也就是说 Reset Frame 不能实现绝对的时间倒流。

4)步进与强制步进

在代码调试时,Step Into 功能具备逐行遍历所有被执行程序的能力,包括工程里面访问到的 JDK 程序、第三方组件程序,甚至 IDE 中的插件程序等。通常情况下,开发人员只需要专注于本地工程中相关代码,而不需要把时间浪费在第三方底层代码上。为此,IDEA 提供了 Stepping 功能以满足以上诉求。如图 2-35 所示,在"Build, Execution, Deployment→Stepping"窗口中,设置了默认 Step Into 不能进入的代码模块,如常见的 javax.*程序包、sun.*程序包和 junit.*程序包等。

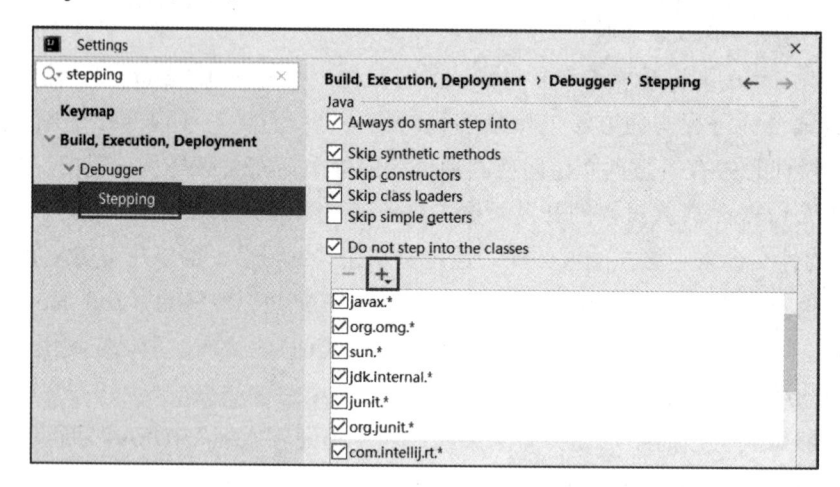

图 2-35　设置 Step Into 控制范围

除此之外,Stepping 功能还可以对类的不同成分施加跳过功能,例如:

(1) Skip synthetic methods

跳过合成方法是指跳过由 Java 编译器构建而没有 Java 源码与之对应的字节码,在对源码进行调试的时候,一般不需要关注与业务实现无关的合成方法。

(2) Skip constructors

无参构造方法或有参构造方法通常只用于对象的初始化,一般不包含复杂的业务逻辑,不属于调试过程中的重点关注对象,勾选该选项可以提高逐行调试效率。

(3) Skip class loaders

在对象第一次使用时,必然对 java.lang.ClassLoader 或其子类进行初始化。如果想在逐行调试时默认进入 ClassLoader 类中,除了需要将本项勾选去掉,同时还需要在"Do not step into the classes"的列表清单中去掉 javax.*。

(4) Skip simple getters

在 Java 语言面向对象的设定中,类的成员变量对应的 getXxx()和 setXxx(...)方法通常只完成简单的取值/赋值操作,很多时候只需使用 IDE 工具自动生成且无须修改,在单步调试的时候可以直接跳过。IDEA 自动忽略的 getXxx()方法针对的是只有一行返回成员变量的形式，如果 getXxx()方法中含有其他业务逻辑，则 IDEA 不会将其识别为 simple getters 方法。

（5）Do not step into the classes

此项开关对应的是一个 Java 类或包的集合，可以采用通配符的方式定义，在 IDEA 中，默认已经排除了 JDK、JUnit、Mockito 等组件。

5）设置断点触发器（Trigger）

与 Eclipse 中断点的触发点（Trigger Point）属性类似，IDEA 中同样提供了类似的断点使用方式。IDEA 为每个断点提供了一个"Disable until hitting the following breakpoint"下拉框，在这里可以任意指定一个激活当前断点的前置断点。同时，还可以通过"Disable again"和"Leave enabled"两个选项来设置当前断点被触发后的处理逻辑。在某些场景下，前置断点只需要被当作一个纯粹的触发器来使用，而不需要在前置断点处让程序挂起，这时可以去掉前置断点的"挂起（Suspend）"勾选项，实现一个单纯的触发器效果。

4. 断点图标分类总结

在 IDEA 中，与断点类型和调试状态相关的图标总计达 27 个，这些图标展现了 IDEA 调试功能的超强能力。IDEA 各类断点图标说明如表 2-1 所示。

表 2-1  IDEA 各类断点图标说明

| 状态 | 类型 行断点 | 类型 方法断点 | 类型 成员变量断点 | 类型 异常断点 | 备注 |
|---|---|---|---|---|---|
| 常规 Regular | ● | ◆ | ◉ | ⚡ | 软件中为红色；基于默认属性的常规断点 |
| 禁用 Disabled | ○ | ◇ | ◎ | ⚡ | 软件中为红色；☐ Enabled 断点属性未被勾选 |
| 有效 Verified | ✓ | ✓ | ✓ | | 软件中为红色；单击启动调试程序后，系统判断程序可以覆盖的断点 |
| 静默 Muted | ● | ◆ | ◉ | | 软件中为灰色；调试中的代码单击 图标后，所有断点失效 |
| 依赖 Inactive/ dependent | ↻ | ◇ | ◎ | | 软件中为红色；配置了断点依赖 Disable until hitting the following breakpoint: |
| 静默、禁用 Muted disabled | ○ | ◇ | ◎ | | 软件中为灰色；静默+禁用 |
| 不挂起 Non-suspending | ● | ◆ | ◉ | | 软件中为黄色；断点挂起属性☐ Suspend 未被勾选 |

| 状　态 | 类型 行断点 | 类型 方法断点 | 类型 成员变量断点 | 类型 异常断点 | 备　注 |
|---|---|---|---|---|---|
| 有效、不挂起<br>Verified<br>non-suspending | ✓ | ✓ | ✓ |  | 软件中为黄色；有效+不挂起 |
| 无效<br>Invalid | ⊘ |  |  |  | 软件中为灰色；技术上不可能在定义处暂停程序 |

### 2.5.2　IDEA 高阶调试技巧

为了进一步提高调试效率，提升调试体验，IDEA 在保证传统调试能力的基础上，对调试技术进行进一步的拓展。本节从实际应用的角度选取了若干调试技术进行讲解，做到了理论与实践相结合。

1. 在对象实例上添加过滤断点

在 IDEA 断点定义窗口的右侧，有五个不常使用的过滤器勾选项，包括"Instance Filters""Class Filters""Pass Filters""Callers Filters"以及关联异常断点的"Catch Class Filters"。这些过滤器可以进一步缩小断点触发条件的范围。以 Class Filters 为例，如图 2-36 所示，"Include"窗口中定义了 chap02.*，表示的是当程序执行到当前定义的断点位置时，如果上下文中含有相应类的实例对象，则断点生效；同理，在"Exclude"窗口中定义的类如果存在实例对象，则不挂起程序。

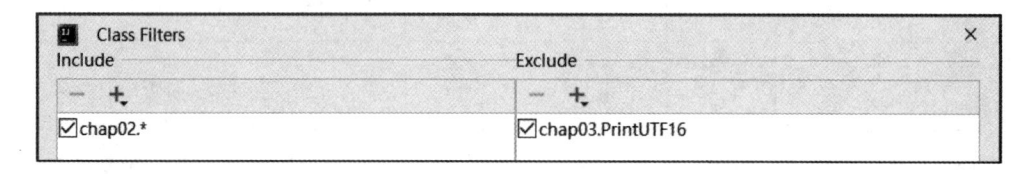

图 2-36　在断点管理窗口中定义 Class Filters

另外，Instance Filters 在定义时则需要输入实例对象实例 ID 的 Hash 值，确保命中指定的对象实例。

2. 自定义对象渲染样式 Renderer

前面的章节已经介绍了观察断点上下文变量信息的多种途径，对于简单变量来说，默认的展示方式足以胜任，复杂对象的展示则可以通过自定义 Renderer 来进行定制，用于满足更多不同的应用场景。如图 2-37 所示，在弹出窗口上单击"Create renderer"进入渲染器定义窗口。

如图 2-38 所示，渲染器应用于 chap02.ViewAsSample$User 内部类所创建的对象，针对调试时的对象节点处于收缩或展开两种不同的状态，允许定义不同的脚本，展示或缩略详细信息。自定义渲染器通常适用于复杂的用户自定义对象，在调试阶段提取简洁有效的信息并予以展示。如果对 JDK 中已经存在的类、特别集合类的展示信息不满意，同样可以通过自定义渲染器的方式加以覆盖。

图 2-37　设置对象渲染样式　　　　图 2-38　自定义渲染器

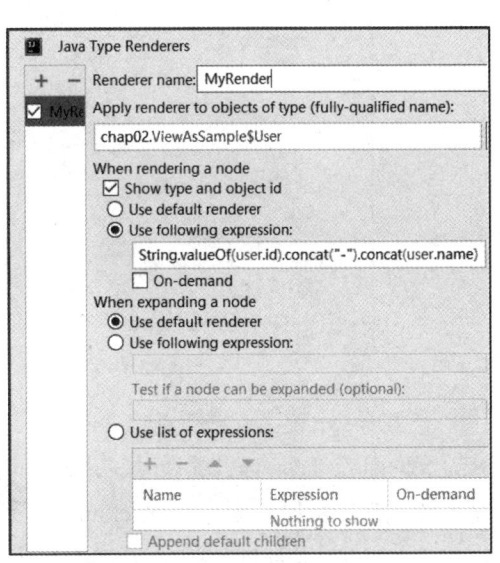

如果需要将渲染格式共享给团队中的其他开发成员，则可以通过把 @Renderer 注解在源码中对其进行定义。

3. 远程调试和本地调试

本书 2.4.4 节详细介绍了远程调试的原理及两种使用模式，在 IDEA 开发环境上，系统为开发人员极为贴心地准备了远程调试的配置向导。如图 2-39 所示，在窗口的右侧可以通过下拉框选择调试模式，针对不同的调试模式填写相应的参数，IDEA 将自动生成 JVM 所需的参数信息，用户只需将生成的字符串添加到启动命令行即可。更为贴心的是，图 2-39 中的 "JDK 9 or Later" 选项表明 JVM 参数可以适配不同的 JVM 版本。

针对不方便在本地机器上搭建运行环境的情况，用户还可以利用远程调试功能，在远程应用启动时添加远程调试相关参数，当远程应用启动后，通过 RemoteJVM Debug 连接远程服务，进入调试模式。如果独立启动的应用程序与 IDEA 运行于同一台机器，则可以直接通过菜单 "Run→Attach to Process" 来绑定本地运行中的 Java 应用程序，并进入正常的 IDEA 调试模式，不需要配置单独的 Remote JVM Debug。

4. 用方法断点模拟出类加载断点

在 Eclipse 中，有一种特殊的断点类型叫作 Class Load Breakpoint，它可以在类加载时挂起程序。而 IDEA 中只定义了四种基本断点类型，无法直接实现类加载断点的挂起效果。但是，基于 IDEA 灵活的方法断点设置功能，可以模拟出类加载断点的类似功能。

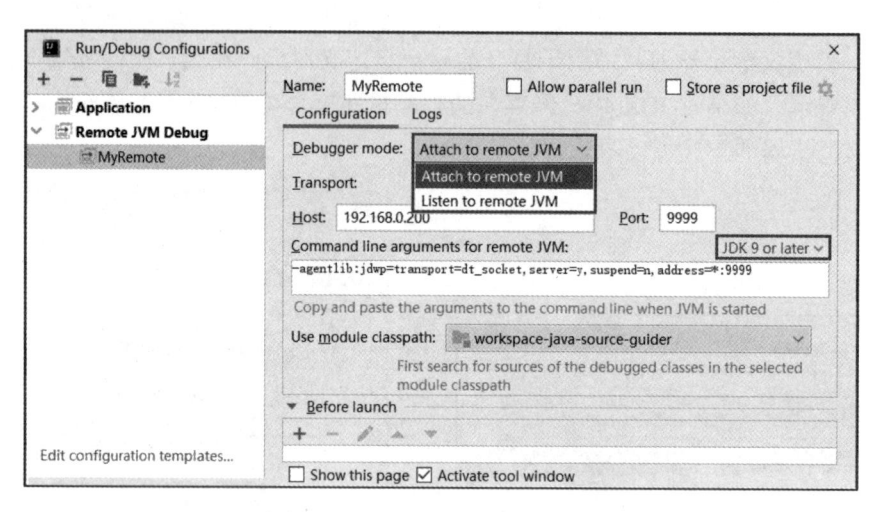

图 2-39　IDEA 上的远程调试设置

在 IDEA 上定义方法断点时，可以通过对 Class pattern 和 Method name 采用通配符的方式来定义，而在 Java 语言编译时，针对类中的静态成员变量和静态代码块默认生成了 clinit() 方法，当类在加载时，则会执行 clinit() 方法，如图 2-40 所示。实际上，在 Eclipse 中，Class Load Breakpoint 监听的是类加载的情况，即使没有 clinit() 方法执行，也会挂起运行中的程序。

这里需要强调的是，在执行 new Obj() 语句创建一个新对象时，JVM 调用的是类的构造方法，在 IDEA 中，针对类中编写的有参构造方法或无参构造方法，甚至是未提供默认的构造方法，在方法断点中都统一划归为 init() 方法。构造方法断点的方式如图 2-41 所示，在方法名单元格中填写"<init>"。

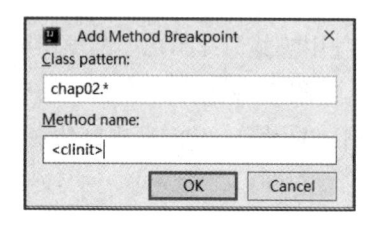

图 2-40　类初始化方法断点　　　　图 2-41　构造方法断点

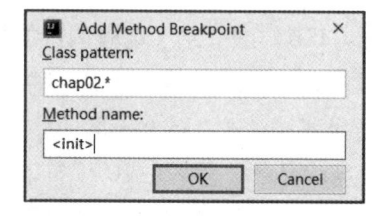

当代码中通过 Class.forName(…) 执行类加载时，此时类尚未初始化，更没有对象实例，如果需要在此时进入断点跟踪调试，则可以针对 java.lang.ClassLoader 类的 loadClass(…) 方法定义断点（如图 2-42 所示），并且设置条件过滤，当输入参数 name 等于想要调试的类的全路径名称时挂起程序，这样可以清楚地知道特定类的加载时机。

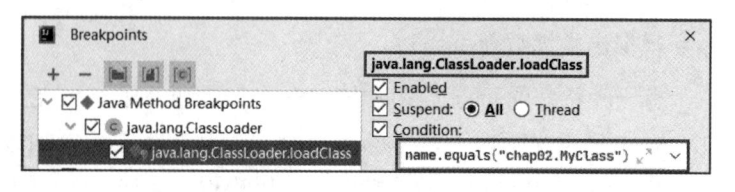

图 2-42　类加载方法断点

### 5. 掌控多线程调试技巧

在 IDEA 工具的调试窗口中（"View→Tool Windows→Debug"菜单）可以找到线程选项卡"Threads&Variables"。当程序进入调试模式时，该选项卡下将显示当前所有活动线程的列表，允许查看线程堆栈、线程状态，还可以对线程执行暂停/恢复操作。

当程序进入无限循环或者阻塞状态时，无法通过断点确认程序当前运行所处位置，此时可以在调试窗口中单击"Pause Program"按钮，使线程挂起于断点处，然后再以单步执行的方式确认程序逻辑是否符合预期。

在线程选项卡页面上，可以打开下拉框查看当前所有运行中的线程，如果需要精细化地控制线程的运行顺序，则可以逐个线程逐行执行，将多线程随机执行的乱序并发逻辑转换为指定顺序的组合逻辑。

在复杂的多线程应用场景中，如果想在每个线程启动前进行拦截，可以通过在 Runnable 接口的 run() 方法上设置方法断点实现，而无须在所有的线程实现子类上逐个设置断点。这种方式不仅适用于实现 Runnable 接口的线程子类，同样适用于实现 Callable 接口的线程子类和线程池应用的场景。

### 6. 异步调用跟踪（Async Stack Trace）

笔者在研究 ZK 工程源码时，曾经被其异步调用前后关联关系所困扰，面对 ZK 运行状态中错综复杂的跨线程调用，无法一目了然地看清线程调用关系。幸运的是，IDEA 对此提出了可行的解决方案。如图 2-43 所示，在 IDEA 异步栈跟踪配置项下，勾选"Instrumenting agent"选项后，以 Callable 接口实现的子线程将具备跟踪能力。

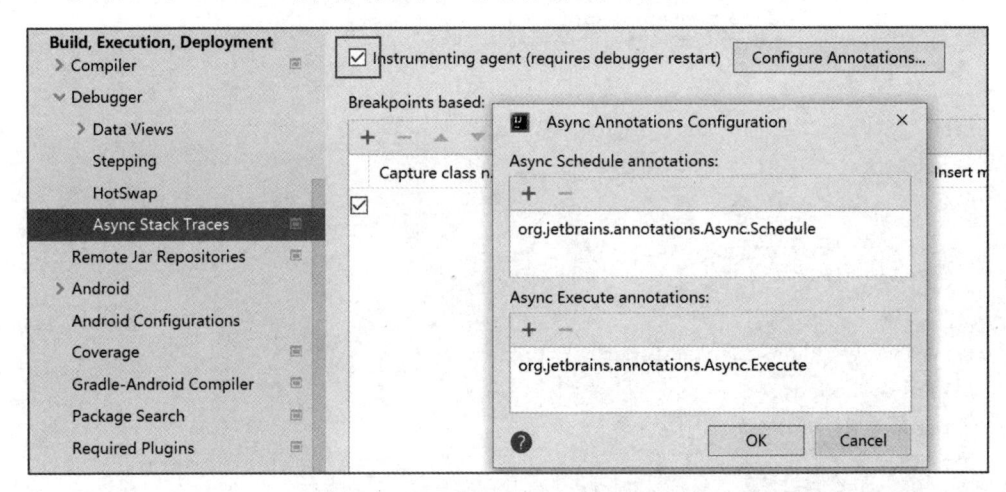

图 2-43　IDEA 设置异步栈跟踪

如果子线程定义方式为实现 Runnable 接口，在 IDEA 观察线程异步调用轨迹则更加复杂一些，下面将对此举例说明。

第一步，在工程中引入 JetBrains 官方提供的 annotations-23.0.0.jar 组件包，其中包含

了 @Async.Schedule 和 @Async.Execute 两个注解。

第二步，在图 2-43 的窗口中，单击右上角的"Configure Annotations"按钮将弹出配置窗口，在配置窗口配置两个注解的全路径。

第三步，在代码中通过两个注解标记主线程和子线程的关联关系。主线程的构造方法用 @Async.Schedule 注解标记，主线程内部逻辑则用 @Async.Execute 注解标记。

从 Maven 库中导入包：

```
1  <dependency>
2      <groupId>org.jetbrains</groupId><artifactId>annotations</artifactId><version>23.0.0</version>
3  </dependency>
```

【示例源码】2-2 以一段简短的代码展示了异步线程跟踪，其中包含了 Runnable 和 Callable 两种实现方式，通过在程序中添加断点的方式，全面展示了 IDEA 环境的异步跟踪功能。

【示例源码】2-2　chap02.AsyncAnnotationTest

```java
1  package chap02;
2  import org.jetbrains.annotations.Async;
3  import java.util.concurrent.Callable;
4  import java.util.concurrent.FutureTask;
5  public class AsyncAnnotationTest{
6      public static void main(String[] args) throws Exception{
7          new FutureTask<>(new MyAsyncCallable()).run();
8          new Thread(new MyAsyncRunnable()).start();
9      }
10 
11 class MyAsyncCallable implements Callable{
12     public Object call() throws Exception{
13         System.out.println("Calling...");
14         return null;
15     }
16 
17 class MyAsyncRunnable implements Runnable{
18     @Async.Schedule
19     public MyAsyncRunnable(){
20     }
21     @Async.Execute
22     public void run(){
23         System.out.println("Running...");
24     }
```

- 第 7 行启动 Callable 实现的子线程。

- 第 8 行启动 Runnable 实现的子线程。
- 第 11～15 行编写有返回值的线程逻辑，当子线程启动时，主控台将输出"Calling…"信息。
- 第 17～24 行编写无返回值的线程逻辑，当子线程启动时，主控台将输出"Running…"信息。

在【示例源码】2-2 中第 13 行添加断点，以调试模式运行程序，调试窗口将展示主线程和 MyAsyncCallable 实现的子线程之间的调用关系，如图 2-44 所示，调用关系以"Async stack trace"分隔。

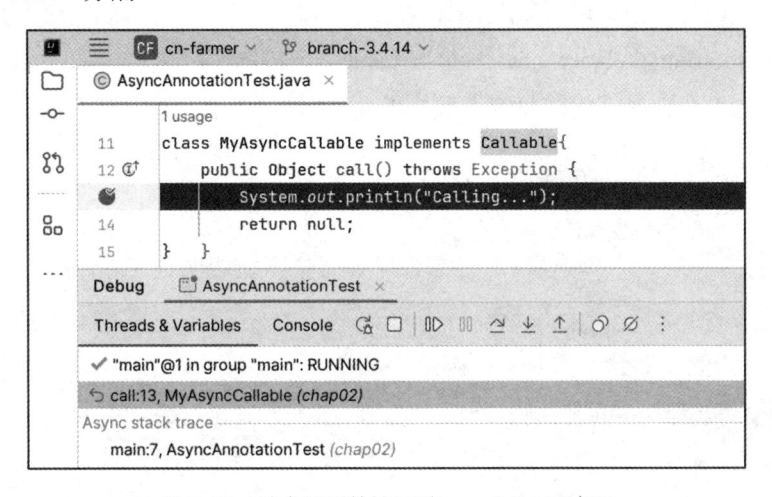

图 2-44　异步调用轨迹跟踪——Callable 实现

在 IDEA 中开启异步调用跟踪功能后，在【示例源码】2-2 中第 23 行添加断点，调试窗口将输出如图 2-45 所示的内容，其中清晰展示了子线程与主线程的调用关系。另外，调用关系可以是两层，还可以是三层或者更多层。

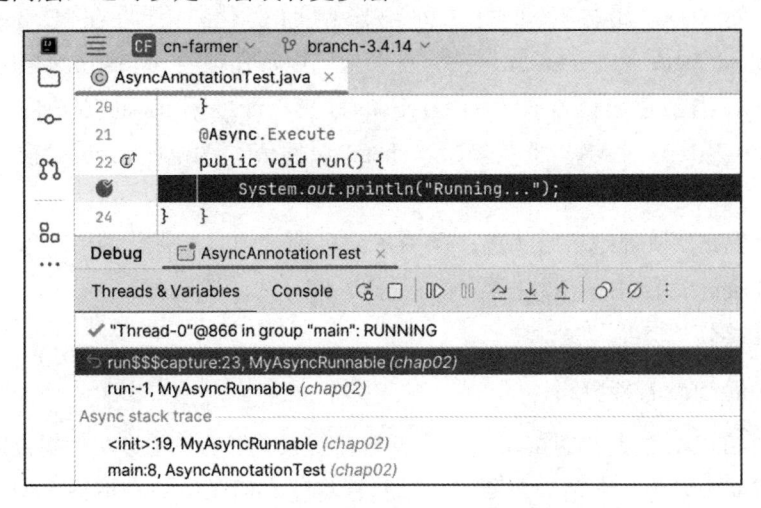

图 2-45　异步调用轨迹跟踪——Runnable 实现

### 2.5.3 调试侵入干扰程序功能和性能

程序调试方法应以不侵入业务逻辑为前提，程序调试过程应以不降低应用性能为优先考虑，但是在特殊的调试场景下，它们对功能或性能的影响不可避免，开发者对此应予以关注，避免被调试功能所误导。

1. toString()方法设置与 Debug 的变化问题

IDEA 调试工具非常强大，为断点设置、断点监控提供了完整的工具箱，这样做其实也是要付出一些代价的。如图 2-46 所示，在默认情况下为集合监控和变量监控提供美化的选项"Enable 'toString()' object view"和"Enable alternative view for Collections classes"就是一个例证，它们在程序调试时将侵入应用的业务逻辑。

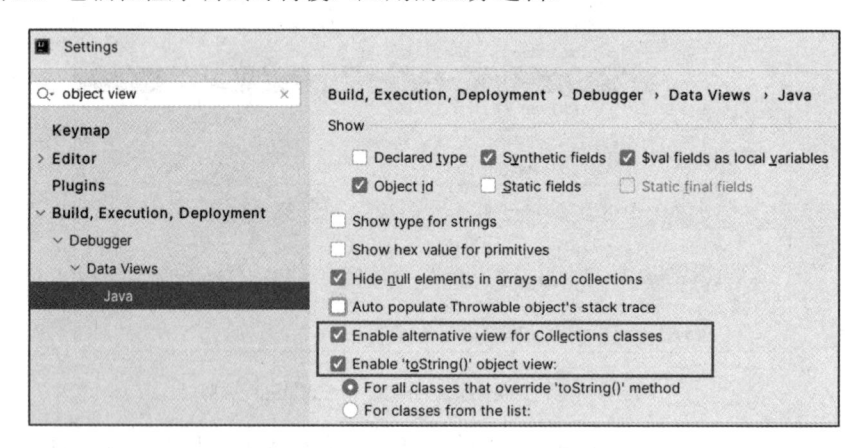

图 2-46 调试模式下的数据查看设置

例如，在调试 j.u.c.ConcurrentLinkedQueue 类时，即使程序只是多次调用其 offer(...)方法，实例中的 head 属性仍可能受外部影响而变化。因为在 Debug 模式下，ConcurrentLinkedQueue 类中的 toString()方法会被调用，在该类的 toString()方法内涉及迭代器的获取逻辑，当创建迭代器时会调用 first()方法，最终因 first()方法内的比较并交换（Compare And Swap，CAS）机制修改了 head 属性值。这说明 Debug 模式可能存在侵入性代码。

上述两个配置默认都是启用状态，在 IDEA 中调试的时候将会调用对象的 toString()方法，假如 toString()方法中存在数据修改的业务逻辑，则在调试模式下程序运行的预期结果将与非调试模式不一致。

2. IDEA Debug 性能分析

要想驾驭 IDEA 强大的调试功能，除了熟悉断点类型的使用技巧、提高对堆栈上下文变量值的观察能力以外，还需要对断点调试执行优化有所了解。在调试大型应用时，如果断点或者属性设置不当，难免会存在性能缓慢甚至假死的现象。为了提高断点调试效率，下面列举几个常用的优化方法。

（1）优化方法断点的使用，在方法属性中勾选"Emulated"，尽量不要勾选"Method exit"。

（2）合理化使用调试模式下的"Memory"窗口，监控 Java 堆中的实例创建数量，通过计算两次断点之间的增量变化情况，分析内存是否泄漏。

（3）关闭本节中提及的"Enable 'toString()' object view"和"Enable alternative views for Collections classes"选项，简化监控信息格式转换逻辑。

（4）关闭"Show Values Inline"选项。

（5）关闭"Predict condition values and exceptions based on data flow analysis"选项，不使用条件预测判断功能。

为了更好地分析 IDEA 调试的性能问题，IDEA 还在"Debug"窗口中提供了"Overhead"选项卡，用户可以通过对负载情况的精细化分析来优化调试策略。

## 2.6 本章小结

为规范本书上下文描述中的语境，本章对本书所使用的工作区、示例项目、IDE 环境配置等进行了统一的约定，并分别以 Eclipse 和 IDEA 为例，对创建和配置过程进行了深入讲解。在此基础上，本章又对不同工具的调试技巧进行了重点剖析及对比，从基础功能、扩展功能和隐藏功能几个方面进行了深度挖掘，这将使阅读底层源码如虎添翼。

# CHAPTER 3
# 第 3 章
# 导入、编译与运行 ZooKeeper 源码

在完成 IDE 的优化配置后，本章将开始导入待深入研究的相关组件的源码。开源软件代码大部分都托管在 GitHub 网站，想要研究优秀的 Java 开源代码，免不了经常访问 GitHub。职业码农需要在 GitHub 网站注册自己的个人账号，将感兴趣的开源项目通过 Fork 操作复制到个人账号名下，然后在个人账号下编辑调试，并将个人添加的注释信息或扩展内容上传到 GitHub 网站，分享给其他的源码阅读爱好者。

## 3.1 ZooKeeper[①] 3.4.14 源码阅读准备

从学习和研究源码的角度考虑，ZK 3.4.14 版当属最佳选择。首先，从工程代码量分析，ZK 3.4.14 版本的工程源码共计 49024 行，而后续的 ZK 3.7 版本代码量则高达 82314 行。代码行数越多当然功能越强大，但是阅读和推敲源码还需要考虑时间成本，应该将有限的时间放在研究核心功能模块上。其次，ZK 早期版本与设计初衷更加贴合，具备完整的功能实现，可以直观地理解原作者的设计思路；而新版本中很多新功能只是对原有功能的扩展和完善，或者在非功能方面进行了补充增强，代码中难免出现"补丁套补丁"的情况，反而让代码跟踪分析变得晦涩难懂。例如，在 ZK 的选举投票规则上，早期版本是按照简单多数的规则来实现，代码非常简洁，而后续版本则考虑了不同数据中心、不同服务器的计算权重，使得投票规则代码逻辑变得更加复杂。

ZK 工程源码托管于 GitHub 网站上，在其搜索框中输入"zookeeper"关键字，如图 3-1 所示，可以找到 ZK 工程源码托管的详细地址。单击超链接"apache/zookeeper"跳转到 ZK 工程源码托管主页[②]，单击"Fork"按钮，输入本人的 GitHub 账号/密码，即可将 ZK 工程源码复制到个人 GitHub 账号。在复制的基础上，读者可以在本地 IDE 拉取 ZK 工程源码并对其添加注释，记录个人的阅读心得，再以二次开源的形式将个人的知识积累上传到 GitHub 上，分享给更多志同道合之人。需要注意的是，在 Fork 操作时需要将"Copy the master branch only"勾选项去掉，否则分叉中只有 Master 版本，无法浏览历史版本信息。

---

① ZooKeeper 下文简称 ZK。
② 在 GitHub 托管网站上搜索"apache/zookeeper"关键字，可以获取 ZK 工程源码。

第 3 章　导入、编译与运行 ZooKeeper 源码 | 55

本书示例工程专用的配套 GitHub 账户为"cn-farmer"，ZK 工程源码也已经复制到了该账户，打开 ZK 的 Fork 地址后，单击绿色按钮"Code"，在弹出窗口中可以复制 ZK 工程的下载地址，如图 3-2 所示。

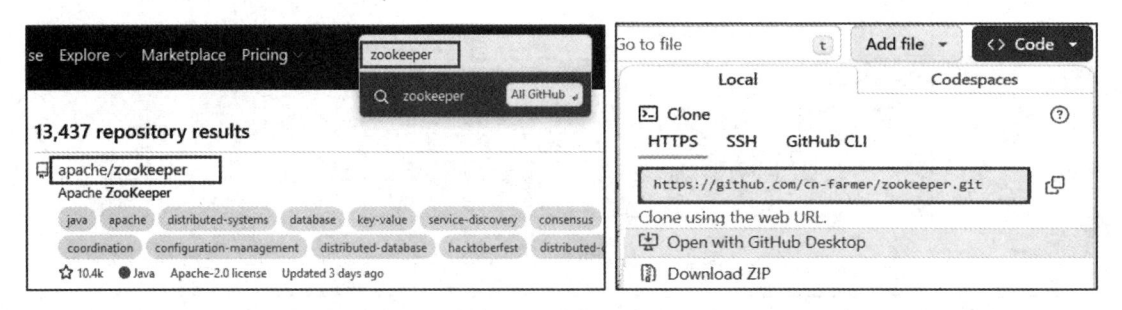

图 3-1　从 GitHub 搜索 ZooKeeper　　　图 3-2　ZK 工程复制后的下载地址

ZK 的 Cwiki 站点[①]上有一份"蜻蜓点水"式的 IDE 初始化文档，文中将 ZK 3.4.14 在 Eclipse 环境的搭建过程归纳为七步，其中关键点在第四步，当代码下载到本地空间后，需要进入命令行模式执行 ant eclipse 命令，生成 Eclipse 所能识别的工程定义文件，然后再切换到导入页面继续对转换后的本地工程执行初始化导入。

另外，针对国内用户，还可以访问速度更加快捷的 Gitee 网站，在 Gitee 站点上同样可以查找到 ZK 的镜像工程。

下面将以本书选定的 Eclipse 2024-03 R 版本为基础，用简洁的步骤，完成 ZK 开发环境的导入、初始化、编译和调试工作。

### 3.1.1　ZooKeeper 3.4.14 源码导入 Eclipse

基于已经完成基础安装和优化配置的 Eclipse 环境，从其菜单"File→Import"中打开导入页面，选择"Projects from Git"，单击"Next"后进入到 Git 仓库类型选择页面。选择"Clone URI"后，进入到如图 3-3 所示的页面，输入 ZK 工程源码的 URI 克隆地址。如果曾经做过 Fork 操作，则到本人 GitHub 账号下获取 ZK 的 Clone 地址。在 URI 中输入准确的地址后，系统会默认带出 Host、Repository path、Protocol 等信息，保留默认信息，直接按回车键即可。

当下载地址信息有效性校验通过后，进入到如图 3-4 所示的版本选择界面，选择"branch-3.4.14"即可，本书后续的讲解都将围绕此版本进行，建议读者选取与本书一致的版本，方便后续的代码分析与阅读。

继续 ZK 工程源码的下载安装，如图 3-5 所示，在"Directory"对话框中选择源码下载的本地路径，这里建议读者安装到"D:\cn-farmer\zookeeper"，勾选"Clone submodules"，保证所有内嵌模块都可以完整下载。当代码下载完成后，点选下一步向导窗口中的"Import as

---

① 从 ZK 工程的 README.md 文档可以跳转到 Cwiki 站点，点击链接"UsingEclipse"即可跳转到环境搭建文档。

general project",将 ZK 3.4.14 工程文件作为普通 Java 工程导入 Eclipse。

图 3-3　从 GitHub 下载 ZK 工程

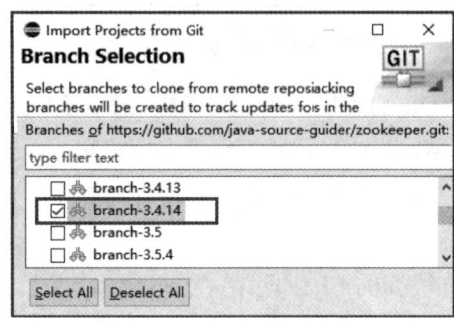

图 3-4　ZK 版本选择

图 3-5　选择 ZK 下载的本地路径

工程导入成功后，在工程浏览窗口中找到 build.xml 文件，在该文件名上单击鼠标右键，从弹出窗口中选择"Run As→2 Ant Build…"，系统将弹出如图 3-6 所示的窗口，排除掉其中默认勾选的"jar[default]"选项，勾选排在倒数第二项的"eclipse"选项，单击"Run"按钮即可开始生成 Eclipse 工程文件。在转换过程中，如果碰到 JRE 版本过低的提示信息，可以在 JRE 属性窗口中替换为本书推荐的 JDK 11.0.2 版本。

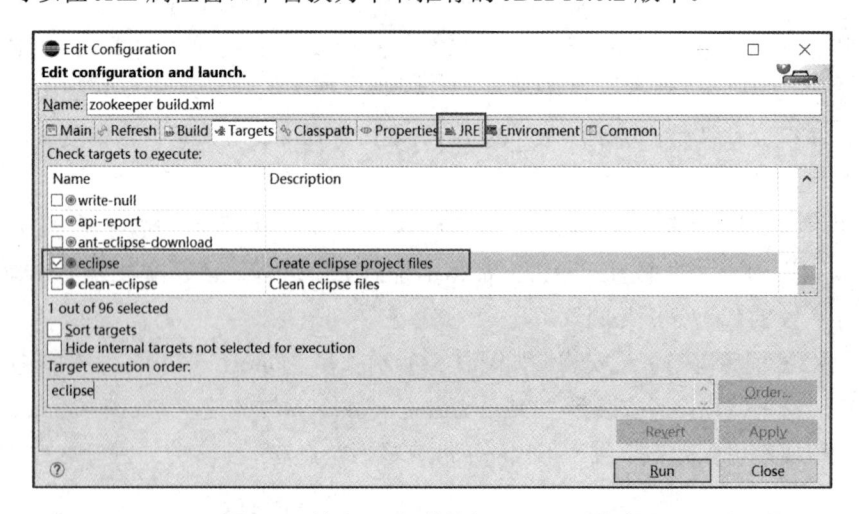

图 3-6　利用 Ant 插件执行 build.xml 脚本

> **注意**
>
> 由于 ant-eclipse-1.0.bin.tar 的下载位置发生变化，直接执行 build.xml 脚本可能会报告网络下载超时错误。一种解决方法是从 SourceForge 官网搜索 "Eclipse Project Generator" 关键字，从搜索结果中跳转到 Ant-Eclipse 开源组件的官方下载页面，再将 build.xml 文件中第 1998 行的链接地址改为最新的官方下载地址。另一种方法是访问 GitHub 网站搜索 "cn-farmer/ant-eclipse-tar" 关键字，手动下载 "ant-eclipse-1.0.bin.tar.bz2" 文件到本地，根据报错提示信息将文件放入指定目录，然后注释掉 build.xml 文件的第 1998、1999 两行脚本。

在执行完 "build.xml" 脚本后，如图 3-7 所示，命令执行状态为 "BUILD SUCCESSFUL"。因为涉及的转换动作比较多，执行时间会因硬件配置和网络环境而有所差异，在此过程中需要耐心等待。

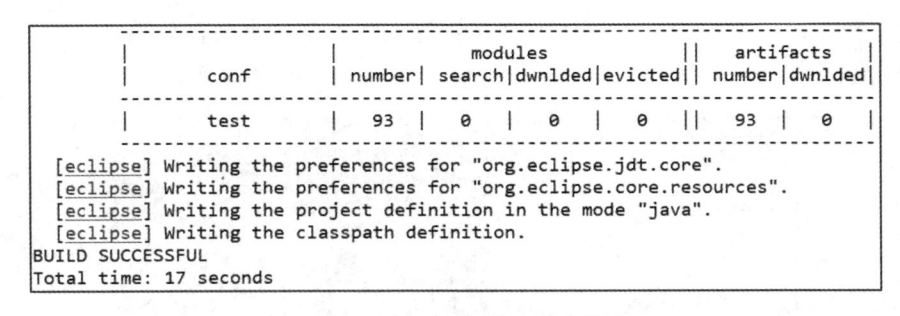

```
                 |          |       modules         ||   artifacts   |
       conf      | number | search | dwnlded | evicted || number | dwnlded |
       ---------------------------------------------------------------------
       test      |   93   |   0    |    0    |    0   ||   93   |    0   |
[eclipse] Writing the preferences for "org.eclipse.jdt.core".
[eclipse] Writing the preferences for "org.eclipse.core.resources".
[eclipse] Writing the project definition in the mode "java".
[eclipse] Writing the classpath definition.
BUILD SUCCESSFUL
Total time: 17 seconds
```

图 3-7  Ant Eclipse 转换操作截图

工程转换成功之后，此时还不是有效的 Eclipse 工程，必须立即对 ZK 工程执行刷新（refresh）操作，使 Eclipse 重新加载为格式转换后的 ZK 工程，并激活相应的操作按钮。至此，ZK 工程本地开发环境的搭建宣告完成。对工程执行清理（clean）操作，重新编译工程也不会有任何错误提示。

> **注意**
>
> 新版本的 ZK 工程已经调整为 Maven 格式，不再需要执行 ant eclipse 命令，Eclipse 可以直接识别工程格式，通过 Eclipse 中的 configure 命令进行工程格式转换，直接导入即可。

### 3.1.2  ZooKeeper 3.4.14 源码导入 IDEA

在 IDEA 上搭建 ZK 3.4.14 版本源码阅读环境，需要借助 Git 工具和 Ant 插件，如果本地尚未安装，则可以根据本书的提示信息补充安装。ZK 3.4.14 官方文档中没有针对 IDEA 环境的搭建进行说明，本书参考 Eclipse 的搭建过程将其总结为四个步骤。

第一步，在 IDEA 环境中，从菜单 "VCS→Get from Version Control"（或者 "Git→Clone"）中打开工程导入页面，如图 3-8 所示。输入 ZK 工程在 GitHub 网站的托管 URL 地址和本地存储目录，本地存储目录建议设定为 "d:\cn-farmer\zookeeper"。

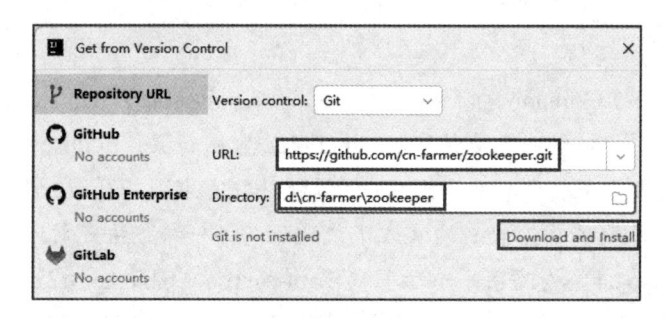

图 3-8　将 ZK 工程源码导入 IDEA 环境

如果 IDEA 检查到本地环境没有安装 git 命令行工具，则可以通过图 3-8 中的"Download and Install"命令先安装 Git，然后再开始 ZK 工程的下载安装。

输入相关参数后，单击"clone"按钮，开始从 GitHub 获取 ZK 工程源码。下载结束后，在 IDEA 窗口中点击 Git 版本选择按钮进入版本列表页面，如图 3-9 所示，选择"origin/branch-3.4.14"并单击"Checkout"选项，执行检出代码操作。

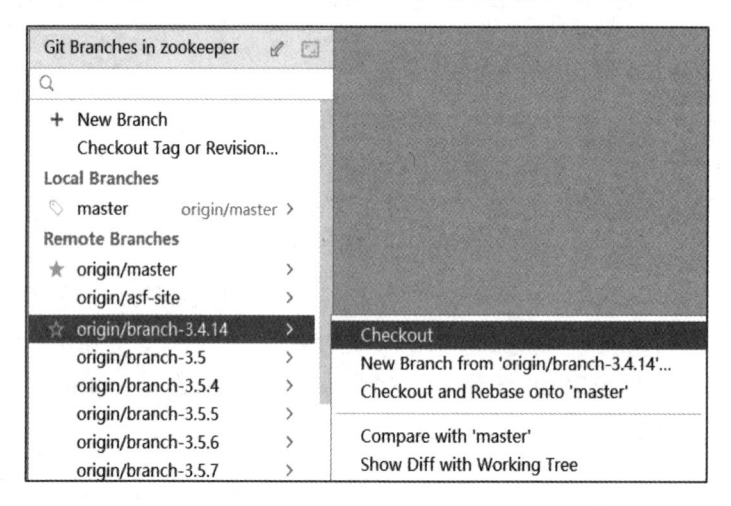

图 3-9　从 GitHub 拉取 ZK 3.4.14

第二步，确认 ZK 3.4.14 版本检出代码成功后，在 ZK 工程下查找"build.xml"脚本文件，然后按是否已安装插件分两种情况处理。如果单击鼠标右键，在弹出窗口中找不到"Add as Ant Build File"选项，则先双击打开"build.xml"文件，如图 3-10 所示，单击页面提示信息"Install Ant plugin"开始安装 Ant 插件。

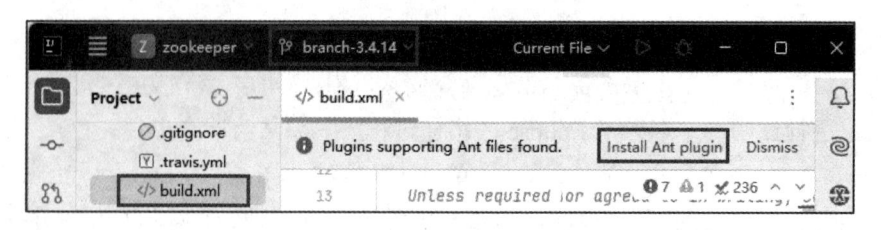

图 3-10　在 IDEA 上安装 Ant 插件

确认 IDEA 中已安装 Ant 插件后，在"build.xml"文件上单击鼠标右键，从弹出窗口中选择"Add as Ant Build File"，系统将打开如图 3-11 所示的窗口。从列表展示清单可以看到 build.xml 脚本中定义的可执行片段，在"eclipse"选项上单击鼠标右键，点击"Run Target"选项即可开始 Eclipse 工程格式文件生成。

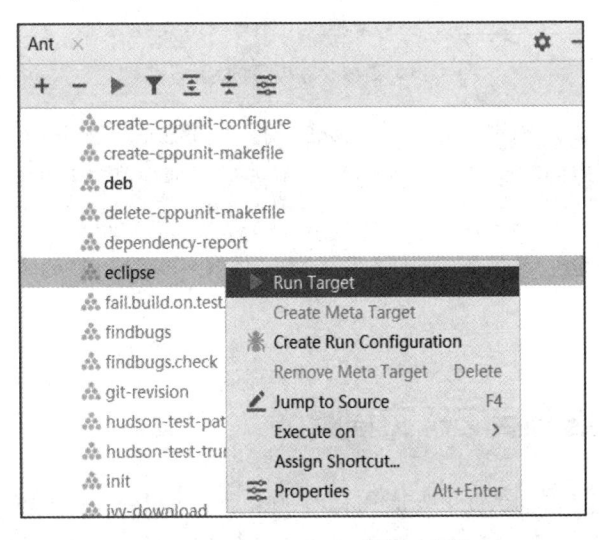

图 3-11 执行 Ant 转 Eclipse 脚本

> **注意**
>
> 由于 ant-eclipse-1.0.bin.tar 的下载位置发生变化，直接执行 build.xml 脚本可能会报告网络下载超时错误，请参考 3.1.1 节的说明进行调整。

第三步，重新打开已创建的 Sample 样例工程，在其中导入格式转换后的 ZK 工程源码。打开菜单"File→New→Module from Existing Sources"，选择"D:\cn-farmer\zookeeper"目录，跳转到工程格式选择窗口，选择 Eclipse 工程格式，如图 3-12 所示。接着进入到工程文件路径选择页面，此处选择不移动工程文件的选项，如图 3-13 所示。后面的操作统一按照默认方式单击到下一步，最终完成 ZK 3.4.14 工程源码的导入。

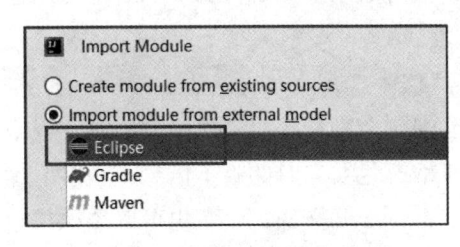

图 3-12 选择导入工程的格式 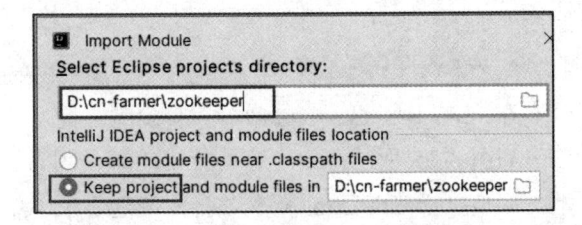　　　　图 3-13 选择不移动导入工程文件

第四步，打开工程的"Project Structure"设置窗口，如图 3-14 所示，选中 ZooKeeper 模块，在"Module SDK"输入框中选择 JDK 11.0.2 版，完成 SDK 版本设置后即可以开始编译 ZK 模块。

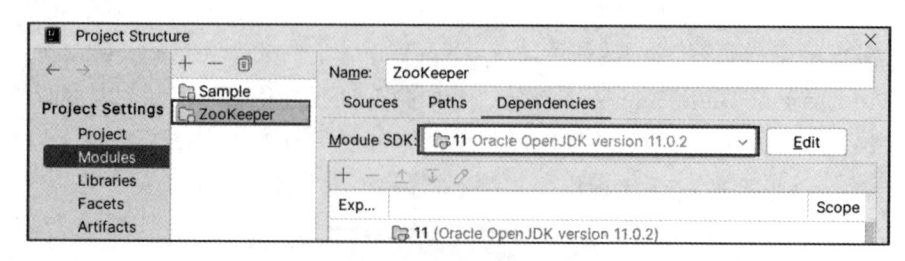

图 3-14 设置 ZK 模块的 SDK 信息

根据以上四个步骤，利用 Git 工具、Ant 插件和 IDEA 对 Eclipse 工程格式的转换能力即可顺利完成 ZK 工程源码学习环境的搭建，不需要单独安装其他辅助软件。

**注意**

虽然工程路径下包含了 pom.xml 工程文件，但仅从学习的目的出发，不需要将此工程转换为 Maven 工程。

## 3.2 极速简易法开启 ZK 工程验证

本节不对 ZK 系统的启动和验证作详细的介绍，而是只通过最精简的步骤点亮 ZK 工程，确认环境搭建步骤正确、编译正常、系统运行正常，迈出 ZK 工程源码阅读的第一步。

### 3.2.1 ZK 编译常见问题处理

ZK 工程源码全部导入后，在正式运行前还需要做一些准备工作。由于本书的示例代码全部运行于 JDK 11 之上，工作区环境已经完成了相关设置，在对 ZK 工程进行自动编译的阶段，Eclipse Error 日志中可能提示如下错误：

```
1  java.lang.NumberFormatException: For input string: "6.0"
```

解决此问题需要修改 Eclipse 环境中的工程参数定义文件，打开工程目录下的配置文件 ".\settings\org.eclipse.jdt.core.prefs"，将其中的编译兼容版本从 6.0 修改为 11 即可，程序示例如下：

```
1  org.eclipse.jdt.core.compiler.compliance=11
```

在正式启动 ZK 服务器端和客户端之前，可能会遇到个别程序编译报错的问题，报错信息如图 3-15 所示，出现这些报错信息是因为缺少 ZK 打包发布时的版本信息。正常情况下，完整执行 build.xml 脚本时会在指定目录中生成 Info.java 源文件。读者也可以手动执行 ZK 工程自带的 VerGen 类生成 Info.java 文件，生成后的 java 源文件中将包含 "MAJOR"、"MICRO" 和 "MINOR" 等成员变量。

从 ZK 工程中查找到 VerGen.java 文件，文件中包含可以独立执行的 main(...) 方法，在 Eclipse 中执行 VerGen 命令行程序时，参数格式可以设定为 "3.4.14 4c25d48 2024-01-01"，其中的版本信息 rev 是提交到 GitHub 的 Commit Id。另外，生成后的 Info.java 文件需要放置到对应的包目录下。

| Description | Resource | Path |
| --- | --- | --- |
| ✓ ⊗ Errors (9 items) | | |
|    🐞 BUILD_DATE cannot be resolved to a variable | Version.java | /zookeeper/zookeeper-server/src/main/java/org/apache/zookeeper |
|    🐞 MAJOR cannot be resolved to a variable | Version.java | /zookeeper/zookeeper-server/src/main/java/org/apache/zookeeper |
|    🐞 MICRO cannot be resolved to a variable | Version.java | /zookeeper/zookeeper-server/src/main/java/org/apache/zookeeper |
|    🐞 MINOR cannot be resolved to a variable | Version.java | /zookeeper/zookeeper-server/src/main/java/org/apache/zookeeper |
|    🐞 org.apache.zookeeper.version.Info cannot be resolved to a type | Version.java | /zookeeper/zookeeper-server/src/main/java/org/apache/zookeeper |
|    🐞 QUALIFIER cannot be resolved to a variable | Version.java | /zookeeper/zookeeper-server/src/main/java/org/apache/zookeeper |
|    🐞 QUALIFIER cannot be resolved to a variable | Version.java | /zookeeper/zookeeper-server/src/main/java/org/apache/zookeeper |
|    🐞 REVISION_HASH cannot be resolved to a variable | Version.java | /zookeeper/zookeeper-server/src/main/java/org/apache/zookeeper |
|    🐞 REVISION cannot be resolved to a variable | Version.java | /zookeeper/zookeeper-server/src/main/java/org/apache/zookeeper |

图 3-15　ZK 工程初始报错信息

### 3.2.2　突破源码阅读第一关

ZK 组件在服务器端以命令行方式运行，命令行方式运行的应用必定存在 main(...)方法入口，所以在 ZK 工程中搜索关键字"public static void main"即可发现主程序入口，如图 3-16 所示。不过也有一些例外情况，在 log4j-1.2.17 源码中，存在书写格式为"public final static void main"和"static public void main"的代码，这些早期代码的书写格式不太规范，所以最完整的搜索方法是先对工程中的所有源码进行格式化，在统一书写格式的基础上，通过渐次缩短搜索关键字的长度，使得查询结果集最小，定位更加精准。

ZK 工程下共查询到 39 处 main 启动方法，如图 3-17 所示。zookeeper-server\src\main 中包含的代码是 ZK 的主流程相关源码，属于本书主要研究的范围。zookeeper-contrib 模块目录下存放的是第三方贡献的代码库，zookeeper-it 模块中包含的是测试代码，zookeeper-jute 模块中包含的是完整的远程过程调用（Remote Procedure Call，RPC）实现源码，暂时不需要深入研究。

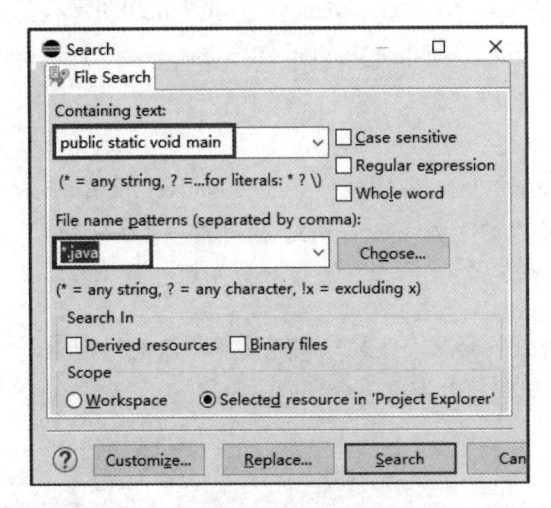

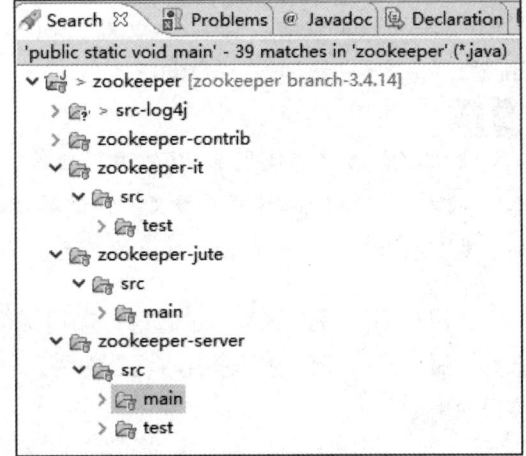

图 3-16　搜索主程序入口　　　　　　图 3-17　程序入口查找结果展示

### 3.2.3 ZK 服务端启动

利用上一步的查找方法，搜索出在 org.apache.zookeeper.server.ZooKeeperServerMain.java 类中存在 main(...)方法。直接以 debug 调试模式运行，在没有设置任何参数的情况下，Console 主控台将输出如下所示的"Usage"使用提示信息。ZK 单机版启动可以有两种参数传入方式，第一种是配置文件方式，第二种是直接在命令行中带入，主要参数包括服务器端监听的端口号（port），数据文件的存放目录（"datadir"）等。

```
1  Usage: ZooKeeperServerMain configfile | port datadir [ticktime] [maxcnxns]
```

在命令行的应用程序参数中维护如图 3-18 所示的信息，启动 ZK 应用单机版服务。通常，ZK 服务器端默认开启 2181 监听端口，ZK 数据存放到"D:\ZK_DATABASE"目录下。启动命令后，主控台不再输出上述提示信息。服务器端启动之后，可在指定的 ZK 数据存放路径下看到两个日志文件，分别为 log.1 和 log.2，文件初始大小均为 64 MB，如图 3-19 所示。对于 ZK 工程源码的阅读，分析 Log 文件的存储结构是一项很有价值的工作。

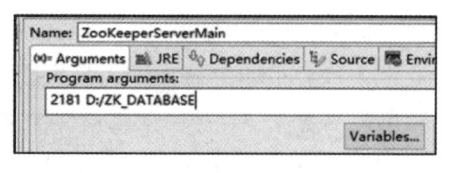

图 3-18 设置 ZK 端口及工作目录

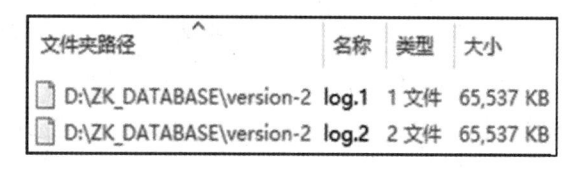

图 3-19 查看 ZK 工作目录

### 3.2.4 ZK 客户端启动连接

在 ZK 服务器端进入监听状态后，下一步就是在 IDE 中运行客户端命令行程序，通过命令行发送请求及接收响应。在 ZK 3.4.14 版本下，服务器端源码和客户端源码在同一个工程中，以 Java Application 模式执行 org.apache.zookeeper.ZooKeeperMain 类。如图 3-20 所示，在"Debug Configurations"窗口中设置 VM 参数为"-Djline.WindowsTerminal.directConsole=false"后，客户端即可正常启动。

> **注意**
>
> 由于 ZK 客户端使用了 Jline 开源组件，通过 Java 本地接口（Java Native Interface，JNI）技术与 Windows 操作系统交互，该参数的作用是启用 Java I/O，禁用操作系统的 I/O。如果没有添加此项 VM 参数，则主控台无法接受输入，对任何键盘操作都没有反应。

客户端启动后，默认通过 2181 端口访问服务器端，在客户端连接服务器的过程中，服务器后台没有任何内容输出，这是因为日志配置文件没有包含到 Classpath 中，客户端主控台输出如下：

```
1  Connecting to localhost:2181
2  Welcome to ZooKeeper!
```

```
3  JLine support is enabled
4  [zk: localhost:2181(CONNECTING) 0]
5  WATCHER::
6
7  WatchedEvent state:SyncConnected type:None path:null
```

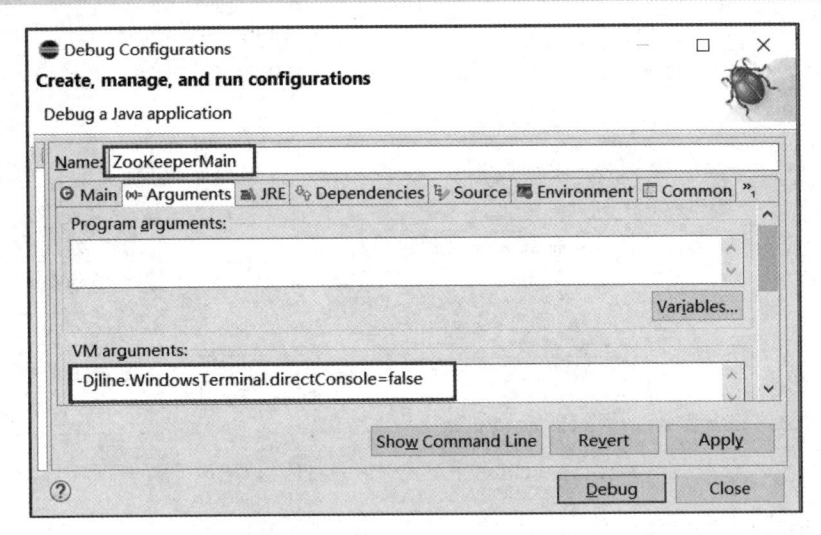

图 3-20 设置 Jline 命令行交互参数

在客户端命令行输入命令"ls /"后，系统显示默认根目录为"[zookeeper]"，尝试输入"help"命令后，系统会输出如下的帮助信息。至此，ZK 工程源码分析环境搭建顺利完成，在此基础上，可以通过添加断点结合单步执行的方式开启源码阅读。

```
1   [zk: localhost:2181(CONNECTED) 1] ls /
2   [zookeeper]
3   [zk: localhost:2181(CONNECTED) 2] help
4    ZooKeeper -server host:port cmd args
5   [zk: localhost:2181(CONNECTED) 3]    stat path [watch]
6    set path data [version]
7    ls path [watch]
8    delquota [-n|-b] path
9    ls2 path [watch]
10   ……
```

## 3.3　JDK 11 源码解压缩及导入

在源码阅读分析过程中，不可避免地需要涉及 JDK 底层源码的延伸阅读，所以必须准备好 JDK 源码。JDK 源码阅读大致可以分为三种形式。

第一种形式仅需满足从应用程序中单步进入 JDK 源码内部跟踪调试，这种情况下只需要在 Classpath 中对源码包进行关联，当前主流的 IDE 工具都默认具备这种能力。如图 3-21 所示，只要点开"Classpath"中的"JRE System Library"设置，通常可以看到其中已经关联了 src.zip 文件。如果默认没有关联，则可以在页面中进行手动关联操作。

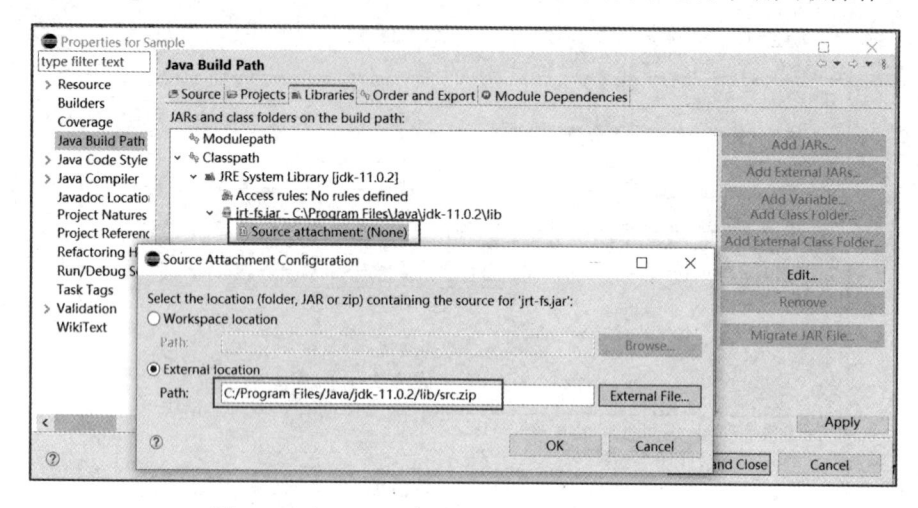

图 3-21　在 Eclipse 中设置 JRE 系统库与源码关联

第二种形式将 JDK 源码作为一个独立的工程导入到 IDE 中，支持对 JDK 源码的全局扫描，并进行综合分析。将 JDK 源码导入到 Workspace 后，可以很方便地搜索整个工程目录，可以阅读任意的 JDK 源码。当然，由于 JDK 源码过于庞大，在工程扫描的时候比较耗费资源，在不常用的情况下，可以将 JDK 源码工程关闭，等必要的时候再打开。

以 Eclipse 为例，从菜单"File→Import"打开"Import"窗口，如图 3-22 所示，选择"Projects from Folder or Archive"，单击下一步。

源码包选择页面如图 3-23 所示，单击"Archive"按钮，查找 JDK 11.0.2 的安装目录，进入"lib"子目录后选择 src.zip 文件即可。解压后的工程目录默认为"src.zip_expanded"。

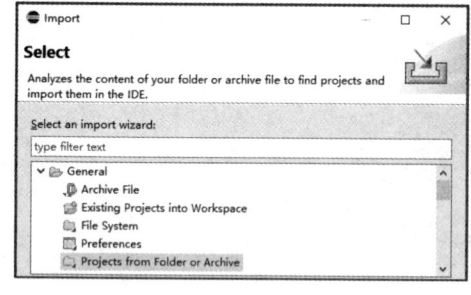

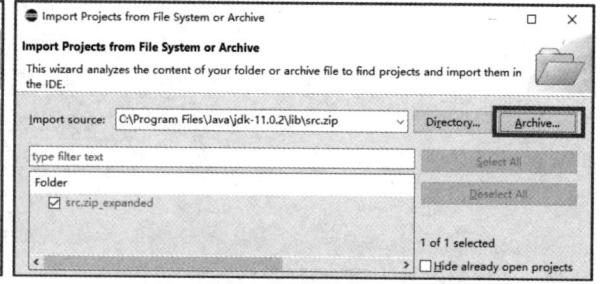

图 3-22　导入 JDK 11 的 Archive 包　　　　图 3-23　选择 src.zip 压缩文件

注意

在工作区中导入 JDK 源码，会导致 ZK 工程中出现大量的类无法解析的错误，在不使用的时候，建议关闭工程，而在需要对源码进行检索或浏览的时候，再打开工程。

第三种形式是从 JDK 源码托管网站下载完整的 JDK 源码，并且在本地对源码进行编译调试。OpenJDK 官网提供了 GitHub 和 Mercurial 两种站点获取方式。以 GitHub 为例，在搜索框中输入"openjdk/jdk"关键字即可进入源码托管站点，然后在版本分支列表中可以选择"jdk-11+2"版本，在此版本下相关 Java 源码与本书所讲解内容一致。本书对 JDK 源码的编译和调试技术不作深入研究，感兴趣的读者可以自行上网搜索相关的文档和视频。

GitHub 网站上托管的 OpenJDK 源码示例信息如图 3-24 所示，在屏幕左边栏的查找框中输入"String.java"，屏幕右侧即可显示文件的详细内容。对于在 GitHub 上托管的源码，当然也可以通过 Git 插件导入到 Eclipse 或者 IDEA 中，这样方便对 JDK 源码的检索和阅读。但是直接导入的工程并不具备编译的条件，而在常规的源码阅读和分析中采用第一种方式即可满足这一条件。

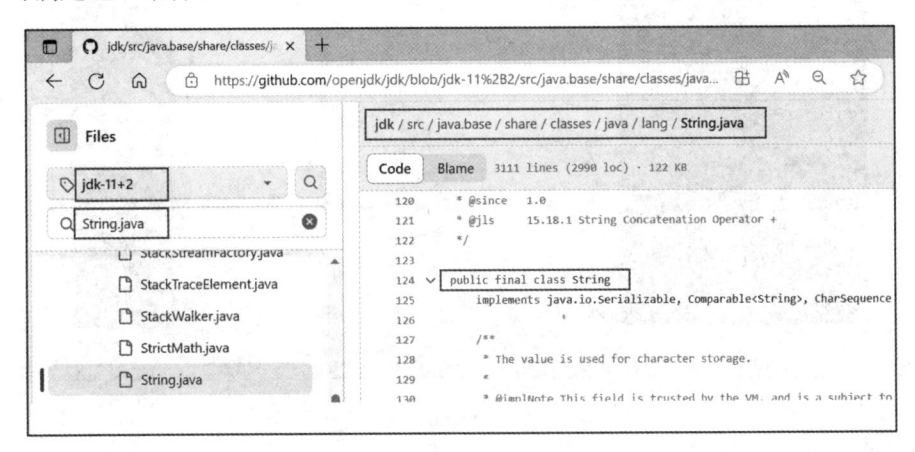

图 3-24　OpenJDK 源码托管站点

除了以上三种形式之外，还有一种临时的源码阅读解决方案，在不具备源码获取条件的情况下，可以通过反编译工具来获得可读性稍差的 Java 源码。

## 3.4　Log4j 源码阅读准备

开源日志组件 Log4j 以其正交性设计原则而著称，正交性设计保证了不同维度之间的理论耦合度为零，在零耦合设计理念的加持之下，各个维度允许自由扩展，再自由组合。想要把正交性设计理念落地当然不是一件容易的事情，很少有软件可以做到这一点。但是，Log4j 是一个例外，它达成了近乎理想的正交性，保障了各类属性在不同维度上的灵活扩展。在 Log4j 的配置文件中，用户不但可以定义自己的 Logger、Appender、Layout，还可以将 Level、Filter、Render 等指定为扩展的 Class 类。

### 3.4.1　源码搜索方法汇总

搭建工程环境一般都会涉及开源组件源码的获取，例如，在企业内网或者互联网环境下，可以通过 Maven 工具的"Download Sources"功能从资料库获取配套的源码包。除此之外，还有以下其他四种获取开源代码的方式。

方式一：在 Maven 中央资料库直接搜索，在搜索框中输入查询条件即可。如图 3-25 所示，搜索框将查询内容划分为 5 类，即 Group、Artifact、Version、Package、Class，它们分别以首字母 g、a、v、p、c 作为查询条件前缀，以便精准匹配。如果是类的全限定名，则以 fc 作为条件前缀。例如，想要查询 log4j-1.2.17 组件，可以在条件框中输入 "a:log4j v:1.2.17"。

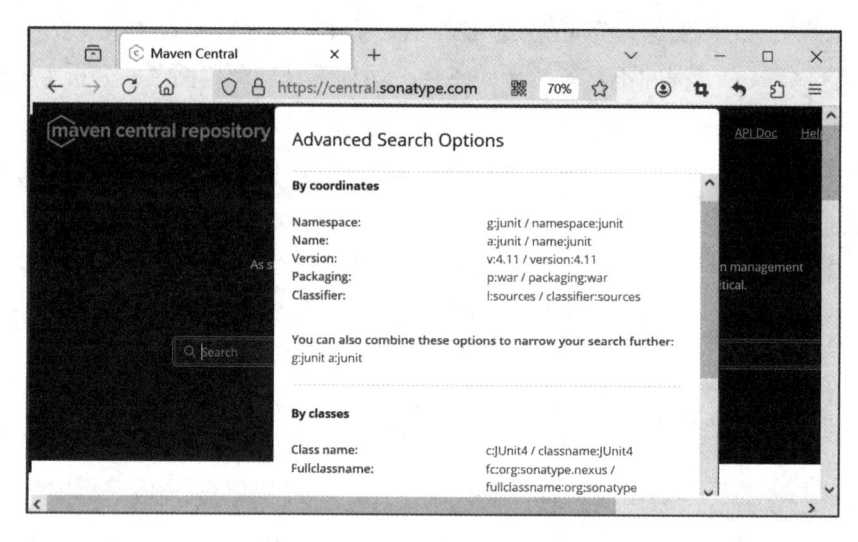

图 3-25　访问 Maven 中央资料库

方式二：如果已知组件的 GroupId 和 ArtifactID，还可以像访问本地文件目录一样查找组件。如图 3-26 所示，在浏览器中打开 Maven 资源库根目录后，可以直接在页面上按照 GroupId 和 ArtifactID 的结构逐级查找。需要注意的是，有些组件在存放时并没有将路径完全展开，而是将整个 ArtifactID 作为一层目录来使用，所以查找的时候要注意灵活掌握。

图 3-26　访问 Maven 资源库根目录

方式三：通过访问 MVN 仓库网站获取开源组件的信息。该网站是一个开源软件的统计分析网站，如图 3-27 所示，其中 Categories 的作用是将开源组件按功能性质分类，对于每个分类又可以按照流行程度或社区活跃程度进行排序,而每个组件的最近一次发布时间和被使用数也一目了然。Popular 则可以按照项目展示开源软件的受欢迎程度,如该网站展示了当前排名前三位的开源软件分别是 JUnit、SLF4J 和 Guava。

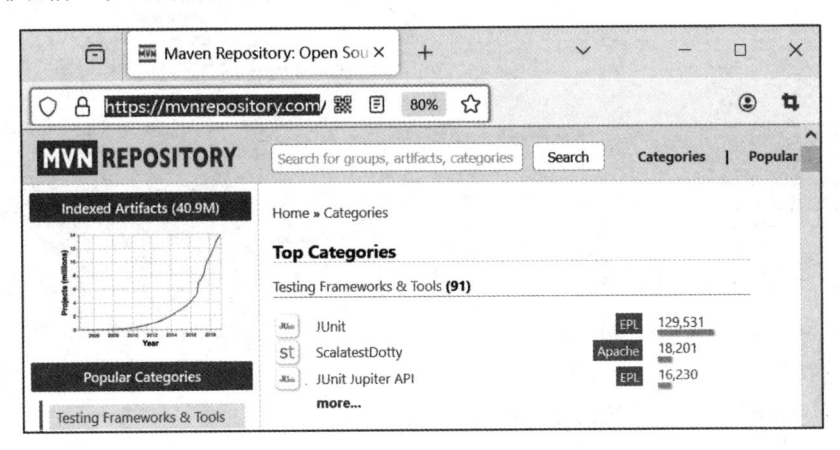

图 3-27 访问 MVN 仓库

方式四:GitHub 网站托管了绝大部分的开源代码,充分利用 GitHub 站点提供的强大查找功能,结合手头零散的信息,同样可以获取自己想要的代码。GitHub 网站提供了按照类路径、文件内容、仓库名等信息定向查找的功能,同时辅以 AND、OR 和 NOT 等逻辑运算符,在正则表达式的加持下,可以从庞杂的仓库中精准定位想要的信息。

充分利用上面几种查找策略,可以顺利地获取 ZK 工程所使用的 log4j-1.2.17 源码。在 GitHub 官方网站上,搜索"logging-log4j1",可以查找到源码托管的官方站点"apache/logging-log4j1",单击进入之后即可获取对应版本的 Log4j 下载地址。以下信息展示了 Log4j 的源码、发布版本和官方资料的相关地址。

```
1  GitHub 托管路径:apache/logging-log4j1
2  Maven 资料库路径:log4j/log4j/1.2.17/log4j-1.2.17-sources.jar
```

### 3.4.2 将日志组件源码导入到示例工程

当与日志相关的源码包下载到本地后,下一步就是将其导入到 Sample 工程中。下面以 Eclipse 为例进行讲解,选中 Sample 工程后,从菜单"File→Import"开始,在导入向导中选择"Archive File",点击"下一步"就进入到如图 3-28 所示的页面。选择源码 jar 文件,同时在"Into Folder"文本框中设置"Sample\src-log4j-1.2.17"。将 Archive File 导入到 ZK 工程目录之后,可以看到工程下面多了一个目录"src-log4j-1.2.17"。

由于归档文件在初始导入时只是一个普通的文件夹,所以还需要通过如图 3-29 所示的操作将普通目录设置为包路径,再对源码作编译处理。

完成源码包导入后,在菜单"Project→Properties→Java Build Path →Libraries"下执行"remove",移除不再需要的 log4j-1.2.17.jar 包,避免类冲突。

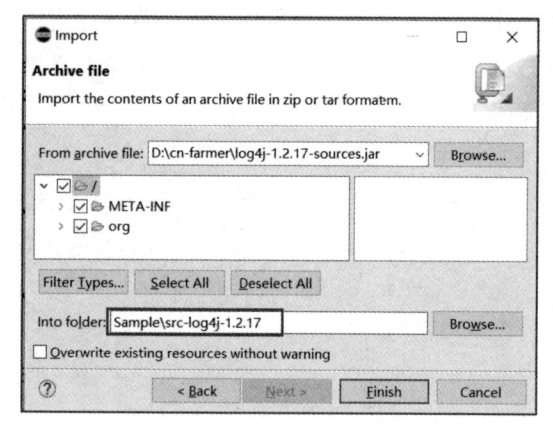

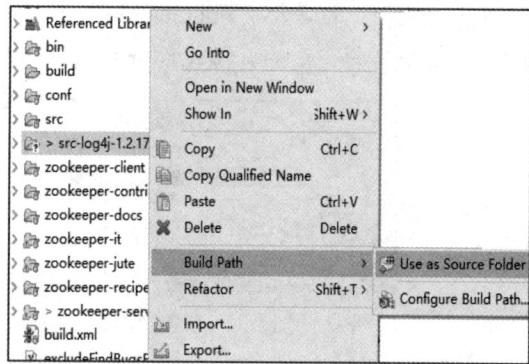

图 3-28　导入 Log4j 的 Archive 包　　　　图 3-29　将 Log4j 设置为 Source Folder

### 3.4.3　补充导入循环依赖组件

在下载 log4j-1.2.17 的源码之后，系统编译时会报错，如图 3-30 所示，报错的原因是缺失 Log4j 依赖的 JavaMail 和 JMS 相关包。从报错信息也可以看出，Log4j 支持以邮件和消息队列方式发送日志信息。

图 3-30　日志组件编译时循环依赖缺失报错

在 Sample 工程的 pom.xml 文件中添加 JMS 组件和 JavaMail 组件的依赖信息，重新编译工程即可消除错误信息，配置信息如下：

```
1  <dependency>
2      <groupId>javax.mail</groupId>
3      <artifactId>mail</artifactId>
4      <version>1.4.3</version>
5  </dependency>
6  <dependency>
7      <groupId>org.apache.geronimo.specs</groupId>
8      <artifactId>geronimo-jms_1.1_spec</artifactId>
9      <version>1.0</version>
10 </dependency>
```

## 3.5　SLF4J 源码阅读准备

SLF4J 的全称为 Simple Logging Facade for Java，涵盖了一套完善的日志对接转换的生态系统。Java 日志领域的曲折发展史成就了 SLF4J，虽然 SLF4J 是必备的日志组件，但它不是一个完整的日志实现，而只是一个日志门面。进入 SLF4J 的源码托管站点，可以发现其中包含了十多个工程，如 slf4j-api、slf4j-jdk14、slf4j-log4j12、slf4j-simple、jcl-over-slf4j、jul-over-slf4j 等。SLF4J 就是以适配器模式创建了各种形式的连接管道，各种管道汇集在一起，流入最终的日志实现组件中，如 Log4j、Log4j2 或 LogBack 等。SLF4J 组件的代码量适中，代码设计精巧，涉及 Java 基础知识面广，具有较强的参考借鉴意义。

日志组件的使用总是需要搭配日志门面 SLF4J，在 ZK 工程中与 Log4j 的 1.2.17 版配套的是 SLF4J 的 1.7.25 版，源码托管地址及中央资料库地址如下：

```
1  GitHub 托管路径：qos-ch/slf4j
2  Maven 资料库路径：org/slf4j/slf4j-api/1.7.25/slf4j-api-1.7.25-sources.jar
                   org/slf4j/slf4j-log4j12/1.7.25/slf4j-log4j12-1.7.25-sources.jar
```

SLF4J 采用了静态绑定的方式实现组件的松耦合，在源码编译时，SLF4J 需要提供空壳的模拟类作为临时替代，在正式发布的时候，模拟类则不会与发布包同步发布。在 slf4j-api 源码包中的 StaticLoggerBinder 类、StaticMarkerBinder 类和 StaticMDCBinder 类就属于空壳类。

当工程中同时包括 slf4j-api 源码包和 slf4j-log4j12 源码包时，系统将提示类定义重复。如图 3-31 所示，StaticLoggerBinder 类、StaticMarkerBinder 类和 StaticMDCBinder 类已经定义，因为 slf4j-api 源码包中同样包含了这三个静态绑定类。

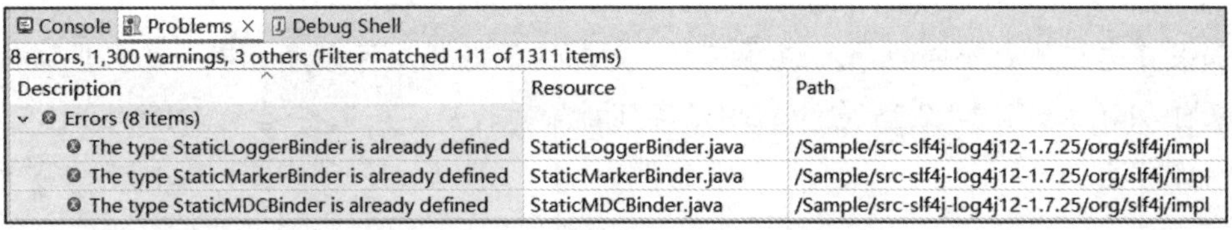

图 3-31　工程中重复的 SLF4J 静态绑定类

【源码】3-1 中的代码取自 GitHub 托管网站，是 slf4j-api 组件 1.7.25 版本[①]中 StaticLoggerBinder 类的一个空实现。代码中定义了三个特殊的方法，方法内均无业务实现逻辑，在没有引入外部实现的情况下，仅用于保证工程可以独立编译。当开源组件正式发布时，Static 类并不跟随 Jar 包同步发布，而是通过 pom.xml 文件中配置的 delete 脚本删除空实现。

---

① 从 GitHub 中访问的详细路径为：/qos-ch/slf4j/blob/v_1.7.25/slf4j-api/src/main/java/org/slf4j/impl/StaticLoggerBinder.java

【源码】3-1　org.slf4j.IloggerFactory.StaticLoggerBinder

```
1  private StaticLoggerBinder() {
2      throw new UnsupportedOperationException("This code should have never made it into slf4j-api.jar");
3  }
4  public ILoggerFactory getLoggerFactory() {
5      throw new UnsupportedOperationException("This code should never make it into slf4j-api.jar");
6  }
7  public String getLoggerFactoryClassStr() {
8      throw new UnsupportedOperationException("This code should never make it into slf4j-api.jar");
9  }
```

- 第 2 行、第 5 行和第 8 行以直接抛出异常信息的方式，说明这个类只是为了工程编译的需要，在正式的运行环境将被第三方发布的类所取代。

针对工程中类冲突的问题，建议使用 IDE 提供的排除功能进行设置。如图 3-32 所示，选中三个空实现类后，选择 "Build Path→Exclude"，将不需要的 Java 文件剔除 Classpath。

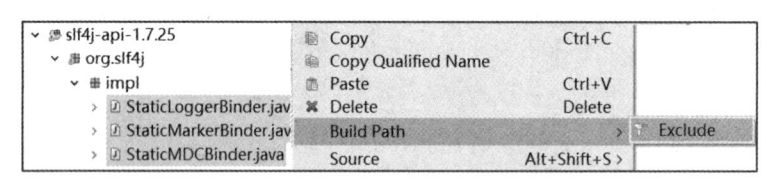

图 3-32　在工程中排除 slf4j-api 源码包中的空实现类

> **注意**
> 如果日志组件源码包的导入顺序不同，则对应的源码编译顺序也不一致。报错信息也可能来自 sl4fj-log4j12-1.7.25 包中，但是实际排除的时候，一定要选 src-slf4j-api-1.7.25 目录下的静态类。

## 3.6　JUnit 源码阅读准备

单元测试组件 JUnit 是一款在设计模式基础上生长出来的开源组件，是典型的设计模式密集型开源组件。JUnit 具有设计紧凑、架构优雅等特点，值得仔细研究。同时，JUnit 还是其他开源组件的基础组件，在开源领域的被引用数超出第二名一个数量级。在企业应用中，对 JUnit 的使用不应停留在表面，而是必须结合应用特性对其进行深度定制。所以阅读 JUnit 源码，不仅可以温习 Java 设计模式，还可以为阅读其他开源代码带来巨大的帮助，在精通 JUnit 底层架构的基础上，切实指导开发测试工作，设计高效合理的单元测试框架。

ZK 3.4.14 中使用了 JUnit 4.12 版本作为单元测试工具，从 GitHub 托管网站搜索"junit"，在排名靠前的位置可以找到 JUnit 4 官方源码托管地址。单击进入"junit-team/junit4"，在"tags"下拉框中查找到"r4.12"版本。另外，在 Maven 中央资料库，也可以查找到相应的发布版本，其中包括了 Jar 包、JavaDoc 包和 Sources 包，详细信息如下：

```
1  GitHub 托管路径：junit-team/junit4
2  Maven 资料库路径：junit/junit/4.12/junit-4.12-sources.jar
```

进行 JUnit 源码学习时，可以分为两种策略。一种是将开源组件的源码作为自定义工程的一部分，将资料库中下载的源码包导入到本地工程中。以 Eclipse 环境为例，将 JUnit 源码包下载到本地后，选中 Sample 工程，从菜单中选择"File→Import"命令，导入"Archive File"，在"Into Folder"文本框中设置"Sample\src-junit-4.12"。将 JUnit 源码包导入到 Sample 工程目录下之后，可以看到工程中多了一个目录，名称为"src-junit-4.12"。此时的"src-junit-4.12"目录还只能被 Eclipse 识别为一个普通的文件夹，如果需要纳入 Classpath 并进行编译，则需要将普通目录设置为包路径。

另外，JUnit 4.12 版本中引用了 hamcrest-core 1.3 版本的组件，需要按照以下格式在 pom.xml 文件中定义其依赖。

```
1  <dependency>
2      <groupId>org.hamcrest</groupId>
3      <artifactId>hamcrest-core</artifactId>
4      <version>1.3</version>
5  </dependency>
```

另外一种源码学习方式，就是将 JUnit 托管在 GitHub 站点上的工程作为一个完整独立的 POM 工程导入到 IDE 中，在 IDE 中可以对其单独编译和打包发布。在 Sample 工程中对 JUnit 进行单步调试的时候，可以通过在 Classpath 中设置工程依赖的方式解决。

## 3.7 本章小结

本章详细讲述了 ZK 工程源码导入、日志组件源码导入和单元测试组件源码导入，对导入过程及编译调试相关的配置均作了详细介绍，确保源码阅读的第一步不会被源码中微小的坑坑洼洼所绊倒。

# CHAPTER 4

# 第 4 章
# 根治中文乱码——Java 字符集考证

字符集编码知识是计算机原理的技术底座之一，深入学习字符集、字符编码相关知识是计算机从业人员的必修课。本章依托 Java 语言，从实践出发，归纳总结出字符集、字符编码的完整理论体系，再通过 Java 示例程序，验证实际工作场景中常见乱码问题的解决方案。

回忆近代战争电影中的经典桥段，往往是总部首长口授最新的总攻计划，书记员快速将其记录下来，然后取出机要室中标记为"绝密"的密码本，将总攻计划转换成一串长长的数字后交给发报员，发报员将数字用发报机"嘀嘀嗒嗒"地发向炮声隆隆的前线。前线通讯员根据残破的密码本将收到的数字翻译成完整的总攻计划，前线将士接收到总攻计划后，准备大干一场。

这就是一种典型的字符集、字符编码应用场景，它忠实展现了文字传递的"三部曲"：

第一步，将总攻计划转换成一串数字，这就是编码（Encode）；

第二步，用发报机将数字从总部传到前线，这就是网络 I/O；

第三步，将数字转换成总攻计划文本，这就是解码（Decode）。

密码本代表了一种字符集，不同军队、不同密级的密码本都代表不同的字符集或字符编码。如果编码和解码用了不同格式的密码本，就会出现无法识读的乱码。除了密码本不同导致乱码外，如果首长浓重的方言无法被书记员准确辨别，如果新来的通讯员像阿拉伯人一样习惯从右往左书写，同样会产生乱码。但如果首长和前方将士是老乡，书记员听不听得懂也许就不重要了，因为编码、解码过程会"错进错出"，产生"负负得正"的效果。

## 4.1 常见字符集与字符编码辨识

程序员使用最为频繁的字符编码应该是 UTF-8 字符编码，它对应的是 Unicode 字符集。而广大的中国码农还需要学习和掌握 GBK、GB2312、Big5 等字符集，以备不时之需。不同的字符编码代表了文字的不同储存格式或传输格式。本节将对常用的字符集及其编码方式进行详细的讲解，通过简短的示例程序，揭开各个字符集及其编码的神秘面纱。

打开 java.nio.charset.Charset 类的源码，可以查看 Charset 类的继承层级关系，如图 4-1 所示，其中 Charset 类继承于 Object 基类，对应的直接或间接子类超过了 200 个。图 4-1 中筛选出了其中 17 个与我国程序员有关的字符集/字符编码基础类，其中 EUC_CN 类名对应的是 GB2312 编码。另外，在 Unicode 抽象类下面实现了 8 位、16 位和 32 位的字符编码，在 16 位和 32 位的编码下面又列举了 BE、LE 排列特性和字节顺序标记（Byte Order Mark，BOM）标识位属性。

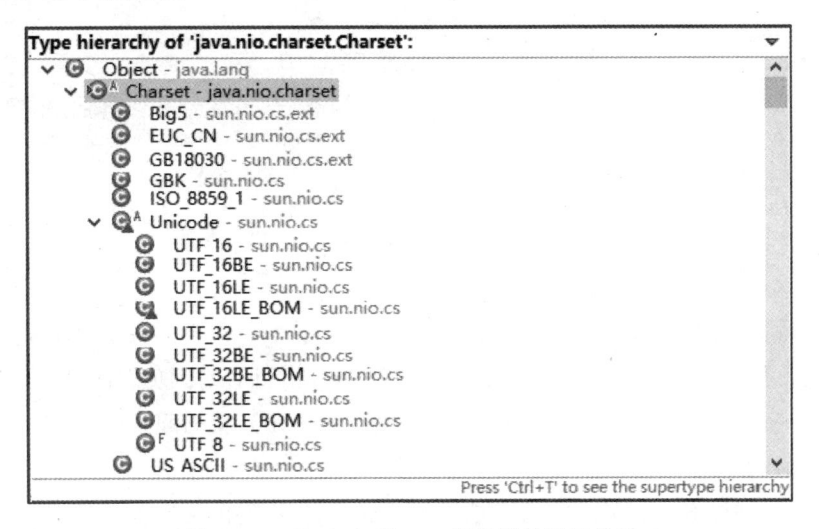

图 4-1　JDK 11 中 Charset 抽象类的继承关系

从源码可以观察到 java.nio.charset.Charset 类是一个抽象类，该类提供了二十多种被 public 修饰的方法，实现了对所有字符集的管理和查找功能。需要子类实现的抽象方法仅有三种，其中最主要的两种方法分别是新建编码器方法 newEncoder()和新建解码器方法 newDecoder()，即在 Java 语言中定义一个新的字符集只需要定义编码器和解码器的实现逻辑。以下源码片段展示了 Charset 类中的三种抽象方法，它是定义字符集的基础。

```
1  public abstract boolean contains(Charset cs);
2  public abstract CharsetDecoder newDecoder();
3  public abstract CharsetEncoder newEncoder();
```

### 4.1.1　ASCII 码回顾

ASCII 字符集的全称是美国信息交换标准代码（American Standard Code for Information Interchange），该字符集采用 7 位字符编码方案，共定义了 $2^7$=128 个字符，其中包括 33 个不可打印的控制字符（Non-printing control characters）和 95 个可打印的字符，码表中的前 32 个字符（0x00~0x1F）和码表中最后一个字符（0x7F）是控制字符。因为 1 字节是 8 bit，所以 ASCII 编码方式只占用了 1 字节中的低 7 位，最高位则予以保留。【示例源码】4-1 用一段简短的 Java 代码输出 ASCII 码表，验证上述信息的准确性。

【示例源码】4-1  chap04.sect01.PrintAsciiByString

```java
1  package chap04.sect01;
2  import sun.nio.cs.US_ASCII;
3  public class PrintAsciiByString {
4    public static void main(String[] args) {
5      System.err.print("    0x0 0x1 0x2 0x3 0x4 0x5 0x6 0x7 0x8 0x9 0xA 0xB 0xC 0xD 0xE 0xF");
6      for (byte i = 0; i >= 0 && i < 128; i++) {
7        if( i % 16 == 0) {
8          System.out.print( "\n0x"+Integer.toHexString( i/16 ).toUpperCase()+"0 ");
9        }
10       String ascii = new String(new byte[] { i }, new US_ASCII());
11       ascii = ascii.replaceAll( "[\t\n\r]", "☺");
12       System.out.print( " " + ascii + " ");
13  } } }
```

- 第 6 行循环 128 次，遍历整个 ASCII 码表，由于 byte 类型的数字范围是从[-128, 127]之间，执行到 127++时，变量 i 的值变成-128，此处容易因疏忽而进入死循环。
- 第 7~9 行处理换行问题，每满 16 个字符（0xF）就另起一行，并且用十六进制打印行号。
- 第 10 行通过 String 类的构造方法创建 ASCII 码字符串。
- 第 11 行替换掉回车符、换行符、Tab 符号等控制字符，避免显示错位影响观察效果。

**注意**

如果程序报 "US_ASCII cannot be resolved to a type" 错误，则需要按照本书 1.5.2 节的说明对 US_ASCII 类维护其可见性，根据源码可知 US_ASCII 类归属 java.base 模块中的 sun.nio.cs 包。

程序执行后的主控台输出结果如图 4-2 所示。其中 0x00 和 0x10 两行的内容被问号替代，表明控制字符无法直接显示，右下角的最后一个字符同样属于控制字符，显示内容被问号替代。需要注意的是，第三行的第一个字符（0x20）无任何输出内容，它对应于键盘上的空格键，不属于控制字符的范畴。

```
<terminated> PrintAsciiByString [Java Application] C:\Program Files\Java\jdk-11.0.2\bin\javaw.exe (2021年8月29日 上午10:05:16 – 上午10:05:20)
      0x0 0x1 0x2 0x3 0x4 0x5 0x6 0x7 0x8 0x9 0xA 0xB 0xC 0xD 0xE 0xF
0x00   ?   ?   ?   ?   ?   ?   ?   ?   ☺   ☺   ☺   ?   ?   ☺   ?   ?
0x10   ?   ?   ?   ?   ?   ?   ?   ?   ?   ?   ?   ?   ?   ?   ?   ?
0x20       !   "   #   $   %   &   '   (   )   *   +   ,   -   .   /
0x30   0   1   2   3   4   5   6   7   8   9   :   ;   <   =   >   ?
0x40   @   A   B   C   D   E   F   G   H   I   J   K   L   M   N   O
0x50   P   Q   R   S   T   U   V   W   X   Y   Z   [   \   ]   ^   _
0x60   `   a   b   c   d   e   f   g   h   i   j   k   l   m   n   o
0x70   p   q   r   s   t   u   v   w   x   y   z   {   |   }   ~   ?
```

图 4-2  通过 Java 语言输出的 ASCII 码表

> 注意
>
> String 类中众多的构造方法包含了按照指定的字符集将字节数组转换为字符串的方法，本例调用了 String(byte bytes[],Charset charset)构造方法，传入的第一个参数为按照 ASCII 字符集编码的字节数组。

### 1. 另一种 ASCII 码表展示方式

第二种输出 ASCII 码表的方式是利用 java.lang.Character 类的构造方法实现，Character 类是原生数据类型 char 类型的封装类，每一个 char 类型对象可以简单理解为代表一个 JVM 中的字符。char 类型定义的前 128 个字符可以转换为 ASCII 字符，遵循简单的顺序映射规则。【示例源码】4-2 通过嵌套循环 8×16=128 次输出整个 ASCII 码表。

【示例源码】4-2　chap04.sect01.PrintAsciiByCharacter

```java
1  package chap04.sect01;
2  public class PrintAsciiByCharacter {
3    public static void main(String[] args) {
4      System.err.print("    0x0 0x1 0x2 0x3 0x4 0x5 0x6 0x7 0x8 0x9 0xA 0xB 0xC 0xD 0xE 0xF");
5      for (int i = 0; i < 8; i++) {
6        System.out.print("\n0x" + Integer.toHexString(i).toUpperCase() + "0 ");
7        for (int j = 0; j < 16; j++) {
8          Character ascii = new Character((char) (i * 16 + j));
9          if (Character.isISOControl(ascii)) {
10           ascii = '☺'; // /t/b/n/f/r
11         }
12         System.out.print(" " + ascii + " ");
13  } } } }
```

- 第 5 行和第 7 行嵌套循环 128 次，遍历整个 ASCII 码表。
- 第 6 行用十六进制打印行号。
- 第 8 行调用 Character 类的构造方法创建字符，入参数字类型强制转换成了 char 类型的值。另外，后面的章节分析了这个构造方法为什么不再推荐使用。
- 第 9 行利用 Character 类提供的方法判断是否为不可显示的控制字符，如果是控制字符，则统一替换为表情字符"☺"。

> 注意
>
> 与 String 类不同，Character 类中只有一个构造方法，该构造方法定义了一个 char 类型的入参，没有像 String 类中的构造方法那样指定字符集。这说明 char 类型是某个字符集的默认表示形式，不需要在转换为 Character 类型的对象时显式指定，针对这个问题，本书将进行深入分析。

## 2. 验证 ASCII 字符集与 Character 类的等效性

执行上述代码后观察主控台输出结果，可以看到两种不同的生成方式输出了相同的内容，说明用 String 类表示的单个字符和用 Character 类表示的字符具有等效性。为了进一步验证两种方式是否可以等效转换，【示例源码】4-3 对此进行了验证演示。具体的实现方式就是将 Character 类型的字符通过 toString() 方法转换为字符串，然后通过 String.equals(...) 方法进行比对。

【示例源码】4-3　chap04.sect01.PrintAsciiEqual

```
1  package chap04.sect01;
2  import sun.nio.cs.US_ASCII;
3  public class PrintAsciiEqual {
4    public static void main(String[] args) {
5      System.err.print("    0x0 0x1 0x2 0x3 0x4 0x5 0x6 0x7 0x8 0x9 0xA 0xB 0xC 0xD 0xE 0xF");
6      for (byte i = 0; i >= 0 && i < 128; i++) {
7        if( i % 16 == 0 )
8          System.out.print("\n0x" + Integer.toHexString(i / 16).toUpperCase() + "0 ");
9        Character ascii = new Character((char) i);
10       String ascii2 = new String(new byte[] { i },new US_ASCII());
11       if (ascii2.equals(ascii.toString()))
12         System.out.print(" = ");
13  } } }
```

- 第 6 行定义 byte 类型变量 i，并且对变量 i 以自增的方式循环 128 次。
- 第 9 行通过 Character 构造方法定义字符。
- 第 10 行通过 String 构造方法定义字符串，其中第二个参数说明以 ASCII 码格式构造字符串。
- 第 11 行判断两种方式生成的字符和字符串是否可以互相转换，如果相等，则两种方式都可以代表 ASCII 码。

程序的执行结果如图 4-3 所示，可以看到 128 个字符全部相等，包括 95 个可见字符和 33 个控制字符。这说明 Character 对象在转换为字符串后与 String 表示的 US_ASCII 字符集是等价的，Character 类的前 128 个字符与 US_ASCII 码具有直接映射的关系。

> **注意**
>
> 通过观察并对比 String 类和 Character 类的 ASCII 码输出结果，不难发现 Character 类表示的前 128 个字符与 US_ASCII 类中的数据一致，具有可转换性，但是这并不表示 Character 类和 US_ASCII 兼容。另外，还可以尝试将代码中的 "new US_ASCII()" 替换为 "new GBK()"、"new UTF_8()" 和 "new UTF_16()"，显示结果将会不一样。

```
<terminated> PrintAsciiEqual [Java Application] C:\Program Files\Java\jdk-11.0.2\bin\javaw.exe (2021年8月29日 上午10:07:41 – 上午10:07:41)
        0x0 0x1 0x2 0x3 0x4 0x5 0x6 0x7 0x8 0x9 0xA 0xB 0xC 0xD 0xE 0xF
0x00     =   =   =   =   =   =   =   =   =   =   =   =   =   =   =   =
0x10     =   =   =   =   =   =   =   =   =   =   =   =   =   =   =   =
0x20     =   =   =   =   =   =   =   =   =   =   =   =   =   =   =   =
0x30     =   =   =   =   =   =   =   =   =   =   =   =   =   =   =   =
0x40     =   =   =   =   =   =   =   =   =   =   =   =   =   =   =   =
0x50     =   =   =   =   =   =   =   =   =   =   =   =   =   =   =   =
0x60     =   =   =   =   =   =   =   =   =   =   =   =   =   =   =   =
0x70     =   =   =   =   =   =   =   =   =   =   =   =   =   =   =   =
```

图 4-3　验证 String 类和 Character 类生成的 ASCII 码是否相等

### 4.1.2　单字节拉丁字符集 ISO-8859-1

ISO-8859-1 字符集[①]又称为 Latin-1 字符集，是一个 8 位单字节字符集，它把 ASCII 码字符集的最高位也利用起来，所表述的字符空间增加到 $2^8$=256 个，同时又兼容 ASCII 码字符集，也就是说前 128 个字符位所代表的含义与 ASCII 码表完全一致。ISO-8859-1 字符集没有全部使用新增的 128 个字符空间，而是保留了开始的 32 个字符位，所以实际只增加了 96 个字符。ISO-8859-1 字符集是国际标准化组织（International Organization for Standardization，ISO）及国际电工委员会（International Electrotechnical Commission，IEC）联合制定的一系列 8 位字符集的标准之一，此外还包括 ISO-8859-2[②]至 ISO-8859-16[③]等 15 个字符集，例如中欧语言、南欧语言和斯拉夫语言等。

【示例源码】4-4 将输出一个 16×16 的二维表格，每个单元格代表一个 ISO-8859-1 定义的字符。ISO-8859-1 字符的生成则是通过向 String 类的构造方法传入"new ISO_8859_1()"参数实现的。

【示例源码】4-4　chap04.sect01.PrintISO_8859_1

```java
1  package chap04.sect01;
2  import sun.nio.cs.ISO_8859_1;
3  public class PrintISO_8859_1 {
4    public static void main(String[] args) {
5      System.err.print("    0x0 0x1 0x2 0x3 0x4 0x5 0x6 0x7 0x8 0x9 0xA 0xB 0xC 0xD 0xE 0xF");
6      for (int i = 0; i < 256; i++) {
7        if (i % 16 == 0) {
8          System.out.print("\n0x"+Integer.toHexString(i / 16).toUpperCase()+"0  ");
9        }
```

---

① 《信息技术　8 位单字节编码图形字符集　第 1 部分：拉丁字母表 1》，即 ISO/IEC 8859-1: 1998。
② 《信息技术　8 位单字节编码图形字符集　第 2 部分：拉丁字母表 2》，即 ISO/IEC 8859-2: 1999。
③ 《信息技术　8 位单字节编码图形字符集　第 16 部分：拉丁字母表 10》，即 ISO/IEC 8859-16: 2001。

```
10      byte[] b = { (byte) (i) };
11      String iso = new String(b, new ISO_8859_1());
12      iso = iso.replaceAll("\t|\n|\r", "☺");
13      System.out.print(iso + "  ");
14  } } }
```

- 第 5 行实现用红色字体打印表头。
- 第 6 行定义整型变量 i，自增循环 256 次，正好是 $2^8$ 次，对应 8 位，也就是一个字节的长度。
- 第 8 行判断是否需要换行输出，控制每行输出 16 个字符。
- 第 11 行通过 String 类的构造方法，将 ISO-8859-1 字符集按顺序转换为 String 对象。
- 第 12 行替换掉回车、换行、Tab 等符号，保证表格输出的美观性。

输出结果如图 4-4 所示，通过输出结果可以确认两点。第一，ISO-8859-1 字符集的前 128 个字符位（前 8 行）的打印结果与 ASCII 码完全一致；第二，ISO-8859-1 新增编码的前两行 0x80 和 0x90 没有打印任何信息，这也印证了前 32 个字符位为保留区的编码规范。

图 4-4　ISO-8859-1 字符集字典表

### 1. ISO-8859-1 字符集与其他字符集的兼容性

通过 String 类的 equals(...)方法可以验证字符集的可转换性或兼容性，了解不同字符集之间的异同可以加深对字符集的了解。【示例源码】4-5 可以比较任意两个字符集的异同，本例将尝试比较 ISO-8859-1、ASCII、ISO-8859-2 等单字节字符集，观察这些字符集之间的区别和联系。

【示例源码】4-5　chap04.sect01.PrintISOEqual

```
1   package chap04.sect01;
2   ……
```

```
3  public class PrintISOEqual {
4    public static void main(String[] args) {
5      System.err.print("     0x0 0x1 0x2 0x3 0x4 0x5 0x6 0x7 0x8 0x9 0xA 0xB 0xC
   0xD 0xE 0xF");
6      for (int i = 0; i < 256; i++) {
7        if (i % 16 == 0) {
8          System.out.print("\n0x"+Integer.toHexString(i / 16).toUpperCase()+"0  ");
9        }
10       byte[] bs = { (byte) (i) };
11       String iso = new String(bs, new ISO_8859_1());
12       String asc = new String(bs, new US_ASCII());
13       if( iso.equals(asc)){
14         System.out.print( "=   ");
15 } } } }
```

- 第 11 行用字节数组 bs，按照 ISO-8859-1 字符集构造字符串。
- 第 12 行用字节数组 bs，按照 US_ASCII 字符集构造字符串。
- 第 13 行和第 14 行判断两个字符串是否相等，如果相等则打印“=”号。

【示例源码】4-5 运行结果显示两个字符集的前 128 个字符位完全相等，也可以说 ISO-8859-1 兼容 ASCII 字符集，在字节码层面可以直接替代。如果将第 12 行的“**new** US_ASCII()”换成“**new** GBK()”或者“**new** UTF_8()”，输出结果相同，也就是说 GBK 字符集和 UTF-8 字符集的前 128 个字符与 ASCII 字符集相兼容，如果换成“**new** UTF_16()”，则所有生成的字符串都不相等，因为 UTF-16 字符集最少要求两字节，所以和 ISO-8859-1 单字节码不具备可比性，更谈不上兼容性。

如果将第 12 行的“**new** US_ASCII()”换成“**new** ISO_8859_2()”，则显示结果如图 4-5 所示，说明 ISO-8859-1 字符集和 ISO-8859-2 字符集的差别不大，其中大部分的字符是相同的，只有在少部分位置上的编码不一致。

```
<terminated> PrintISOEqual [Java Application] C:\Program Files\Java\jdk-11.0.2\bin\javaw.exe (2021年8月29日 下午10:21:36 – 下午10:21:36)
     0x0 0x1 0x2 0x3 0x4 0x5 0x6 0x7 0x8 0x9 0xA 0xB 0xC 0xD 0xE 0xF
0x00  =   =   =   =   =   =   =   =   =   =   =   =   =   =   =   =
0x10  =   =   =   =   =   =   =   =   =   =   =   =   =   =   =   =
0x20  =   =   =   =   =   =   =   =   =   =   =   =   =   =   =   =
0x30  =   =   =   =   =   =   =   =   =   =   =   =   =   =   =   =
0x40  =   =   =   =   =   =   =   =   =   =   =   =   =   =   =   =
0x50  =   =   =   =   =   =   =   =   =   =   =   =   =   =   =   =
0x60  =   =   =   =   =   =   =   =   =   =   =   =   =   =   =   =
0x70  =   =   =   =   =   =   =   =   =   =   =   =   =   =   =   =
0x80  =   =   =   =   =   =   =   =   =   =   =   =   =   =   =   =
0x90  =   =   =   =   =   =   =   =   =   =   =   =   =   =   =   =
0xA0  =   =   =   =   =
0xB0  =   =   =
0xC0  =   =   =   =   =   =   =   =
0xD0  =   =   =   =   =   =   =   =
0xE0  =   =   =   =   =   =   =   =
0xF0  =   =   =   =   =   =   =
```

图 4-5　ISO-8859-1 字符集与 ISO-8859-2 字符集对比

在早期的 IDE 中，有些文本格式的默认字符集设置为 ISO-8859-1，其最大的好处就是在单字节字符集转换时，即使编码不一致，也不会造成数据丢失，所以在传递中文时比较方便处理乱码问题。

2. 通过 Character 类构造 ISO-8859-1 字符集

如前文所说，Character 类所代表的字符集在 Java 领域具有特殊地位，比较 Character 类所代表的前 256 个字符和 ISO-8859-1 字符集是否有差异非常有价值，【示例源码】4-6 对此进行了比较。

【示例源码】4-6　chap04.sect01.PrintISOByCharacter

```
1   package chap04.sect01;
2   ……
3   public class PrintISOByCharacter {
4     public static void main(String[] args) {
5       System.err.print("0x0 0x1 0x2 0x3 0x4 0x5 0x6 0x7 0x8 0x9 0xA 0xB 0xC 0xD 0xE 0xF");
6       for (int i = 0; i < 256; i++) {
7         if (i % 16 == 0) {
8           System.out.print("\n0x"+Integer.toHexString(i / 16).toUpperCase()+"0 ");
9         }
10        byte[] bs = { (byte) (i) };
11        String iso = new String(bs, new ISO_8859_1());
12        Character ch = new Character((char) i);
13        if( iso.equals(ch.toString()))
14          System.out.print( "=" );
15  } } }
```

- 第 11 行用字节数组 bs 按照 ISO-8859-1 字符集构造字符串。
- 第 12 行将整型变量 i 强制转换为 char 类型，然后用 Character 构造方法创建 Character 对象。
- 第 13 行将 ch 转换为字符串后与 iso 字符串进行比较。

运行 Java 程序后，主控台输出的结果是 256 个字符全部相等，这说明了 Character 类的前 256 个字符与 ISO-8859-1 字符集中的字符是相同的。只是需要注意的是，这里的内容相同并不表示内部的字节码一致，不能直接画等号。

### 4.1.3　双字节中文字符集 GB2312

为了在计算机中表示汉字，中国国家标准总局于 1981 年 5 月 1 日发布了《信息交换用汉字编码字符集——基本集》(GB2312-80，简称 GB2312)。GB2312 字符集规定用两个连续的数目大于等于 128 的字节表示一个汉字，位于前面的字节（高位字节）取值范围是从 0xA1 至 0xF7，位于后面的字节（即低位字节）取值范围是从 0xA1 至 0xFE，共包含

6763 个汉字和 682 个符号，包括数学符号、罗马字母、希腊字母、日文中的假名等。另外，GB2312 字符集对 ASCII 码里本来就有的数字、标点和字母又编制了一套新的长度为两字节的编码，这就是常说的"全角"字符，而原来在 128 位以下的那些符号叫"半角"字符。

为了深入了解 GB2312 字符集编码定义信息的更多细节，下面通过 Java 程序来输出 GB2312 字符集字典表，【示例源码】4-7 对高位字节和低位字节的取值范围均按照[0x80, 0xFF]采集，排除 ASCII 码内容的重复输出。

【示例源码】4-7　chap04.sect01.PrintGB2312

```java
1  package chap04.sect01;
2  public class PrintGB2312 {
3    public static void main(String[] args) throws Exception {
4      for (int i = 0x80; i <= 0xff; i++) {
5        System.out.print("\n0x" + Integer.toHexString(i).toUpperCase() + " ");
6        for (int j = 0x80; j <= 0xff; j++) {
7          byte[] bs = { (byte) i, (byte) j };
8          String gb2312 = new String(bs, "GB2312");
9          System.out.print(gb2312);
10  } } } }
```

- 第 4 行定义整型变量 i 作为 GB2312 字符集的高位字节，循环范围为[0x80,0xFF]。
- 第 6 行定义整型变量 j 作为 GB2312 字符集的低位字节，循环范围为[0x80,0xFF]。
- 第 7 行将高位字节和低位字节拼接为字节数组，作为 String 类构造方法的入参。
- 第 8 行利用 String 类的构造方法创建 GB2312 字符集中的字符。

注意

因为输出的内容较多，可以在 Eclipse 中设置 Console 窗口的输出参数，在主控台上单击鼠标右键，选择"Word Wrap"，可以取消自动换行。

代码执行结果如图 4-6 所示，执行结果表明 GB2312 字符集从第 0xA1 行开始编码，靠前位置的编码主要是符号、拼音、日文字母等，汉字的编码从第 0xB0 行开始，到第 0xF7 行结束，一共 72 行，每一行的编码从第 0xA1 列开始，到第 0xFE 列结束，一共 94 列，所以可以表示汉字的码位有 72×94=6768 个。从输出结果中还可以观察到第 0xD7 行的最后五个码位没有做汉字编码，所以 GB2312 字符集一共定义了 6763 个汉字。

如果将【示例源码】4-7 中第 4 行的取值范围设置为 0xB0～0xF7，第 6 行的取值范围设置为 0xA1～0xFE，则输出内容可以完整覆盖 GB2312 字符集中的全部汉字。

细心的读者可能已经发现，在【示例源码】4-7 第 8 行使用 String 构造方法创建字符串时，第二个参数没有使用"new GB2312()"这样的语法，这是因为在 JDK 源码中，没有为 GB2312 提供同名类，而为 ISO-8859-1、GBK 等字符集都提供了同名类。为了找到真正代表 GB2312 字符集的类，下面将对 JDK 中的源码进行跟踪分析。

图 4-6　GB2312 字符集字典输出

1. 发掘真正的 GB2312 字符集定义类

为了查找 GB2312 字符集在 JDK 中对应的实现类，需要对 JDK 底层源码通过单步调试的方式进行逐步分析。简单的查找思路就是一路跟踪 String 构造方法中传入的"GB2312"字符串，直至找到某段代码并根据该字符串创建一个 Charset 抽象类的子类。程序单步执行到 Charset.lookup()方法时的轨迹信息如图 4-7 所示。

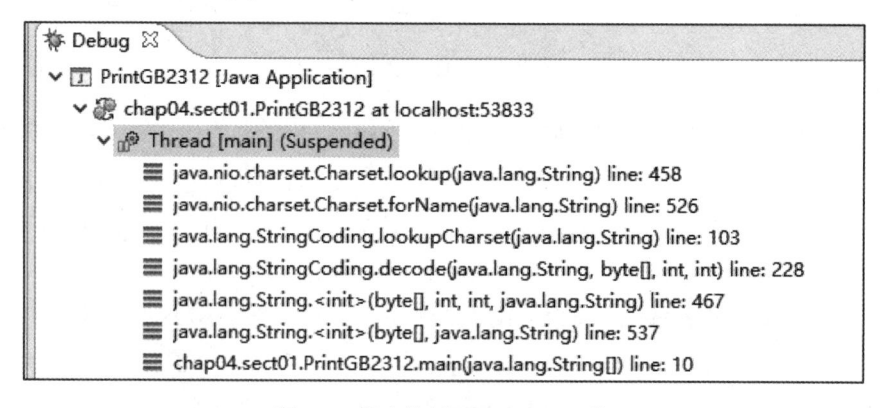

图 4-7　单步执行 PrintGB2312 类

实现这一思路的具体操作就是在【示例源码】4-7 中的第 8 行设置断点，开启 Debug 模式，以 Step Into 方式持续向底层方法跟进，执行逻辑将进入 Charset 类的 lookup(...)方法。【源码】4-1 展示了该类中的 lookup(...)方法。

【源码】4-1　java.nio.charset.Charset

```java
1    private static Charset lookup(String charsetName) {
2        if (charsetName == null)
3            throw new IllegalArgumentException("Null charset name");
4        Object[] a;
5        if ((a = cache1) != null && charsetName.equals(a[0]))
6            return (Charset)a[1];
7        // We expect most programs to use one Charset repeatedly.
8        // We convey a hint to this effect to the VM by putting the
9        // level 1 cache miss code in a separate method.
10       return lookup2(charsetName);
11   }
```

- 第 1 行的 lookup(...)方法入参是字符串，返回值是 Charset 类型，从这里可以看出从字符串转换为字符集是在该方法内。
- 第 5 行判断 a[0]元素是否等于传入的字符串参数"GB2312"，在单步调试的时候，程序将进入 if 语句块。
- 第 6 行返回查找到的字符集对象，该对象来自数组 a 中的第二个元素，至于数组 a 在何时以何种方式创建，则还需要进一步分析。

单步执行到【源码】4-1 的第 6 行时，数组变量 a 的监控信息如图 4-8 所示，数组 a 的第二个参数是 EUC_CN 类，EUC_CN 中的变量 b2cStr 是一个长度为 256 的字符串数组，图中截取的部分内容与图 4-6 中的输出内容一致。由此可知，JDK 中的 EUC_CN 类即代表 GB2312 字符集。

图 4-8　类 EUC_CN 初始化后的信息展示

## 2. 灵活使用类加载断点

从前文介绍的断点跟踪可以获悉，EUC_CN 类的初始动作其实在 lookup(...)方法调用前就已经完成，为了进一步确认 JDK 底层如何将字符串"GB2312"转换成 EUC_CN 对象，需要用到 2.4.1 节中讲述的类加载断点技术，如图 4-9 所示，对 sun.nio.cs.ext.EUC_CN 类添加类加载断点，当该类第一次加载时进入此断点。

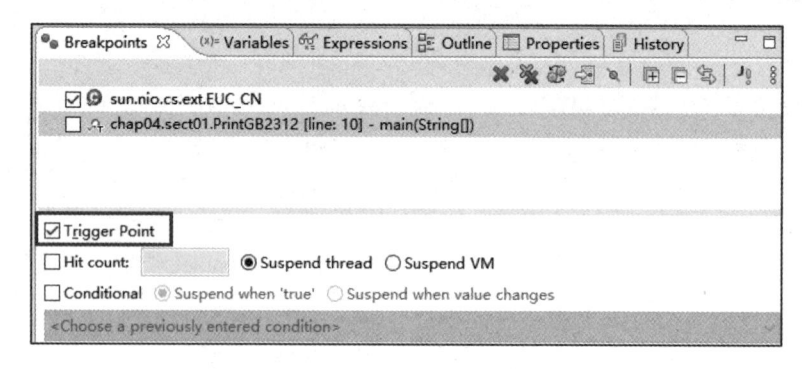

图 4-9　EUC_CN 类初始化的断点信息

通常情况下，程序在执行过程中可能会多次创建类的实例，为了精准控制断点发生于特定代码执行之后，可以在特定位置添加断点。本例中在【示例源码】4-7 的第 8 行添加断点，然后再将该断点设置为 Trigger Point 类型。

进入"Class load:sun.nio.cs.ext.EUC_CN"断点后的情形如图 4-10 所示，断点停留于 AbstractCharsetProvider 类的第 147 行，执行 Class.forName(...)方法前，先将变量 packagePrefix 和 cln 进行拼接，形成完整的类名"sun.nio.cs.ext.EUC_CN"，而变量 cln 又是通过变量 csn="GB2312"从 classMap 集合中获取的。至于 classMap 集合对象如何完成初始化，还需要采取新的手段作进一步分析。

图 4-10　EUC_CN 类初始化时的单步调试信息

### 3. 灵活使用成员变量观察断点

为了进一步研究图 4-10 中 classMap 集合对象的初始化，可以通过对成员变量 classMap 添加观察断点来实现，因为研究的目标是观察与 GB2312 字符集相关的内容何时写入 classMap 集合对象，所以只需要勾选"Modification"，断点正确设置效果如图 4-11 所示。

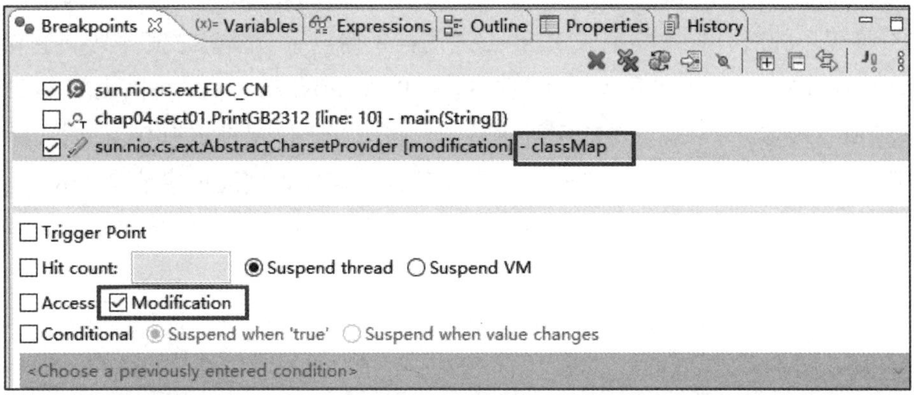

图 4-11　EUC_CN 类初始化时 classMap 对象的观察断点

在对成员变量 classMap 添加断点的基础上，重新以 Debug 模式运行代码，程序运行轨迹的栈顶将定位于 AbstractCharsetProvider 类中，堆栈的第二层定位于 ExtendedCharsets 类的构造方法内，如【源码】4-2 所示，其中出现了关键字"GB2312""EUC_CN"等信息。

【源码】4-2　sun.nio.cs.ext.ExtendedCharsets

```
1   package sun.nio.cs.ext;
2   ……
3   public class ExtendedCharsets extends AbstractCharsetProvider {
4       static volatile ExtendedCharsets instance = null;
5       public ExtendedCharsets() {
6           super("sun.nio.cs.ext");  // identify provider pkg name.
7           ……
8           charset("GB2312", "EUC_CN",
9               new String[] {
10                  "gb2312", "gb2312-80", "gb2312-1980", "euc-cn",
11                  "euccn", "x-EUC-CN", "EUC_CN",
12              });
13          ……
```

- 第 8 行的 charset(...)方法在集合中维护了 GB2312 字符集与 JDK 底层类名之间的映射关系。
- 第 10 行和第 11 行定义了 GB2312 字符集的多个别名，主要考虑了兼容大小写和下划线等情况，如果将【示例源码】4-7 中第 8 行的"GB2312"字符串换成其中任意一个别名，程序将同样通过 GB2312 字符集实现输出。

### 4.1.4　汉字扩展库 GBK 与 CP936 代码页

GBK 字符集编码全称为《汉字内码扩展规范》，于 1995 年 12 月 15 日发布，是国家技术监督局为 Windows 95 操作系统所制定的汉字内码规范。GBK 本身不属于国标，它兼容了国家标准 GB2312-80 字符集，并包含国家标准 GB13000-1[①]中的全部中日韩汉字和 BIG5 编码中的所有繁体汉字。GBK 编码同样采用双字节编码方案，高位字节编码范围为 0x81~0xFE，低位字节编码范围则扩展为 0x40~0xFE，并去掉中间的 0x7F，总共有 126×190=23940 个码点。GBK 字符集将低位字节开始位置设定为 0x40 后，释放了更多的字符表示空间，同时汉字的判断标准则调整为只需要识别高位字节是否大于 127 即可。【示例源码】4-8 通过嵌套循环 GBK 字符集的高位字节和低位字节，向主控台输出了 GBK 字典表。

【示例源码】4-8　chap04.sect01.PrintGBK

```java
1  package chap04.sect01;
2  import sun.nio.cs.GBK;
3  public class PrintGBK {
4    public static void main(String[] args) throws Exception {
5      for( int i =0x80; i <= 0xff; i++ ) {
6        System.out.print( "\n0x" + Integer.toHexString(i) + "00 ");
7        for( int j = 0x40; j <= 0xff; j++ ) {
8          byte[] b = { (byte) i, (byte) j };
9          String s = new String( b, new GBK());
10         s = s.replaceAll( "[\t\b\n\f\r]", "☺");
11         System.out.print(s);
12  } } }
```

- 第 5 行 for 循环的范围为[0x80,0xFF]，覆盖高位字节的取值范围。
- 第 7 行 for 循环的范围为[0x40,0xFF]，覆盖低位字节的取值范围。
- 第 8 行将高位字节与低位字节组合成为一个双字节的字节数组。
- 第 9 行使用 String 类的构造方法，将字节数组以 GBK 字符集的形式生成 Java 字符串。
- 第 11 行向主控台输出 GBK 字符集字典表。

运行【示例源码】4-8 后，主控台将输出 GBK 字符集字典表，如图 4-12 所示。GBK 的高位字节从第 0x81 行开始填充了汉字内容，而最后一行 0xFF 则保留未用。因为 GBK 字符集兼容了 GB2312 字符集，所以在主控台中搜索 GB2312 字符集编码中的第一个汉字"啊"，可以发现第 0xB0 行中间位置连续输出了与 GB2312 字符集相同的"啊阿埃挨哎

---

[①] 目前此标准已作废，新的标准《信息技术 中文编码字符集》(GB 18030−2022) 于 2023 年 8 月 1 日起正式实施。

唉……"等汉字。

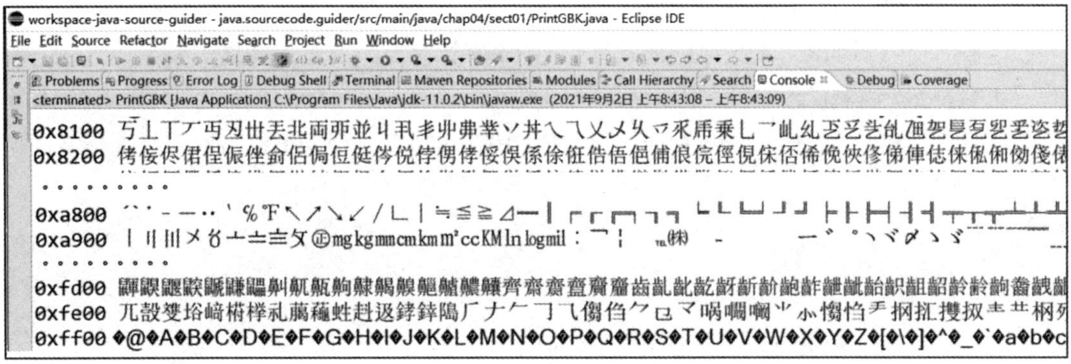

```
0x8100 丂上丅丆万丌乇...
0x8200 ...
0xa800 ...
0xa900 ...
0xfd00 ...
0xfe00 ...
0xff00 ＠ＡＢＣＤＥＦＧＨＩＪＫＬＭＮＯＰＱＲＳＴＵＶＷＸＹＺ[\¥]^_`ａｂｃ
```

图 4-12  GBK 字符集字典表

【示例源码】4-8 中第 9 行展示了通过 new GBK()的方式，创建字符集对象并完成字符串初始化的工作。那么，能否以别名的方式初始化 GBK 字符集呢？别名是否同样支持多种书写形式呢？答案当然是肯定的，下面将通过研究源码来验证。首先想到的方式就是对 GBK.class 类添加类加载断点，当该类被加载时，其上下文或许可以提供有价值的线索。然而，这个方法在此处不可行，因为在进入应用程序的 main(...)方法之前，GBK.class 类已经完成了初始化，所以断点无法挂起。简单的策略就是在【示例源码】4-8 中的第 9 行添加行断点，再利用 Step Into 方式单步进行调试。【源码】4-3 摘录了 JDK 中控制 GBK 字符集初始化的关键代码，其中对 GBK 字符集别名的定义一目了然。需要特别注意的是，下面这个源码的包路径是 sun.nio.cs，不要与 java.nio.charset 包路径下的同名类混淆。

【源码】4-3    sun.nio.cs.StandardCharsets（一）[①]

```java
 1  package sun.nio.cs;
 2  public class StandardCharsets extends CharsetProvider {
 3      ......
 4      static String[] aliases_GBK() { return new String[] {
 5          "windows-936",
 6          "CP936",
 7      } };
 8      ......
 9      private static final class Aliases extends sun.util.PreHashedMap<String>{
10          protected void init(Object[] ht) {
11              ht[207] = new Object[] { "cp936", "gbk" };
12              ht[530] = new Object[] { "windows-936", "gbk" };
13              ......
```

---

[①] JDK 源码中存在 CP936 和 cp936 两种表述方式，实际指向的是同一个字符集。

- 第 4 行定义方法 aliases_GBK()返回 GBK 字符集的别名，支持形式为"windows-936"和"CP936"。
- 第 11～12 行以二维数组的形式维护 GBK 字符集与其别名的映射关系。

在 Windows 操作系统上，字符集以代码页（Code Page）的形式存在，其中 CP936 即表示 GBK 字符集。在 Windows 命令行执行"CHCP 936"命令，可以将当前终端环境切换为 GBK 字符集。

```
1  C:\>CHCP 936
2  活动代码页：936
```

### 4.1.5　Windows 操作系统中的 ANSI

在 Windows 操作系统上使用 Notepad 等文本编辑器操作文本文件时，在字符集设置选项清单中提供了 ANSI[①]选项。ANSI 并非特指某个字符集，微软公司将不同区域的本地编码方式统称为 ANSI，当操作系统底层设定为不同的国家或地区时，ANSI 具有不同的含义，微软官方网站对各个国家或地区的 ANSI 字符编码的定义如图 4-13 所示。各个国家或地区所独立制定的本地编码兼容 ASCII 字符集，但不兼容于其他国家的本地编码，所以采用 ANSI 命名方法并没有给不同国家的数据交互带来便利。

如图 4-14 所示，在 UltraEdit 编辑器底部工具条上的字符集选择列表中，同样详细地列出了 ANSI 编码与实际国家或地区的对照关系。

| ID. | .NET Name | Additional information |
| --- | --- | --- |
| 932 | shift_jis | ANSI/OEM Japanese; Japanese (Shift-JIS) |
| 936 | gb2312 | ANSI/OEM Simplified Chinese (PRC, Singapore); Chinese Simplified (GB2312) |
| 949 | ks_c_5601-1987 | ANSI/OEM Korean (Unified Hangul Code) |
| 950 | big5 | ANSI/OEM Traditional Chinese (Taiwan; HongKong SAR, PRC; Chinese Traditional (Big5) |
| 1250 | windows-1250 | ANSI Central European; Central European (Windows) |
| 1251 | windows-1251 | ANSI Cyrillic; Cyrillic (Windows) |
| 1252 | windows-1252 | ANSI Latin 1; Western European (Windows) |

图 4-13　微软官方定义 ANSI

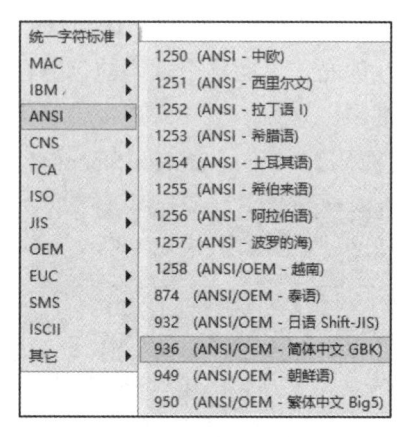

图 4-14　UltraEdit 编辑器设置 ANSI

## 4.2　统一码（Unicode）

统一码（Unicode），又称万国码、国际码、单一码等，是计算机科学领域的业界标准。它整理提供单一、综合的字符集，编码了世界上大部分的文字系统，包括一切现代字

---

① 在搜索引擎中检索"ANSI Code Page Identifiers"关键字，可以搜索到 Microsoft 官网关于 ANSI 的定义信息。

符与大部分历史文献中的字符，使电脑可以用更为简单的方式来呈现和处理文字。Unicode 的发展由非营利机构统一码联盟（又称 Unicode 联盟）负责。该机构致力于让 Unicode 方案取代既有的字符编码方案，因为既有的方案往往空间非常有限，也不适用于多语言环境。

一个 Unicode 的字符在表示时，通常会用"U+"开头，然后紧接一组十六进制的数字来表示一个字符。在基本多文种平面（Basic Multilingual Plane，BMP，又称为"零号平面"或 Plane 0）里的所有字符，要用四个十六进制数字来表示，在基本多文种平面以外的字符则需要使用五个或六个十六进制数字表示。而辅助多文种平面（Supplementary Multilingual Plane，SMP）的工作主要集中在第二平面和第三平面的中日韩统一表意文字。

Unicode 编码的前 128 个字符与 ASCII 编码的内容一致，Unicode 编码的前 256 个字符则与 ISO-8859-1 字符集的内容保持顺序一致。

### 4.2.1 动手制作 Unicode 字典表

根据前面对 Unicode 字符集的定义可知，Unicode 一共有 17 个多文种平面，每个平面内是一个 char 类型的数字空间，即共有 $2^8 \times 2^8 = 65536$ 个码点。在 Java 语言中，Character 类与 Unicode 字符集有着天然的联系，下面将使用 Character 类来输出 Unicode 字典表。【示例源码】4-9 通过三层嵌套循环向主控台输出了完整的 Unicode 字符集。

【示例源码】4-9　chap04.sect02.PrintUnicode

```java
1  package chap04.sect02;
2  public class PrintUnicode {
3   public static void main(String[] args) throws Exception {
4    for (int i = 0; i < 17; i++) {
5     System.out.println("plane: " + i);
6     for (int j = 0; j < 256; j++) {
7      System.out.print("0x" + Integer.toHexString(j) + "-");
8      for (int k = 0; k < 256; k++) {
9       char[] chars = Character.toChars(i * 256 * 256 + j * 256 + k);
10      if (chars[0] != '\n' && chars[0] != '\r') {
11       System.out.print(chars);
12      } }
13     System.out.println("");
14  } } } }
```

- 第 4 行通过 for 循环遍历 17 个多文种平面，遍历范围为[0,17)。
- 第 6 行循环 $2^8$=256 次，代表每个平面内的高位字节。
- 第 8 行循环 $2^8$=256 次，代表每个平面内的低位字节。
- 第 9 行调用 Character 类的 toChars(...)方法，将字符的码点值转换为 char[]数组。

- 第 10 行过滤掉部分控制字符的输出，避免输出格式混乱。
- 第 11 行每次向主控台打印一个 Unicode 字符。

Unicode 字典表输出结果的删减版如图 4-15 所示。在 "plane: 0" 中，输出的前 256 个字符与 ISO-8859-1 字符集输出的内容一致，证明两套字符集的编码顺序完全一致。在 "plane: 1" 中摘录了部分表情字符，这些表情字符是随着互联网的蓬勃发展而逐步加入的。在 "plane: 2" 中则编排了部分汉字。

```
plane: 0
0x0-     !"#$%&'()*+,-./0123456789:;<=>?@ABCDEFGHIJKLMNOPQRSTUVWXYZ[\]^_`abcd ......
0x1-ĀāĂăĄąĆćĈĉĊċČčĎďĐđĒēĔĕĖėĘęĚěĜĝĞğĠġĢģĤĥĦħĨĩĪīĬĭĮįİıĲĳĴĵĶķĸĹĺĻļĽľĿŀŁłŃńŅņŇňŉŊŋ ......
......
0x4e-一丁丂七丄丅丆万丈三上下丌不与丏丐丑丒专且丕世丗丘丙业丛东丝丞丟丠両丢丣两 ......
0x4f-伀企伂伃伄伅伆伇伈伉伊伋伌伍伎伏伐休伒伓伔伕伖众优伙会伛伜伝伞伟传伡伢伣 ......
......
0xfe-    ʻ ` ˘ ˙ ¨ ˚ ˝ ﹏ ˛                      -                                  ：|  ......
0xff-  ！ "＃＄％＆'（）＊＋，－．／０１２３４５６７８９：；＜＝＞？＠ＡＢＣＤＥ ......
......
plane: 1
0xf5-⛌⛍⛎⛏⚙☀⛑🔊🔉🔈📱🔍🔎🔦🔭⛓🔗🔔⛉⛊💊💿⏹⏺⏪⏩ ......
0xf6-😀😁😂😃😄😅😆😇😈😉😊😋😌😍😎😏😐😑😒😓😔😕😖😗 ......
......
plane: 2
0x0-𠀀𠀁𠀂𠀃𠀄𠀅𠀆𠀇𠀈𠀉𠀊𠀋𠀌𠀍𠀎𠀏𠀐𠀑𠀒𠀓𠀔𠀕𠀖𠀗𠀘𠀙𠀚𠀛𠀜𠀝𠀞𠀟 ......
0x1-𠁠𠁡𠁢𠁣𠁤𠁥𠁦𠁧𠁨𠁩𠁪𠁫𠁬𠁭𠁮𠁯𠁰𠁱𠁲𠁳𠁴𠁵𠁶𠁷𠁸𠁹𠁺𠁻𠁼𠁽𠁾𠁿 ......
......
```

图 4-15 Unicode 字典表截取

### 4.2.2 Unicode 字符集知识体系

Unicode 是所有字符集的集大成者，它是 Unicode 联盟与国际标准化组织在协调一致的基础上实现的字符集规范，目前已经在计算机领域获得了广泛的推广和使用。Unicode 字符集作为数据交换的基础，在编程领域当然需要熟练掌握。例如，Java 编译后的字节码、JVM 中的字符和字符串表示、序列化和反序列化的转换逻辑、字符串打印输出等，都直接或间接地在操作 Unicode 字符集，所以必须深入掌握 Unicode 字符集。下面对 Unicode 字符集中的关键概念进行统一介绍。

1. 码点（Code Point）

在 Unicode 字符集中，一个码点代表了一个具体的文字，在 Unicode 整个命名空间中，可用码点范围为 0～0x10FFFF。在 java.lang.String 类中，通过 codePointAt(...)方法可以返回字符串指定位置的某个字符在 Unicode 字符集中的码点，也就是该文字在 Unicode 字符集中的顺序号。而在 java.lang.Character 类中，通过方法 toChars(int codePoint)可以根据码点值返回一个 char[]数组，从定义即可以看出该方法支持码点范围大于 0xFFFF 的文字。

2. 编码单元（Code Unit）

编码单元是指用于表示 Unicode 码点的最小数据单位。具体而言，编码单元的大小和数量取决于具体的字符编码，接下来介绍几种常见的字符编码。

（1）UTF-8

每个编码单元是一个 8 位的字节（byte），UTF-8 字符编码中的每个文字可能由 1～4 个字节组成。

（2）UTF-16

每个编码单元是一个 16 位的字符（char），UTF-16 字符编码中的每个文字可能由 1～2 个 char 组成。

（3）UTF-32

每个编码单元是一个 32 位的整型（int），UTF-32 字符编码中的每个文字总是由 1 个 int 组成。

3. 基本多文种平面（BMP）和辅助多文种平面（SMP）

基本多文种平面又称零平面（Plane 0），是 Unicode 中的一个编码区段，编码范围从 0x0000 至 0xFFFF。辅助多文种平面一共有 16 个，目前用到了其中的 5 个，其中第 3 平面主要是表意文字，第 15 和 16 平面则作为保留区，用于企业自定义区域。

4. 大端序（BE）与小端序（LE）

计算机领域的大端序和小端序的概念与多字节存储访问有关，主存访问时，存储器低字节地址单元的数据表示高位字节时称之为大端序，反之则称之为小端序。例如，十六进制数字 0xABCD 占用两个字节，如果以大端序存储，则表现形式为 0xABCD；如果用小端序存储，则表现形式为 0xCDAB。用大端序存放数据符合人类的正常思维，而用小端序存放则有利于计算机处理。不同的处理器对于大端序和小端序的支持有不同的取向，这也是低级语言需要在特定的处理器上编译不同的发行版的原因之一。

大端序/小端序的选择不仅涉及硬件层面的主存、寄存器、系统总线和指令集等，对于软件层面的编程语言、字符编码和网络通信等同样需要做出选择。在 Java 语言层面，规定了字节码以大端序存储。在 Unicode 字符集的编码方案上，JDK 发布包中内置了十一套双字节或四字节编码方案，其中既有大端序，也有小端序，还有根据上下文动态设定的字符集。本书 4.2.3 节将分别对比 UTF-16、UTF-16BE、UTF-16LE 字符编码和 UTF-32、UTF-

32BE、UTF-32LE 字符编码。

5. 字节顺序标记（BOM）

字节顺序标记（BOM）是为 UTF-16 和 UTF-32 字符编码而准备的，用于标记字节顺序。UTF-8 不需要 BOM，所以尽管 Unicode 标准允许在 UTF-8 中使用 BOM，但不含 BOM 的 UTF-8 才是标准形式。UTF-16 的大端序 BOM 为"FEFF",小端序为"FFFE"。"0000FEFF"是 UTF-32 的大端序 BOM,"FFFE0000"是小端序的 BOM，后文中【示例源码】4-11 和【示例源码】4-12 将对此作对比展示。

微软在 UTF-8 格式的文本文件头信息中使用 BOM，因为这样做可以把 UTF-8 编码和 ASCII 编码等明确区分开。但这样的文件在 Windows 之外的操作系统里会带来问题，因为有些系统或程序不支持 BOM。另外，把带有 BOM 的小端序 UTF-16 称作"Unicode"也是微软的习惯，使用时需要根据上下文场景仔细甄别。万维网联盟定义的 XML 文件读取规则同样和 BOM 有关联：

（1）如果文档中有 BOM，则遵循 BOM 中的文件编码。

（2）如果文档中没有 BOM，则查看 XML 声明中的编码属性。

（3）如果上述两者都未定义，则默认采用 UTF-8 编码。

6. 代理对（Surrogate Pair）

代理对专门用于扩展早期 UTF-16 编码并保持兼容性，辅助多文种平面中的字符用两个 char 类型变量联合表示，代理对则特指用于识别辅助多文种平面字符的特殊前缀标记。其中，0xD800～0xDBFF（前缀为 110110）之间的数据称为高位代理（High Surrogates），0xDC00～0xDFFF（前缀为 110111）之间的数据称为低位代理（Low Surrogates）。单个 char 类型变量除去 6 位固定前缀后，剩余有效表示位数为 10 位，所以代理对可以表达 $2^{10} \times 2^{10}$ = 0x100000 个字符。再加上 BMP 中可以表达的字符数，Unicode 的字符集可表示的上限码点为 0x10FFFF。

### 4.2.3 基于 Unicode 字符集的六大编码辨析

基于 Unicode 字符集，JDK 11 中定义了 11 套字符编码与之对应，比较常见的是 UTF-8、UTF-16、UTF-32 等，不同的编码有着不同的编排算法和适用场景。

1. UTF-8 字符编码与 CP65001 代码页

互联网的全球化普及对高效统一的字符编码方式提出了强烈的需求，作为 Unicode 字符集中最为轻量级的编码，UTF-8 字符编码逐步成为主流的字符编码。UTF-8 是一种长度最少为 1 字节的变长编码方案，当长度为 1 字节时，UTF-8 编码和 ASCII 字符集兼容，当长度为 $n$ 字节时，第 1 个字节的前 $n$ 位都设置为 1，第 $n$ + 1 位设置为 0，其余字节的前缀一律设置为 10。

UTF-8 字符编码可以用来表示 Unicode 字符集中的任何字符，而且因为其与 ASCII 字符集兼容，处理 ASCII 字符的软件基本无须修改便可继续使用。因此，UTF-8 字符编码逐渐成为电子邮件、网页及其他存储或传送文字的应用中优先采用的编码。表 4-1 详细地说明了 UTF-8 字符编码规则。

表 4-1  UTF-8 字符编码规则

| Unicode/UCS-4 | 最多位数 | UTF-8 | 字节数量 | 备注 |
|---|---|---|---|---|
| 0000~007F | 7 | 0XXX XXXX | 1 | |
| 0080~07FF | 11 | 110X XXXX<br>10XX XXXX | 2 | |
| 0800~FFFF | 16 | 1110 XXXX<br>10XX XXXX<br>10XX XXXX | 3 | 基本定义范围：0~FFFF |
| 1 0000~1F FFFF | 21 | 1111 0XXX<br>10XX XXXX<br>10XX XXXX<br>10XX XXXX | 4 | Unicode6.1 定义范围：0~10 FFFF |
| 20 0000~3FF FFFF | 26 | 1111 10XX<br>10XX XXXX<br>10XX XXXX<br>10XX XXXX<br>10XX XXXX | 5 | 说明：此非 Unicode 编码范围，属于 UCS-4 编码。<br>早期的规范中 UTF-8 字符编码可以到达 6 字节序列，可以覆盖到 31 比特位（通用字符集原来的极限）。尽管如此，2003 年 11 月 UTF-8 被 RFC 3629 重新规范，只能使用原来 Unicode 定义的区域，U+0000 到 U+10FFFF。根据规范，这些字节值将无法出现在合法的 UTF-8 序列中 |
| 400 0000~7FFF FFFF | 31 | 1111 110X<br>10XX XXXX<br>10XX XXXX<br>10XX XXXX<br>10XX XXXX<br>10XX XXXX | 6 | |

对比不同字符的转换效果对于学习字符编码规则非常有帮助，【示例源码】4-10 对比了 4 个字符的二进制码点值、十六进制码点值和 UTF-8 编码的二进制内容，对于字节的编码规则一目了然，而且可以达到举一反三的效果。

【示例源码】4-10  chap04.sect02.PrintUTF8

```
1  package chap04.sect02;
2  public class PrintUTF8 {
3      public static void main(String[] args) throws Exception {
4          String[] arr = { "#", "A", "写", "工" };
5          for (String str : arr) {
6              System.out.print( Integer.toBinaryString(str.codePointAt(0)));
7              System.out.print( String.format("[0x%x", str.codePointAt(0)) + "]\t - ");
```

```
 8          for (byte b : str.getBytes("UTF-8")) {
 9              System.out.print(String.format("%08d",
                        Integer.parseInt(Integer.toBinaryString(b & 0xff))));
10              System.out.print("[" + String.format("%02x", b) + "]" + " ");
11          }
12          System.out.println("");
13      } } }
```

- 第 4 行定义字符串数组 arr，其中的 4 个字符对应于图 4-15 中灰色背景标注的 4 个字符，对应的 UTF-8 编码长度分别为 1~4 个字节。
- 第 6 行以二进制形式打印 4 个字符的 Unicode 码点值。
- 第 7 行以十六进制形式打印 4 个字符的 Unicode 码点值。
- 第 9 行以二进制形式打印 UTF-8 编码时的每个字节值。
- 第 10 行以十六进制形式打印 UTF-8 编码时的每个字节值。

4 个字符的 UTF-8 字符编码输出结果如图 4-16 所示，其中左侧字符的 Unicode 码点以二进制和十六进制形式展示，右侧按 UTF-8 字节形式展示，其中标注灰色背景的部分为 UTF-8 的前缀描述信息，斜体表示的 "0" 为空位填充，在拼接完整字符时将其忽略。如果去掉右侧字符的斜体部分和灰色背景部分的数字，则左右两侧的二进制表示形式完全等价。

```
                     100011[0x23]      -  00100011[23]
                100 000100[0x104]      -  11000100[c4] 10000100[84]
        100 111000 000010[0x4e02]      -  11100100[e4] 10111000[b8] 10000010[82]
100000 000000 000100[0x20004]      -  11110000[f0] 10100000[a0] 10000000[80] 10000100[84]
```

图 4-16　不同长度的字符按 UTF-8 字符编码输出对比

2. Unicode、UTF-16、UTF-16BE、UTF-16LE 字符编码甄别

UTF-16[①]是 Unicode 字符的双字节（最少 2 字节）编码方案，对于码点范围在 0~FFFF 之间的字符，UTF-16 使用 2 字节存储，并且直接存储 Unicode 码点值，不用进行编码转换；对于码点范围在 0x10000~0x10FFFF 之间的字符，UTF-16 使用两个 char 类型表示，以代理对的形式标记高位字符和低位字符。

Unicode 早期版本的字符集表示范围为 0~0xFFFF 之间，UTF-16 以定长的方式表示字符，在字符串操作时大大简化了操作，这也是 Java 以 UTF-16 作为内存的字符存储格式的一个很重要的原因。UTF-16 的缺点在于，对于单字节字符集，同样固定使用两个字节表示会使存储空间浪费一半，给网络传输带来不必要的消耗。

JDK 中附带的 sun.nio.cs.StandardCharsets 类映射了 UTF-16 字符编码与其别名的对应关系，如【源码】4-4 所示，字符集 UTF-16 的别名包括了 "UTF_16" "utf16" "unicode"

---

① 在 java.lang.Character 类中对 UTF-16 字符编码有详细介绍，查看该类的 Java DOC 可以获取更多信息。

"UnicodeBig"等。需要强调的是，当 Java 代码中以"unicode"关键字初始化字符串时，其编码和解码规则特指 UTF-16 字符编码，不能与 Unicode 字符集混为一谈。

【源码】4-4　sun.nio.cs.StandardCharsets（二）

```java
package sun.nio.cs;
public class StandardCharsets extends CharsetProvider {
    static String[] aliases_UTF_16() { return new String[] {
            "UTF_16", "utf16", "unicode", "UnicodeBig",
    } };
    static String[] aliases_UTF_16BE() { return new String[] {
            "UTF_16BE", "ISO-10646-UCS-2", "X-UTF-16BE", "UnicodeBigUnmarked",
    } };
    static String[] aliases_UTF_16LE() { return new String[] {
            "UTF_16LE", "X-UTF-16LE", "UnicodeLittleUnmarked",
    } };
    static String[] aliases_UTF_16LE_BOM() { return new String[] {
            "UnicodeLittle",
    } };
```

- 第 4 行清楚地表明，在 Java 语言中，别名"unicode"特指 sun.nio.cs.UTF_16.class 类对应的字符编码。
- 第 7 行别名"ISO-10646-UCS-2"代表了国际标准化组织的 ISO-10646 标准，这里印证了 Unicode 联盟与国际标准化组织制定的标准是相互兼容的，UTF-16 等效于 ISO 组织的 UCS-2，同理，UTF-32 等效于 UCS-4。

在 JDK 中，已经内置了众多的字符集及字符编码，通过 java.lang.String 类中提供的 getBytes(...)方法可以将字符串按不同的字符编码转换为字节数组。【示例源码】4-11 有针对性地演示了五种常见的 UTF-16 字符编码格式，包括大端序、小端序、含 BOM 和不含 BOM 等不同类型。

【示例源码】4-11　chap04.sect02.PrintUTF16

```java
package chap04.sect02;
public class PrintUTF16 {
  public static void main(String[] args) throws Exception {
    String s = "工";
    char[] charArray = s.toCharArray();
    String[] arr={"utf-16be","utf-16le","unicode","utf-16","UnicodeLittle"};
    for (String cs : arr) {
      System.out.print("\n" + String.format("%14s", cs) + " ");
      for (byte b : s.getBytes(cs)) {
        System.out.print(String.format("%08d",
                    Integer.parseInt(Integer.toBinaryString(b & 0xff))));
```

```
11              System.out.print("[" + String.format("%02x", b) + "]" + " ");
12    } } } }
```

- 第 4 行初始化字符"𠀄",其 Unicode 码点值为 0x2_00_04,属于第三语言平面中的第 5 个字符。
- 第 5 行将字符"𠀄"转换为 char[]数组类型,用于对比 String 和 char 类型对象在内存中的字节序。
- 第 6 行定义 5 个以字符编码名称或别名定义的字符串数组。
- 第 8 行打印字符编码或别名名称。
- 第 10 行以二进制形式打印各个字节。
- 第 11 行以十六进制形式打印各个字节。

五个字符编码或字符编码别名的对比如图 4-17 所示,对比第一行和第二行可以看出,大端序和小端序的差异是单个 char 类型对象内部两个字节之间的顺序是否反转,当字符需要用两个 char 类型对象来表达时,两个 char 类型对象之间的顺序不作调整。另外从【源码】4-4 可以看出,"unicode"和"utf-16"都是 UTF-16 字符集的别名,在输出内容中保留了大端序形式的 BOM。而"utf-16be"和"utf-16le"字符编码中已经指定了大端序和小端序特征,所以其输出字节数组时没有附加 BOM 前缀。

| utf-16be | | | 11011000[d8] | 01000000[40] | 11011100[dc] | 00000100[04] |
| utf-16le | | | 01000000[40] | 11011000[d8] | 00000100[04] | 11011100[dc] |
| unicode | 11111110[fe] | 11111111[ff] | 11011000[d8] | 01000000[40] | 11011100[dc] | 00000100[04] |
| utf-16 | 11111110[fe] | 11111111[ff] | 11011000[d8] | 01000000[40] | 11011100[dc] | 00000100[04] |
| UnicodeLittle | 11111111[ff] | 11111110[fe] | 01000000[40] | 11011000[d8] | 00000100[04] | 11011100[dc] |

图 4-17　UTF-16 系列编码对比

为了比较 String 类型和 char 类型在 JVM 中字节序的排列方式,可以在【示例源码】4-11 的第 7 行设置断点,在调试窗口中可以观察到具体的排列形式。Eclipse 环境在调试模式下的变量查看窗口如图 4-18 所示,字符串"s"的内部以字节数组的形式保存字符内容,展示为"0x40 0xd8 0x4 0xdc",其字节序是按照小端序保存的。变量 charArray 在 JVM 中的存储形式为"\ud840 \udc04",显示为大端序形式。通过深入分析源码,可以发现 java.lang.StringUTF16 类中的 native 方法 isBigEndian()决定了 String 类型内部存储的字节序,也就是在操作系统及硬件层面通过 JRE 规定了 String 内部存储的字节序。

注意

Eclipse 变量显示窗口中默认不含十六进制展示,通过系统设置可以打开此项功能。从主菜单"Window→Preferences→Java→Debug→Primitive Display Options"进入选择页面,勾选"Display hexadecimal values(byte,short,char,int,long)"即可。

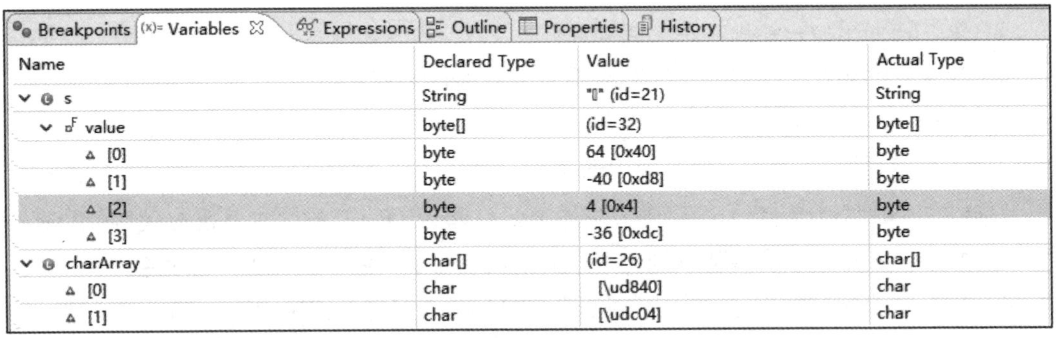

| Name | Declared Type | Value | Actual Type |
|---|---|---|---|
| ∨ s | String | "𠀄" (id=21) | String |
| ∨ value | byte[] | (id=32) | byte[] |
| [0] | byte | 64 [0x40] | byte |
| [1] | byte | -40 [0xd8] | byte |
| [2] | byte | 4 [0x4] | byte |
| [3] | byte | -36 [0xdc] | byte |
| ∨ charArray | char[] | (id=26) | char[] |
| [0] | char | [\ud840] | char |
| [1] | char | [\udc04] | char |

图 4-18　对比 String 类型和 char 类型在 JVM 中的字节序

#### 3. UTF-32、UTF-32BE、UTF-32LE 字符编码方式

UTF-32 字符编码是 Unicode 字符集中的 4 字节编码方案，鉴于当前 Unicode 字符集定义的数据范围介于$[0\sim2^{21}]$之间，所以 UTF-32 字符编码不需要转换就可以直接表示所有 Unicode 码点。UTF-32 字符编码虽然在空间上有浪费，但是提高了读取效率。

JDK 中内置了 5 个与 UTF-32 相关的类，在 sun.nio.cs 包中的类名称分别为 "UTF_32" "UTF_32BE" "UTF_32LE" "UTF_32BE_BOM" 和 "UTF_32LE_BOM"。从名称可以看出，32 位编码需要区分大端序和小端序，【示例源码】4-12 中对 5 种字符编码的输出格式进行了简单的比较，输出结果对于理解大端序、小端序、字节序等相关概念非常直观。

JDK 中的 sun.nio.cs.UTF_32.class 类名中没有指定大端序还是小端序，它在解码时识别的输入字节数组如果以大端序 BOM 为前缀，则按照大端序解析，反之则按照小端序解析；如果字节数组中没有指定 BOM，则默认按照大端序解析字节数组。

【示例源码】4-12　chap04.sect02.PrintUTF32

```java
package chap04.sect02;
public class PrintUTF32 {
  public static void main(String[] args) throws Exception {
    String s = "𠀄";
    String[] arr={"utf-32", "utf-32be", "utf-32le", "utf-32be-bom", "utf-32le-bom"};
    for (String cs : arr) {
      System.out.print("\n" + String.format("%14s", cs) + " ");
      for (byte b : s.getBytes( cs )) {
        System.out.print("["+String.format("%02x", b) +"]" + " ");
} } } }
```

- 第 4 行初始化字符 "𠀄"，其 Unicode 码点值为 0x2_00_04，也就是属于第三语言平面中的第 5 个字符。
- 第 5 行在字符串数组 arr 中维护五种字符编码名称。
- 第 6 行循环处理每一种字符编码。

- 第 7 行向主控台输出字符编码名称。
- 第 8 行循环获取字符"工"对应不同字符编码的字节码。
- 第 9 行以十六进制形式输出字节元素。

如图 4-19 所示，第三语言平面中的字符"工"（0x2_00_04）分别用 5 种编码格式输出，UTF-32 编码默认按照大端序的方式输出，它和 UTF-16 的区别是没有包含 BOM 前缀。通过图 4-19 还可以直接观察到大端序的输出与 Unicode 字符集的码点完全一致，而小端序则是将 4 个字节颠倒过来输出，包括 BOM 的内容也是按照 4 个字节完全反转。而 UTF-16 在处理大端序和小端序时，只是在 char 类型内部的 2 个字节之间调换位置，对于占用 2 个 char 类型对象的字符，char 类型顺序保持不变。

```
utf-32                              [00] [02] [00] [04]
utf-32be                            [00] [02] [00] [04]
utf-32le                            [04] [00] [02] [00]
utf-32be-bom [00] [00] [fe] [ff]    [00] [02] [00] [04]
utf-32le-bom [ff] [fe] [00] [00]    [04] [00] [02] [00]
```

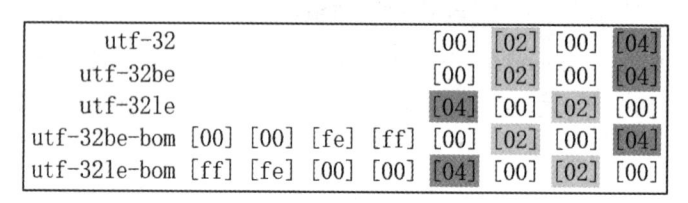

图 4-19　UTF-32 系列编码对比

### 4. MUTF-8 字符编码格式定义及使用场景

在 Java 语言中，可以将 Modified UTF-8[①]（以下简称 MUTF-8）字符编码应用于内部场景，如对于字符串的序列化、反序列化处理和 Java 编译后的字节码文件存储。相比于标准的 UTF-8 字符编码，MUTF-8 字符编码有两点差异。

第一，在 MUTF-8 字符编码中，空（null）字符被编码成 2 字节（11000000,10000000）而不是标准的 1 字节（00000000），这样做可以保证编码后的字符串中不会含有 null 字符。因此，如果在类 C 语言中处理字符串，文本不会在第一个 null 字符时截断（C 语言字符串以'\0'结尾）。

第二，在标准 UTF-8 字符编码中，辅助多文种平面中的字符被编码为 4 字节格式，如表 4-1 第 4 行所示。但是在 MUTF-8 字符编码中，它们由代理对表示，也就是相当于转码为 UTF-16 字符编码格式的 2 个 char 类型对象，然后对这 2 个 char 类型对象分别以标准 UTF-8 字符编码格式进行编码。

为了验证 MUTF-8 字符编码在 Java 内部的使用情况，【示例源码】4-13 选取 UTF-8 字符编码分别占用 3 字节的字符"丂"和占用 4 字节的字符"𠀄"，将 2 个字符写入文本文件中。使用 BinEd 插件查看 Java 源文件、编译后的 Class 文件和序列化文件之间的差异，验证 MUTF-8 字符编码。

【示例源码】4-13　chap04.sect02.ExportMUTF8

```
1  package chap04.sect02;
```

---

① 在 java.io.DataInput 类中对 Modified UTF-8 字符编码有详细介绍，查看该类的 Java DOC 可以获取更多信息。

## 第 4 章　根治中文乱码——Java 字符集考证 | 99

```
 2  import java.io.*;
 3  public class ExportMUTF8 {
 4    public static void main(String[] args) throws Exception {
 5      String s1 = "丂";
 6      String s2 = "𠀀";
 7      var dos = new DataOutputStream(new FileOutputStream("mutf8.dat"));
 8      dos.writeUTF(s1);
 9      dos.writeUTF(s2);
10      dos.close();
11    } }
```

- 第 5 行定义字符"丂"，UTF-8 字符编码长度为 3 字节。
- 第 6 行定义字符"𠀀"，UTF-8 字符编码长度为 4 字节。
- 第 7 行定义输出流，将文件存入与源文件相同的目录下，当文件生成后刷新工程即可查看。
- 第 8 行和第 9 行调用 writeUTF(...)方法输出字符串。

使用预先安装的 BinEd 插件打开 ExportMUTF8.java 源文件，切换到二进制模式，如图 4-20 所示，字符"丂"的 UTF-8 字符编码占用 3 字节，字符"𠀀"的 UTF-8 字符编码占用 4 字节。

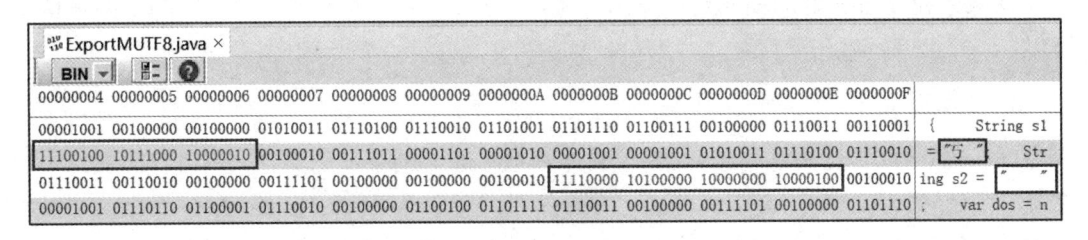

图 4-20　Java 源码中的字符串

使用 BinEd 插件打开 ExportMUTF8.class 字节码文件，进入二进制模式，如图 4-21 所示，字符"丂"的 MUTF-8 字符编码占用 3 字节，字符"𠀀"的 MUTF-8 字符编码则占用 6 字节。

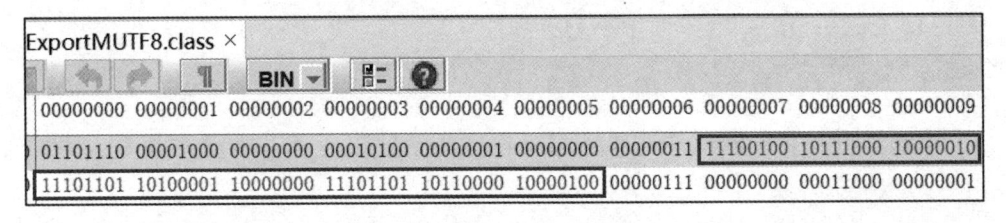

图 4-21　Java 字节码中的字符串

在【示例源码】4-13 两次调用 writeUTF(...)方法分别输出字符"丂"和字符"𠀀"，执行结果如图 4-22 所示。从图 4-22 可以看出，在两段字符内容的前缀固定输出了长度为 2 字节的前缀，这是用于描述 writeUTF(...)方法输出内容占用字节的长度，如第一段中的

"11"表示长度为 3 字节，第二段中的"110"表示长度为 6 字节，当程序需要对其执行反序列化时，则可以根据前缀部分定义的字节长计算偏移量。

```
mutf8.dat ×
00000000 00000001 00000002 00000003 00000004 00000005 00000006 00000007 00000008 00000009 0000000A 0000000B 0000000C
00000000 00000011 11100100 10111000 10000010 00000000 00000110 11101101 10100001 10000000 11101101 10110000 10000100
```

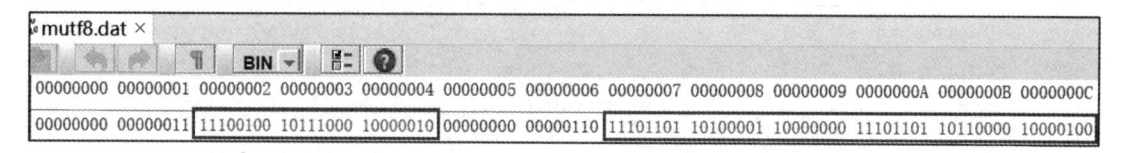

图 4-22  writeUTF(...)方法输出字符串

## 4.3 发掘 Java 端字符集控制的工具箱

每一个系统、每一款中间件、每一个应用甚至每一个命令都免不了要和字符编码打交道，了解每个环节的字符编码的含义及其设置，对于应用的开发和部署有着极大的指导意义。下面将就部分常见的问题进行讨论，厘清 Java 体系及其外部环境在字符集方面的交互控制。

### 4.3.1 JDK 命令行工具与字符集控制参数

JDK 中最常使用的两个命令行工具分别是 Javac 命令和 Java 命令，前者可以在编译 Java 源码时指定源文件的编码格式，后者可以在执行 Java 程序时设置 JVM 中的默认字符集。

1. Javac 命令中的字符集控制

Javac 命令的作用是将*.java 的源文件编译成*.class 的字节码文件，同时将源文件中的字符串变量转换为 MUTF-8 编码格式。在操作系统命令行中执行 javac -help 命令，可以看到 Javac 命令支持编码设置参数 "-encoding <编码>"。【示例源码】4-14 检验了 Javac 命令中的字符编码设置。

【示例源码】4-14    chap04.sect03.JavacTestUTF8

```
1  package chap04.sect03;
2  public class JavacTestUTF8 {
3    public static void main(String[] args) {
4      System.out.println("丂");
5  } }
```

- 本示例没有复杂的语法逻辑，只是在主控台输出一个基本多文种平面中的汉字"丂"。

在 Windows 操作系统上通过 CMD 命令转入命令行模式，切换目录到【示例源码】4-14 所在的目录。首先在第 1 行执行 chcp 命令，确定当前系统默认的字符编码。然后如第 3 行所示执行编译命令，系统报错，提示源码中的中文不能映射为 GBK 字符编码中的汉字，拒绝编译。

```
1  D:\cn-farmer\Sample\src\main\java\chap04\sect03>chcp
2  活动代码页: 936
3  D:\cn-farmer\Sample\src\main\java\chap04\sect03>javac JavacTestUTF8.java
4  JavacTestUTF8.java:4: 错误: 编码 GBK 的不可映射字符 (0x82)
5      System.out.println("涓?");
6                         ^
7  1 个错误
```

针对上述异常，可以通过在 Javac 命令行显式指定字符编码的方式规避错误，如以下脚本所示，对于指定编码格式的 Javac 命令可以成功执行。当然，如果源文件的字符编码与当前环境的字符编码设置一致，可以不添加-encoding 参数。

```
D:\cn-farmer\Sample\src\main\java\chap04\sect03>javac -encoding UTF8 JavacTestUTF8.java
```

2. Java 命令中的字符集控制

在 JDK 中，Java 命令负责执行*.class 文件。上述"javac-encoding UTF8"命令完成了对 Java 源文件的正确编译，进入到如下所示的目录后，通过 Java 命令可以正常执行，详见如下脚本命令及输出结果展示。

```
1  D:\cn-farmer\Sample\src\main\java>java chap04.sect03.JavacTestUTF8
2  丏
```

在 JDK 11 中，Java 命令还可以直接执行 Java 源码，如以下脚本所示。在执行 UTF-8 编码格式的源文件时，需要添加"file.encoding"参数，否则将输出乱码。

```
1  D:\cn-farmer\Sample\src\main\java\chap04\sect03>java -Dfile.encoding=utf-8 JavacTestUTF8.java
2  丏
```

3. 过时的 native2ascii 命令

在 JDK 9 之前的版本中，为了提供国际化支持，JDK 包中附带了 native2ascii 命令，该命令可以将以 UTF-8 或 GBK 等字符编码的*.properties 文件转换为\uXXXX 表述的 ASCII 码格式文件。另外，该命令还通过 reverse 参数，将 ASCII 格式表述的汉字还原为 UTF-8 或 GBK 等字符编码格式。在 JDK 9 以后的版本中，允许*.properties 文件统一采用 UTF-8 字符编码格式存储。但是为了兼容[①]已有的 ISO-8859-1 字符编码格式的文件，系统如果检测到*.properties 文件不是有效的 UTF-8 字符编码，则自动转换为 ISO-8859-1 字符编码读取。以下脚本是在老版本 JDK 环境下输出的 native2ascii 命令帮助信息。

```
1  D:\>native2ascii
2  用法: native2ascii [-reverse] [-encoding encoding] [inputfile [outputfile]]
```

### 4.3.2 操作系统对字符集的影响

Java 字符集的设置与操作系统中的字符集参数息息相关，只有先掌握操作系统底层的

---

① 在搜索引擎中检索"internationalization-enhancements-jdk-9.htm"关键字，可以获取更多 Oracle 官方信息。

字符集设置逻辑，才能在 Java 应用层面合理地设置字符集。

1. 字符集与 Windows 操作系统

在 Windows 10 操作系统上，对字符集的设置通过修改区域设置来实现，中文版 Windows 10 在初始化安装后，默认将当前系统区域设置为"中文（简体，中国）"，从菜单"控制面板→区域→管理"，单击"更改系统区域设置"按钮，可以对默认值进行调整，如图 4-23 所示。

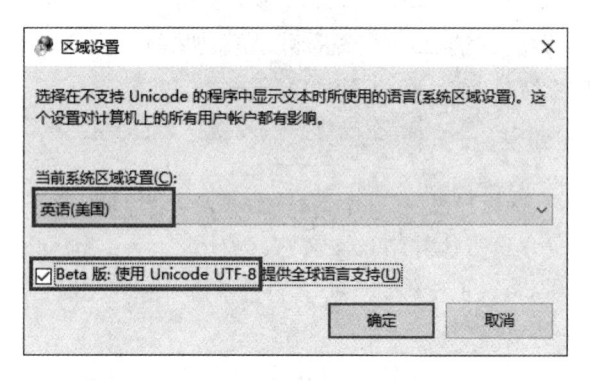

图 4-23　修改 Windows 10 系统区域设置

默认设置和按照图 4-23 调整后的设置对 Java 命令行参数的影响对比如表 4-2 所示。在命令行模式下执行 chcp 命令后，可以查看当前系统的活动代码页分别为 936 和 65001。执行 java -XshowSettings 命令后，则可以查看 Java 环境中与字符集相关的信息差异。

表 4-2　Windows 10 操作系统上区域设置对 Java 参数的影响分析

| 设置为"中文（简体，中国）" | 设置为"英语（美国）" |
|---|---|
| 1　C:\>**chcp** | 1　C:\>**chcp** |
| 2　活动代码页：936 | 2　Active code page: 65001 |
| 3　 | 3　 |
| 4　C:\>**java -XshowSettings** | 4　C:\Users\Jackie>**java -XshowSettings** |
| 5　　　file.encoding = GBK | 5　　　file.encoding = Cp1252 |
| 6　　　sun.jnu.encoding = GBK | 6　　　sun.jnu.encoding = Cp1252 |
| 7　　　sun.stderr.encoding = ms936 | 7　　　sun.stderr.encoding = cp65001 |
| 8　　　sun.stdout.encoding = ms936 | 8　　　sun.stdout.encoding = cp65001 |

另外，如果在命令行模式下单独执行命令"chcp xxx"修改活动代码页，则只针对当前上下文中的"sun.stderr.encoding"和"sun.stdout.encoding"两个属性产生影响，其他属性值无变化。

2. 字符集与 Linux 操作系统

在 Linux 操作系统上，可以通过环境变量 LANG 设置字符集。以笔者所用的 CentOS 7 为例，在终端模式下执行 locale 命令，可以查看系统中的 LANG 参数配置，默认的初始参数为"LANG=zh_CN.UTF-8",此时的 Java 属性参数 file.encoding 和 sun.jnu.encoding 都是 UTF-8。

```
1  [root@localhost ~]# locale
2  LANG=zh_CN.UTF-8
3  ……
4  [root@localhost ~]# java -XshowSettings
5      file.encoding = UTF-8
6      sun.jnu.encoding = UTF-8
```

如果将参数修改为"LANG=zh_CN.gb18030",再次通过 java –XshowSettings 命令查看 Java 命令行参数,系统中的 file.encoding 和 sun.jnu.encoding 参数都发生了变化。

```
1  [root@localhost ~]# export LANG=zh_CN.gb18030
2  [root@localhost ~]# java -XshowSettings
3      file.encoding = GB18030
4      sun.jnu.encoding = GB18030
```

在 Linux 环境下,与中文显示有关的设置不只是环境变量 LANG,终端工具软件中的字符编码也可能会影响汉字的显示效果,如 SSH 工具软件或系统自带的终端应用程序等。在 CentOS 环境中终端应用程序里的字符编码配置如图 4-24 所示。

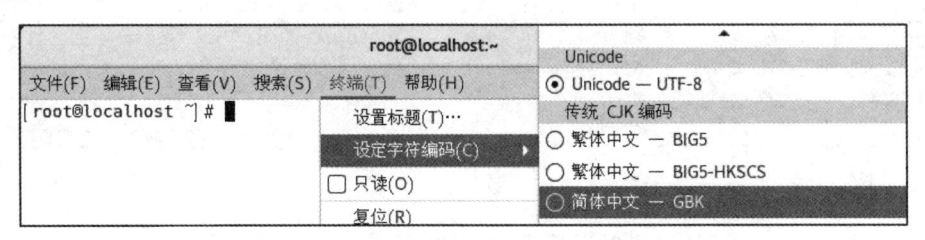

图 4-24　Linux CentOS 7 环境修改终端应用程序的字符编码

### 3. Windows 7 与 Windows 10 环境差异分析

字符集的发展经历了长期的演进,不同的系统软件厂商、不同的组织有着不同的演进路线,所以在处理字符编码问题时,不能理所当然地认为软件之间具有必然的兼容性,实际上即使是同一家厂商生产的不同版本的软件,也可能存在不兼容的问题。如图 4-25 所示,利用 Windows 7 中文版中的 Notepad 软件,输入"中国"两个汉字后保存并退出,然后再用字节码软件打开查看其中的内容。对比在 Windows 10 环境下 Notepad 的编辑内容(如图 4-26 所示)可以发现,在 Windows 7 版本下,默认的 UTF-8 字符编码中包含了 BOM 信息。

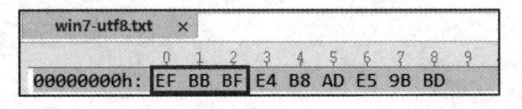

图 4-25　Windows 7 环境下记事本保存的文本 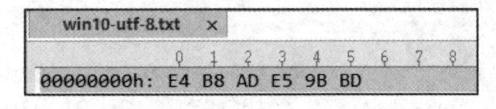　　图 4-26　Windows 10 环境下记事本保存的文本

### 4.3.3 IDE 中的字符编码设置

当利用 IDE 调试代码时，IDE 工具将采用模拟外部环境的方式设置字符集相关参数。设置 IDE 字符集的最佳策略就是模拟真实的部署环境，避免应用程序在部署时被乱码问题所困扰。

#### 1. 开发阶段字符编码设置

在启动开发前，对 IDE 的字符编码进行合理规划和统一设置是非常有必要的，合理的规划才能避免后续环境的混乱。在不同的 IDE 软件中，字符编码的设置大同小异，差别在于设置的便利性不同，而作用于 Java 底层的逻辑则有共通之处。下面以 Eclipse 环境为例说明其中常见的字符编码设置。以设置的作用范围来划分，字符编码配置可以分为 Workspace 层、Project 层、Package 层、Class 层四个大的层次，并且四个层次的优先级是逐层递增的。在 Workspace 层配置字符编码如图 4-27 所示，其他层次的配置则可以通过在具体资源上单击鼠标右键来实现。在弹出菜单中选择"Properties"进入配置页面，如图 4-28 所示，配置的对象可以是 Project，也可以是某个具体的文件。

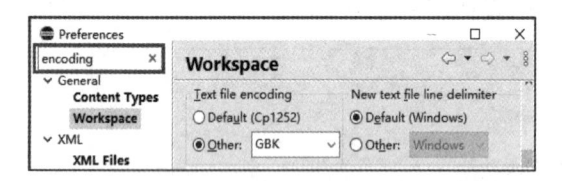

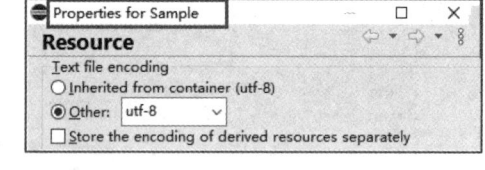

图 4-27　在 Workspace 层设置 encoding 参数　　图 4-28　在 Project 层设置 encoding 参数

另外，在 Eclipse 上还可以针对特定的文件类型配置字符编码。如图 4-27 所示，单击左边栏中的"General→Content Types"，可以按文件扩展名、关联编辑器进行设置。例如，前面提到的*.properties 文件，在默认设置中关联了 ISO-8859-1 字符编码，因为在 JDK 9 以后才可以直接支持 UTF-8 字符编码的属性文件解析。需要特别注意的是，在配置字符集时，需要单击"Update"按键才能真正生效。

在 Sample 工程目录下的".settings/org.eclipse.core.resources.prefs"文件中，保存了与字符编码相关的配置信息，在 Eclipse 中设置文件的 Text file encoding 时，实际上只是把文件的字符集属性记录在定义文件中，而文件本身不会发生任何内容转换。实际的编码转换需要借助其他工具单独处理。

```
1  encoding//src/main/java/chap03/a.properties=US-ASCII
2  encoding//src/main/java/chap04/sect04=iso-8859-1
3  encoding//src/main/java/chap04/sect04/C1.java=gbk
4  encoding//src/main/java/chap11/MyProxy.java=GBK
5  encoding/<project>=UTF-8
```

## 2. 运行阶段字符编码设置

在 Eclipse 中 "Debug Configurations" 窗口的 "Common" 页可以设置 Java 命令的字符编码属性。如图 4-29 所示，显示的默认字符编码为 "utf-16"，在 "Other" 选项中输入其他的字符编码后，单击页面上的 "Show Command Line" 按钮，可以观察到命令行参数自动添加了 -Dfile.encoding=GBK 的参数值。另外，还可以在 "VM arguments" 属性页设置编码参数。如图 4-30 所示，在 "VM arguments" 文本框进行设置后，再次单击 "Show Command Line" 按钮，会发现 file.encoding 参数改变了。

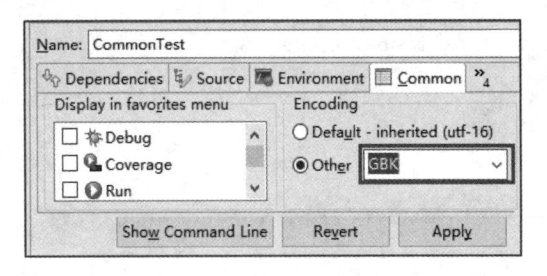

图 4-29　在 "Common" 页设置 Encoding 参数 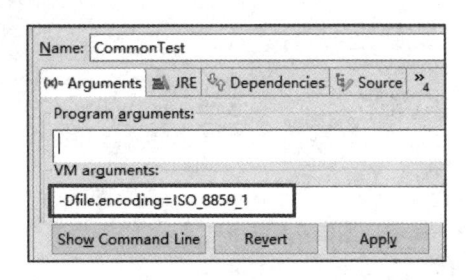　　图 4-30　在 "VM arguments" 属性页设置参数

## 4.4　让乱码原地现形的组合拳

因字符编码设置不一致造成的乱码问题一直是中国程序员的一块心病，凡是存在字符串输入或输出的地方，如主控台打印、日志文件输出、数据库交互、文件内容解析等，都是频繁发生乱码的地方。想要遍历所有可能的乱码场景，一一列举并提出应对方案，是一项不可能完成的任务。正确的解题思路是正向分析字符编码转换的关键环节，掌握控制字符编码转换的配置参数，然后才可以对症下药，各个击破。

### 4.4.1　解决乱码的策略

对解决乱码策略的归纳整理如图 4-31 所示，每一种策略，都是解决乱码的一把钥匙。

第 1 种，Java 命令行参数控制策略。该策略是最底层、也是最基础的控制策略。在默认情况下，命令行参数因操作系统环境的差异而有所不同，一般不建议用户主动调整，调整本身也将会带来全局性的影响，需要特别慎重考虑。

第 2 种，IDE 控制策略。该策略实施于开发阶段，在开发框架搭建阶段就要考虑好兼容适配问题，设定合理的字符集相关参数，并且在整个团队内贯彻执行，减少因设置差异而造成的生产环境乱码。

第 3 种，操作系统控制策略。该策略从外部影响 JVM 内部的处理逻辑，从操作系统层面对参数进行调整，进而能够影响到命令行参数的默认值。对操作系统进行一次调整，可能就不需要对部署于其上的多个应用逐个修改参数了，是一种一劳永逸的解决办法。

第 4 种，程序转码控制策略。该策略不是一种通用策略，只建议在对个别问题进行特殊处理时采用，否则会给程序的扩展性带来麻烦。

第 5 种和第 6 种分别是中间件设置策略和数据库端控制策略。这两种策略是属于不同组件的个性化控制策略，需要根据客户环境、客户需求、产品定位等特征合理设置。

第 7 种，工具运用策略。程序开发环节需要运用各类工具辅助开发或编译，对工具设置合理的编码可以有效避免乱码的出现。

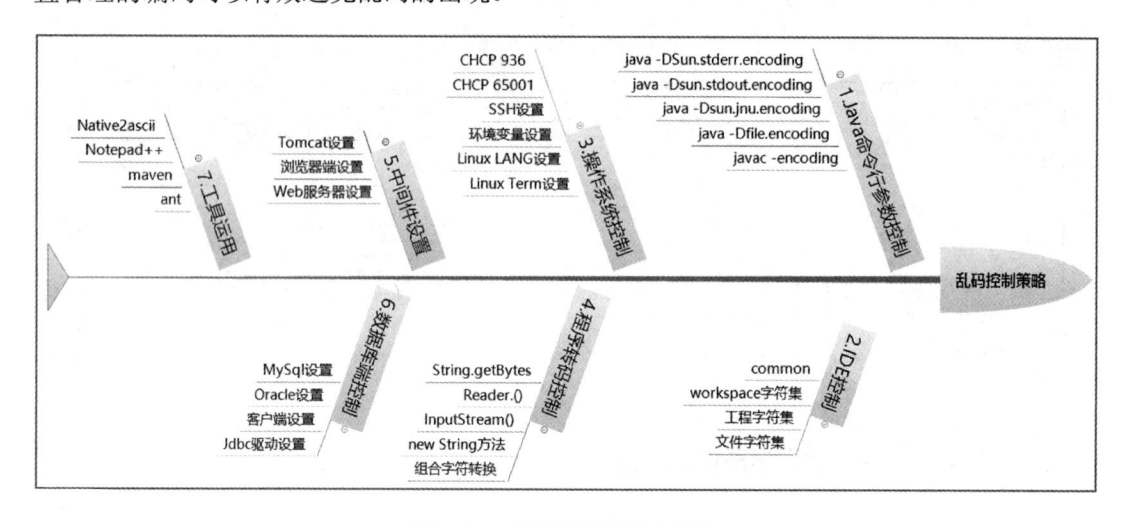

图 4-31 解决乱码的策略汇总

## 4.4.2 字符集有损转换与无损转换实践

字符编码的转换是通过一定的映射关系来处理的，在 Java 语言中，有两个节点存在这种字符编码转换逻辑。第一个节点是在将字节数组转换为 JVM 中的字符串或者 char[]数组类型时，需要按照字节数组所代表的字符编码转换为 JVM 内部的 UTF-16 字符编码；第二个节点是在将 JVM 中的字符串或 char[]数组转换为字节数组输出时，需要将 JVM 内部的 UTF-16 字符编码转换为目标指定的字符编码。由于每种字符集所代表的集合不同（如 US_ASCII 只代表 128 个字符，ISO-8859-1 仅涉及 256 个字符，而 GB2312、GBK、GB18030 等三种中文字符集所能表示的汉字也是由少到多），所以在字符编码转换层面，一定会存在字符编码转换损失的问题，这一问题也可以理解为字符编码转换不可逆。【示例源码】4-15 就是为了验证几种常见字符编码的可逆转换问题，以两位长度的字节数组 [0x81,0x02]为例，演示了将字节数组以某种字符编码初始化为 JVM 中的字符串，然后再将该字符串按照同样的字符编码转换回字节数组。

【示例源码】4-15　chap04.sect04.ConvertCheck

```
1  package chap04.sect04;
2  import java.util.Arrays;
```

```java
3  public class ConvertCheck {
4    public static void main(String[] args) throws Exception {
5      byte[] bs = { -128, 2};   // (byte)0x81, (byte)0x02
6      System.out.println(String.format( "%11s", "INIT VALUE ")+Arrays.toString(bs));
7
8      byte[] bytes = new String(bs, "ISO-8859-1").getBytes("ISO-8859-1");
9      System.out.println(String.format("%11s", "ISO-8859-1 ")+Arrays.toString(bytes));
10
11     bytes = new String(bs, "GBK").getBytes("GBK");
12     System.out.println( String.format( "%11s", "GBK ") + Arrays.toString(bytes));
13
14     bytes = new String(bs, "GB2312").getBytes("GB2312");
15     System.out.println( String.format( "%11s", "GB2312 ") + Arrays.toString(bytes));
16
17     bytes = new String(bs, "UTF8").getBytes("UTF8");
18     System.out.println( String.format( "%11s", "UTF-8 ")+Arrays.toString(bytes));
19
20     bytes = new String(bs, "UTF16").getBytes("UTF16");
21     System.out.println( String.format( "%11s", "UTF-16 ")+Arrays.toString(bytes));
22   }
23 }
```

- 第 5 行定义了初始的字节数组[-128,2]，如果用十六进制表示，则为[0x81,0x02]。
- 第 8、11、14、17、20 行将字节数组分别以 ISO-8859-1、GBK、GB2312、UTF-8、UTF-16 字符编码进行转换及还原。

下面给出了执行【示例源码】4-15 后的输出结果，其中转换前后完全一致的是 ISO-8859-1 字符集。这是因为 ISO-8859-1 字符集是单字节编码，其中的 256 个码位均对应到有效内容，因此可以实现无损转换。而其余四种字符集都存在转换前后不一致的情况，原因可以归为两类：一是示例中的字节数组不能表示为对应字符集中的有效字符，所以在转入过程中已经发生变化；二是转入过程正常，但是在转出时可能增加了 BOM 等修饰内容，所以造成输入和输出结果不一致。

```
1  INIT VALUE [-128, 2]
2  ISO-8859-1 [-128, 2]
3         GBK [63, 2]
4      GB2312 [63, 2]
5       UTF-8 [-17, -65, -67, 2]
6      UTF-16 [-2, -1, -128, 2]
```

### 4.4.3 常见乱码典型特征识别

虽然不能对乱码的场景进行罗列，但是乱码的症状还是有一定规律可循的，分析乱序规律也是一条解决乱码问题的有效途径。如【示例源码】4-16 所示，将常见的汉字进行字符编码的一次或三次异常转换，然后再将结果输出到主控台。

【示例源码】4-16 chap04.sect04.OutputTest

```
1  package chap04.sect04;
2  public class OutputTest {
3    public static void main(String[] args) throws Exception {
4      String s = "源码阅读方法论";
5      System.out.println(new String( s.getBytes("gbk"),"iso_8859_1"));
6      System.out.println(new String( s.getBytes("utf-8"),"iso_8859_1"));
7      System.out.println(new String( s.getBytes("iso_8859_1"),"gbk"));
8      System.out.println(new String( s.getBytes("utf-8"),"gbk"));
9      System.out.println(new String( s.getBytes("gbk"),"utf-8"));
10
11     System.out.println(new String(new String(s.getBytes("gbk"),"utf-8").getBytes("utf-8"),"gbk"));
12     System.out.println(new String(new String(s.getBytes("utf-8"),"gbk").getBytes("gbk"),"utf-8"));
13   }
```

- 第 4 行构造了一个正常的汉字字符串。
- 第 5 行将字符串以 GBK 字符编码格式转换为字节数组，然后再将该字节数组当作 ISO-8859-1 字符编码初始化为字符串，打印的结果显示发生了乱码现象。第 6、7、8、9 四行也是只进行了一次转码。
- 第 11 行代码中执行了两次转换，第一次是将 GBK 字符编码的字节数组以 UTF-8 字符编码格式读取到内存中，第二次是将内存中的字符串以 UTF-8 字符编码格式转换为字节数组，然后将该字节数组当作 GBK 字符编码读入内存。第 12 行的转换逻辑与此类似。

表 4-3 对常见乱码规律进行了归纳分析，并对每一种乱码格式展示的效果进行了原因剖析，只有对每种字符编码的特点进行详细了解，才能分析出其中的道理。在了解乱码典型特征的基础上，常见乱码问题就能迎刃而解。

表 4-3 常见乱码规律分析

| 序号 | 乱码特征 | 对应程序 | 备 注 |
|---|---|---|---|
| 1 | Ô´ÂëÔÄ¶Á·½·¨ÂÛ | String( s.getBytes("gbk"),"iso_8859_1") | 汉字转换为 GBK 字符编码时，字节码的前缀主要为 10 和 110 两种情况 |
| 2 | æºç é˜å»ºæ³è®º | String( s.getBytes("utf-8"),"iso_8859_1") | 汉字转为 UTF-8 字符编码时，字节码前缀主要是 1110 和 10 两种情况 |

第 4 章　根治中文乱码——Java 字符集考证 | 109

（续表）

| 序号 | 乱码特征 | 对应程序 | 备注 |
|---|---|---|---|
| 3 | ??????? | String( s.getBytes("iso_8859_1"),"gbk") | 汉字无法转换为 ISO-8859-1 字符编码，JDK 统一返回了"?" |
| 4 | 婧愮爜闃呰 鏂规硶璁� | String( s.getBytes("utf-8"),"gbk") | 汉字的 UTF-8 字节码组合后一般可以映射到有效的 GBK 码点空间 |
| 5 | ㄱ???K??????? | String( s.getBytes("gbk"),"utf-8") | GBK 转 UTF-8，一般定位不到有效的字符，大部分返回了� |
| 6 | 源锟斤拷锟侥拷锟斤拷锟斤拷锟斤拷 | String( new String( s.getBytes("gbk"),"utf-8") .getBytes("utf-8"),"gbk") | GBK 转 UTF-8，再从 UTF-8 转 GBK，数据完全不具备可逆性 |
| 7 | 源码阅读方法�? | String( new String( s.getBytes("utf-8"),"gbk") .getBytes("gbk"),"utf-8") | 从 UTF-8 转 GBK，再从 GBK 转 UTF-8，一般只在结尾部分出现乱码错误 |

### 4.4.4　Java 命令行参数解决乱码问题

在 Java 命令行设置字符编码参数，可以减少对其他应用造成的不必要影响，而且无须改动程序，是最友好的乱码解决策略。以 Java 命令行方式启动的应用，可以通过设置 file.encoding、sun.stdout.encoding 等系统参数加以调整，通过对一个或多个参数的调整，解决应用中的乱码问题。在源码编译阶段，则可以通过-encoding 参数指定 Java 源码的编码格式。

#### 1. 通过-encoding 参数解决乱码问题

如前文所述，Java 源码编译后的字符串统一以 MUTF-8 字符编码格式保存，源文件格式则可以根据 IDE 自由设定。Javac 编译工具需要应对字符集编码多样化的场景，其解决方案是在命令行设置-encoding 参数，允许开发人员自己确定源码的字符编码。【示例源码】4-17 源文件以 UTF-8 字符编码格式保存，然后通过在命令行中以不同的编码格式编译，通过比较运行结果的差异，确认-encoding 参数在其中发挥的作用。

【示例源码】4-17　chap04.sect04.EncodingTest

```
1  package chap04.sect04;
2  public class EncodingTest {
3    public static void main(String[] args) {
4      System.out.println("山峰");
5    }
6  }
```

下面给出了在 Windows 10 中文环境下执行 Javac 命令编译程序的结果，其默认的字符编码是 GBK（即 CP936）。在第 1 行中以 Javac 编译源码后，第 3 行的执行结果呈现出乱码。在第 4 行通过 Javac 命令添加 "-encoding utf-8" 参数，则运行后的输出结果正常，如运行结果中的第 6 行所示。由此可知，如果 Javac 命令行的默认字符集与源文件实际的字符编码格式不一致，则源文件中的中文字符串将会以乱码的形式存在于 JVM 中。

```
1  D:\cn-farmer\Sample\src\main\java>javac chap04\sect04\EncodingTest.java
2  D:\cn-farmer\Sample\src\main\java>java chap04.sect04.EncodingTest
3  灞卞嘲
4  D:\cn-farmer\Sample\src\main\java>javac -encoding utf-8 chap04\sect04\EncodingTest.java
5  D:\cn-farmer\Sample\src\main\java>java chap04.sect04.EncodingTest
6  山峰
```

2. 通过 file.encoding 参数解决乱码问题

Java 命令行参数 file.encoding 与 JVM 运行时默认的字符集息息相关，如本书 4.5.3 节【源码】4-14 所示，JVM 在初始化阶段设置默认字符编码时，首先从系统参数 file.encoding 中获取配置信息，如果从配置信息无法映射到有效的字符编码，则默认字符编码将被设置为 UTF-8。

在 Java 命令行启动时，如果命令行参数中没有设置 file.encoding 参数，则其参数值将由操作系统的上下文环境决定。【示例源码】4-18 对比了设置 file.encoding 参数设置与否的差异，验证了乱码现象及对应的解决方法。

本示例要求在源文件所在目录放置文本文件"China.txt"，文字内容为"中国"，文件编码格式为"UTF-8"。

【示例源码】4-18    chap04.sect04.FileEncodingTest

```
1  package chap04.sect04;
2  import java.io.FileInputStream;
3  public class FileEncodingTest {
4    public static void main(String[] args) throws Exception {
5      String path = FileEncodingTest.class.getResource("").getPath();
6      try (FileInputStream fis = new FileInputStream(path + "China.txt")) {
7        byte[] bytes = new byte[fis.available()];
8        fis.read(bytes);
9        System.out.println(new String(bytes));
10     }
11   }
12 }
```

- 第 5 行获取源文件 FileEncodingTest.java 所在的路径。
- 第 6 行从相同路径中获取 China.txt 文本文件，文件中的内容为 UTF-8 字符编码格式的汉字"中国"。
- 第 9 行按照默认字符集向主控台打印文本文件中的内容，即汉字"中国"。

以下为【示例源码】4-18 在命令行模式下的编译执行结果。因为源文件没有涉及汉字，所以可以直接用 Javac 编译，不需要考虑编译参数。第 2 行以默认方式执行 Java 命令，输出结果为乱码，如第 3 行所示。第 4 行在命令行设置 file.encoding 参数为 UTF-8，与 China.txt 的字符编码格式一致，则输出结果正确。从这里可以看出，将文本文件的信息转换为字符串输出时，需要考虑 JVM 的 file.encoding 字符编码设置与文本文件的字符集是否一致，否则将可能出现乱码现象。

```
1  D:\cn-farmer\Sample\src\main\java>javac chap04/sect04/FileEncodingTest.java
2  D:\cn-farmer\Sample\src\main\java>java chap04.sect04.FileEncodingTest
3  涓 浗
4  D:\cn-farmer\Sample\src\main\java>java -Dfile.encoding=utf-8 chap04.sect04.
   FileEncodingTest
5  中国
```

### 3. 通过 sun.stdout.encoding 参数解决乱码问题

继续用【示例源码】4-17 中的代码进行演示，验证 sun.stdout.encoding 参数可以处理的乱码场景，如下为以命令行方式执行验证的过程。在第 1 行中执行 chcp 65001 命令，将系统环境变量中的字符编码设置为 UTF-8 格式。第 3 行命令正常编译源码，编译所指定的字符编码与源码的字符编码格式一致，编译正常完成。第 4 行在不带任何参数的情形下执行程序，输出结果如第 5 行所示，为乱码。第 6 行添加 Java 命令行参数 "-Dsun.stdout.encoding=utf-8"，设置标准输出的字符编码格式，输出结果正常，如第 7 行所示。同样地，如果在程序内部执行 "System.err.println(...)"，则可以通过设置 sun.stderr.encoding 参数修复乱码。

```
1  D:\cn-farmer\Sample\src\main\java>chcp 65001
2  Active code page: 65001
3  D:\cn-farmer\Sample\src\main\java>javac -encoding utf-8 chap04/sect04/Encoding
   Test.java
4  D:\cn-farmer\Sample\src\main\java>java chap04.sect04.EncodingTest
5  r
6  D:\cn-farmer\Sample\src\main\java>java -Dsun.stdout.encoding=utf-8 chap04.sect04.
   EncodingTest
7  山峰
```

### 4. 通过参数组合解决乱码问题

乱码问题解决起来之所以复杂，很大一部分原因是在乱码解决过程中需要同时应对多种场景，如果只是单独调整某一个参数，大概率会出现"按下葫芦起了瓢"的情况，这个时候可能需要考虑采用参数组合的方式解决。如【示例源码】4-19 所示，程序从文本文件 Mix.txt 中读取内容，并将其输出到主控台。按照本示例的设定，Mix.txt 的字符编码为 UTF-8，文件中的内容为"涓　浗"[①]。

---

[①] 生成这种乱码的方式：新建一个 UTF-8 格式的文本文件，输入 "中国" 两个字后保存。然后以 GBK 字符编码打开（不要转码），可以看到乱码字符 "涓　浗"，将其保存到 UTF-8 字符编码格式的 Mix.txt 文件中即可。

**【示例源码】4-19　chap04.sect04.MixTest**

```java
1  package chap04.sect04;
2  import java.io.FileInputStream;
3  public class MixTest {
4    public static void main(String[] args) throws Exception {
5      String path = MixTest.class.getResource("").getPath();
6      try (FileInputStream fis = new FileInputStream(path + "Mix.txt")) {
7        byte[] bytes = new byte[fis.available()];
8        fis.read(bytes);
9        System.out.println(new String(bytes));
10     }
11   }
12 }
```

- 以上示例代码与【示例源码】4-18 基本一致，差别只是读取的源文件不同。

下面是【示例源码】4-19 在命令行模式下的执行过程，首先验证了不加任何参数的执行结果，其次演示了添加单个参数的情况，输出的结果全部都是乱码。最后同时加上两个参数，输出结果转换成了正常的汉字。

```
1  D:\cn-farmer\Sample\src\main\java>chcp 65001
2  Active code page: 65001
3  D:\cn-farmer\Sample\src\main\java>javac chap04/sect04/MixTest.java
4  D:\cn-farmer\Sample\src\main\java>java chap04.sect04.MixTest
5  涓 ?
6  D:\cn-farmer\Sample\src\main\java>java -Dsun.stdout.encoding=gbk chap04.sect04.MixTest
7  涓 ?
8  D:\cn-farmer\Sample\src\main\java>java -Dfile.encoding=utf-8 chap04.sect04.MixTest
9  涓 渎
10        D:\...\src\main\java>java -Dfile.encoding=utf-8 -Dsun.stdout.encoding=gbk chap04.sect04.MixTest
11 中国
```

- 首先设置 Windows 操作系统的显示字符集为 UTF-8。
- 第 4 行没有添加任何参数，执行结果如第 5 行所示出现了乱码，而且显示的乱码相比文本文件中的内容发生了进一步的混乱。
- 第 6 行设置了 sun.stdout.encoding 参数，输出结果与第 4 行的执行结果一致，仍然是乱码。
- 第 8 行设置了 file.encoding 参数，输出结果与文本文件中的内容一致，依然是乱码。
- 第 10 行同时设置了两组参数，执行结果如第 11 行所示，汉字显示恢复正常。

> **注意**
>
> 通常来说，乱码的解决是指最终结果的正常输出，而常规的编码转换存在于输入和输出两个阶段。本示例首先将源文件中的乱码以 UTF-8 字符编码加载到 JVM 中，此时在断点调试状态下查看仍然为乱码。然后是在输出的时候，以 GBK 字符编码格式进行输出，输出的字节码实际上无损还原成了 UTF-8 字符编码格式的字节数组，而当前上下文以通过命令"chcp 65001"设置为 UTF-8 字符编码，因此最终结果以正确的形式展示成功。

### 4.4.5 IDE 设置与乱码处置

通常 IDE 工具在应用层面对字符集相关设置进行封装，在 IDE 之上如果遇到乱码问题，其解决思路与命令行处理方式一致，但是在具体的解决方法上略有不同。下面以 Eclipse 环境为例，列举两种常见的乱码解决策略。

#### 1. 通过设置源文件字符编码解决乱码

合并外部源码文件到本地工程是一个比较常见的场景。假定本地工程某个包设置的字符编码为 UTF-8，而待合并的 Java 文件是 GBK 字符编码，在 Windows 环境上，通过 Import 命令导入或者通过直接拷贝和粘贴文件的方式合并源文件。合并后的文件字符编码属性继承上下文环境中的设置，但是源文件本身不会实际发生字符编码格式转换，当打开文件查看或者编译时，可能会出现编译报错。在有些情况下，文件虽然能够编译通过，但是当 Class 文件加载到 JVM 后，其中用汉字表述的字符串仍然会呈现出乱码。

针对此类问题的解决办法很简单，如果文件数量较少，而且后续仍然需要维护，可以通过工具先将源文件的字符编码进行一致转换，然后再合并到工程中。还有一种办法是在 IDE 中修改对应源文件的字符编码格式，如图 4-32 所示，指定相应文件的编译参数，达到与命令行模式中的"-encoding GBK"一致的效果。

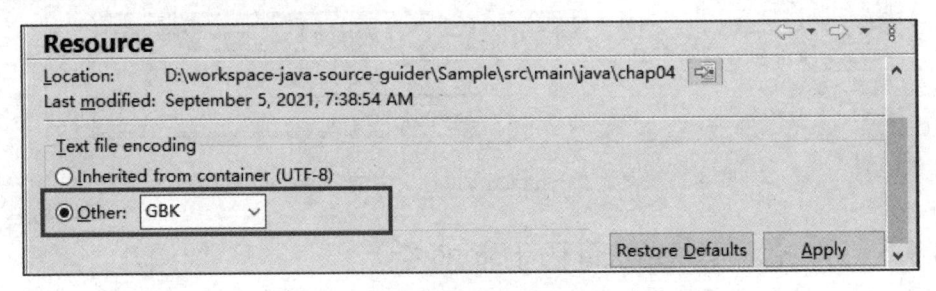

图 4-32 设置源文件字符编码格式

#### 2. 通过设置 Eclipse Common 参数解决乱码

在 Eclipse 中，有一个受关注的参数是在"Debug/Run Configurations"配置页面"common"属性页中的 encoding 参数配置，该参数默认与程序源码的字符编码一致。【示例源码】4-20 首先在包路径下创建了一个 GBK 字符编码的文本文件 Common.txt，该文件中的内容为汉字"中国",然后在程序中通过字符流 FileReader 读取该文件中的内容,并且将文件内容输出到主控台。程序文件 CommonTest 为默认的字符编码 UTF-8。

【示例源码】4-20　chap04.sect04.CommonTest

```
1  package chap04.sect04;
2  ……
3  public class CommonTest {
4    public static void main(String[] args) throws Exception {
5      String path = CommonTest.class.getResource("").getPath();
6      try( FileReader reader = new FileReader(path +"Common.txt")){
7        char[] chars = new char[10];
8        reader.read(chars);
9        System.out.println(chars);
10   } } }
```

- 第 5 行获取源程序所在路径。
- 第 6 行创建文件字符输入流,从源文件同目录中读取 Common.txt 文件中的内容。
- 第 7 行创建 char[]数组,初始化长度设置为 10,确保其大于实际的文件内容中汉字的长度。
- 第 8 行将文件中以默认的字符编码格式转换为 char[]数组。
- 第 9 行将字符数组输出到主控台。

如图 4-33 所示,手动设置"Common"属性页中的 Encoding 参数,将其中默认的"UTF-8"调整为"GBK",再次执行程序后,可以从主控台查看到正常输出的"中国"两个字,乱码问题解决。单击配置窗口中的"Show Command Line"按钮,可以比较不同字符编码对命令影响的差异。

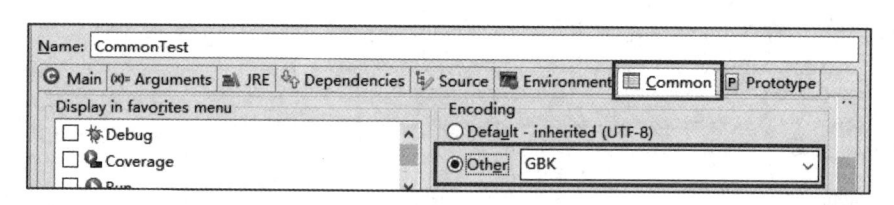

图 4-33　设置"Common"属性页中的 Encoding 参数

### 4.4.6　通过代码转换解决乱码(String 类)

在某些场景中,可能需要通过程序调整的终极解决方案来解决乱码中的单点问题。【示例源码】4-21 列举了两种可能的解决方案。第一种解决方案是在字节数组与字符串转换过程中传入指定的字符编码参数,控制转换后的结果,主要涉及 new String(...)与 String.getBytes(...)两个方法。另一种解决方案是对输出流 PrintStream 类进行包装,将标准输出按照指定的编码格式包装成一个新的输出流。

【示例源码】4-21    chap04.sect04.InternalConvert

```java
package chap04.sect04;
......
public class InternalConvert {
  public static void main(String[] args) throws Exception {
    System.out.println("file.encoding:" + System.getProperty("file.encoding"));
    System.out.println("sun.stdout.encoding:"+System.getProperty("sun.stdout.encoding"));
    String path = InternalConvert.class.getResource("").getPath();
    FileInputStream fis = new FileInputStream(path + "Mix.txt");
    byte[] bytes = new byte[fis.available()];
    fis.read(bytes);
    System.out.println(new String( bytes));
    System.out.println(new String( new String(bytes,"utf-8").getBytes("gbk")));
    PrintStream printStream = new PrintStream(System.out, true, "gbk");
    printStream.println(new String(bytes));
  }
}
```

- 第 5 行和第 6 行输出了当前上下文中默认的参数，sun.stdout.encoding 为空则默认与 file.encoding 一致。
- 第 7 行和第 8 行将与源文件同目录的文件 Mix.txt 加载到输入流中。Mix.txt 的生成方式参见 4.4.4 节。
- 第 9 行和第 10 行将文本文件中的内容读入字节数组中。
- 第 11 行是对字节数组不作任何加工的情况，将乱码数据直接输出到主控台。
- 第 12 行对 String 类设置字符编码参数，通过两次转换，将文本文件转换为正确的格式输出。
- 第 13 行通过对标准输出进行包装，设置标准输出以 GBK 字符编码格式输出。

以下为【示例源码】4-21 的输出结果，从结果可以清晰地看到，第 3 行输出的原始内容是乱码数据，而第 4 行和第 5 行经过了程序的字符编码转换，两种方式都获得了正确的结果，说明程序中的乱码修改策略有效。

```
1 file.encoding:UTF-8
2 sun.stdout.encoding:null
3 涓 浗
4 中国
5 中国
```

### 4.4.7　操作系统侧修正乱码

一般来说，操作系统上的环境变量设置并不是为了处理乱码问题，而是为了预防乱码情况的发生，提前规划系统中的字符编码相关参数。在 Windows 操作系统上，可以在命令行中执行 chcp 命令进行用户本地化设置，设置后的结果将直接影响 sun.stdout.encoding 参数的默认字符编码。还有一种可能的策略是调整系统本地化设置，执行如本书 4.3.2 节如图 4-23 所示的操作，将改动 file.encoding 参数。与此类似，在 Linux CentOS 7 上，也可以在终端工具中的"设定字符编码"菜单中选择合适的字符编码，另外一种调整字符集的方法是设置 LANG 环境变量。

【示例源码】4-22 演示了中文字符输出到主控台出现乱码的情况。代码在 Eclipse 环境中执行时输出正常，但是在切换到命令行模式执行后（Windows 10 中文系统），程序输出了乱码。

【示例源码】4-22　chap04.sect04.ChcpTest

```
1  package chap04.sect04;
2  public class ChcpTest {
3    public static void main(String[] args) {
4      System.out.println("芦荟");
5  } }
```

- 本示例源码采用 UTF-8 字符编码编写。

以下为程序执行过程及输出结果展示，在操作系统端没有进行任何设置的情况下，程序执行结果中输出了乱码，如第 3 行所示。第 4 行通过执行 chcp 命令设置用户本地字符编码为 UTF-8，第 6 行再次执行命令行后，程序输出正常。

```
1  D:\cn-farmer\Sample\src\main\java>javac chap04\sect04\ChcpTest.java
2  D:\cn-farmer\Sample\src\main\java>java chap04.sect04.ChcpTest
3  鑺︿崸
4  D:\cn-farmer\Sample\src\main\java>chcp 65001
5  Active code page: 65001
6  D:\cn-farmer\Sample\src\main\java>java chap04.sect04.ChcpTest
7  芦荟
```

## 4.5　字符集控制底层逻辑与 JDK 源码解读

站在 JDK 的视角看字符集/字符编码，它主要由八个类提供支持，如图 4-34 所示。其中右上角的 Charset 类是所有字符集的基类，也是操纵字符集的工具箱；左上角的 Character 类代表的是 UTF-16 字符编码的数据，代表了 JVM 运行时的内码格式；居中的 String 类是字符串的持有类，是各类编码格式的数据出入 JVM 的中转站；System 类中内置了 Java 标准输入、标准输出和标准错误对象，在向操作系统环境输出时同样需要处理字符编码；DataOutputStream/DataInputStream 类与数据的序列化/反序列化相关，包括了 MUTF-8 的编码/解码算法，用于对字符串数据的序列化和反序列化。Properties 类负责对配置信息的读取和解析，内置了文本文件编码格式转化的功能。StringCoding 类用于在不同的字符编码之间进行转换，尤其是在字符串与字节数组之间的编码与解码操作中。

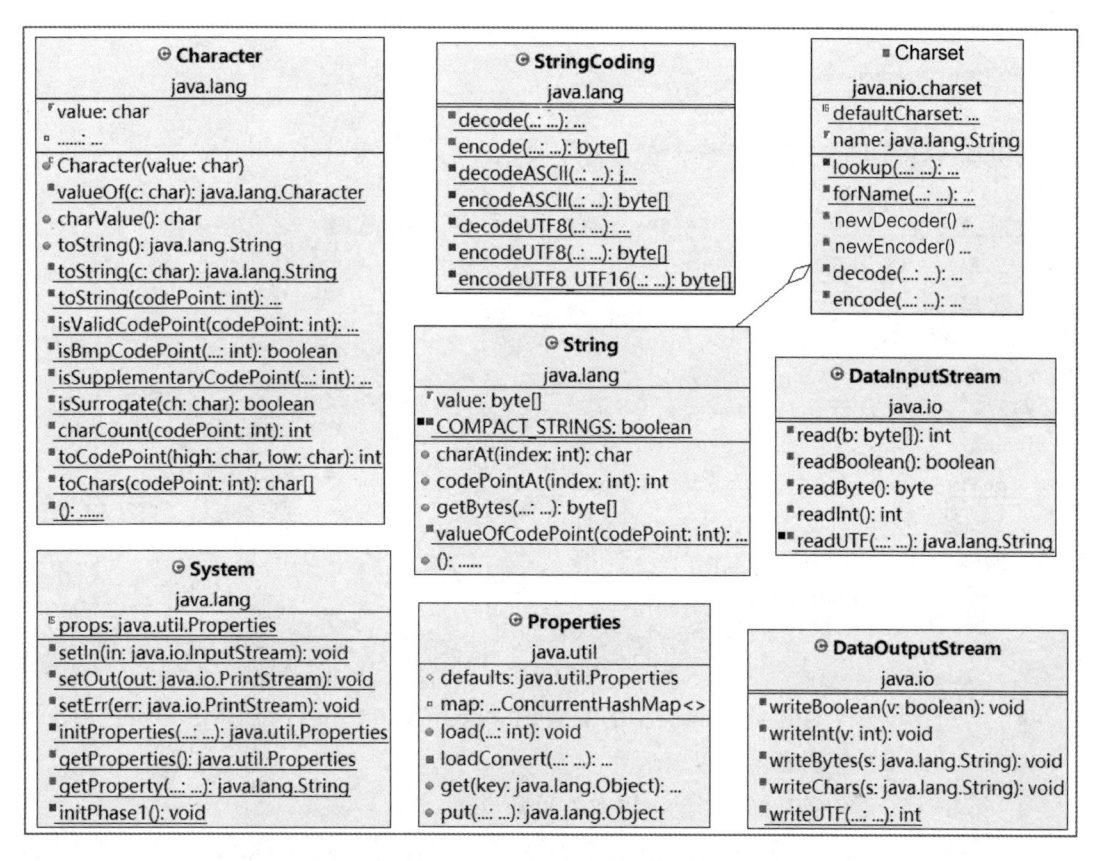

图 4-34　支持 JDK 源码中字符集控制的八个类

## 4.5.1　UTF-16 字符编码关联 Character 类

读懂 JDK 中的 java.lang.Character 类是理解 Java 语言中字符集概念的一把钥匙，熟知 Character 类的历史发展脉络，对于理解字符集更是大有裨益。提到 Character 类，首先想到的就是它是原生数据类型 char 类型的包装类，其次是 char 类型占用两个字节的长度，表示范围为 0～65535。而更深层次的含义是，它代表了 UTF-16 数据类型（以 Character 对象封装的值）。早期 Unicode 规范将字符定义为固定的 16 bit 长度，可以用一个 char 类型对象来表示。自 Unicode2.0 开始扩展辅助多文种平面后，辅助多文种平面中的字符则需要用两个 char 类型变量以键值对的形式表示。

另外，Character 类还提供了大量静态方法，用于确定字符的类别（如是否是小写字母、是否是数字等），并提供字符大小写转换等方法。

1. 字符串的初始化

下面举例说明如何利用 Character 类初始化字符，包括基本多文种平面（BMP）和辅助多文种平面（SMP）中的字符，通过【示例源码】4-23 可以更好地理解 char 类型的含义。

【示例源码】4-23　chap04.sect05.CharacterInMemTest

```java
1  package chap04.sect05;
2
3  public class CharacterInMemTest {
4
5      public static void main(String[] args) throws Exception {
6          char c1 = 'A';
7          char c2 = '弓';
8          String string2 = "弓";
9  //       char c3 = '𠀋';
10 //       Character c4 = new Character( '𠀋' );
11         char[] chars1 = Character.toChars(0x2_00_04);
12         char[] chars2 = "𠀋".toCharArray();
13
14         System.out.println(chars1 );
15         System.out.println(chars2 );
16     }
17 }
```

- 第 6 行和第 7 行定义 char 类型的变量 c1 和 c2，两个变量都在 BMP 范围之内，用一个 char 类型对象就可以表示。
- 第 8 行定义字符串类型变量，用双引号表示。
- 第 11 行定义了一个 BMP 范围之外的字符 "𠀋"，它在 Unicode 字符集中的码点是 0x2_00_04，初始化后将占用两个 char 类型的长度，返回值用 char[]数组来表示。
- 第 12 行演示了用另一种方式定义字符串并转换为 char[]数组。

2. 辅助多文种平面字符初始化报错信息

如图 4-35 所示，如果将【示例源码】4-23 中第 9 行或第 10 行的注释取消，系统将主动提示 "Invalid character constant" 错误，说明辅助多文种平面字符的初始化方法与基本多文种平面字符的初始化方法是有区别的。

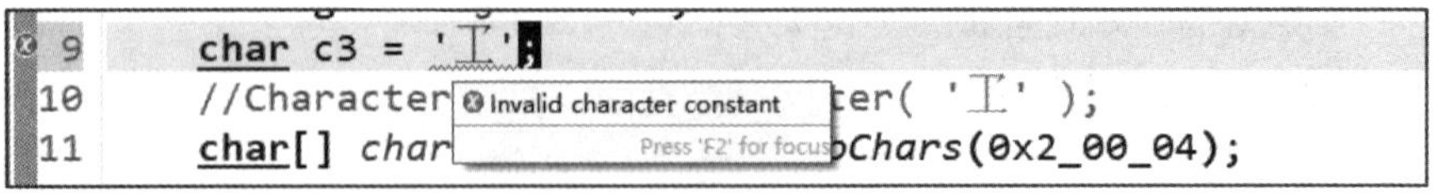

图 4-35　辅助多文种平面的字符赋值错误信息

3. 断点查看字符在内存中的表示形式

对【示例源码】4-23 作断点跟踪，可以详细了解不同位置的字符在内存中的表现形态，如图 4-36 所示。

- 变量 c1 在内存中的表示形态为二进制的 "0041"，占用 2 字节。

- 变量 c2 在内存中的表示形态为二进制的"4e02",占用 2 字节。
- 数组 chars1 占用 2 个 char 类型长度,二进制表示分别为"\ud840"和"\udc04",这是字符"𠀄"的 UTF-16 表示。
- 数组 chars2 的初始化方式与 chars1 有所不同,但是 chars2 在内存中的显示内容与 chars1 一致。

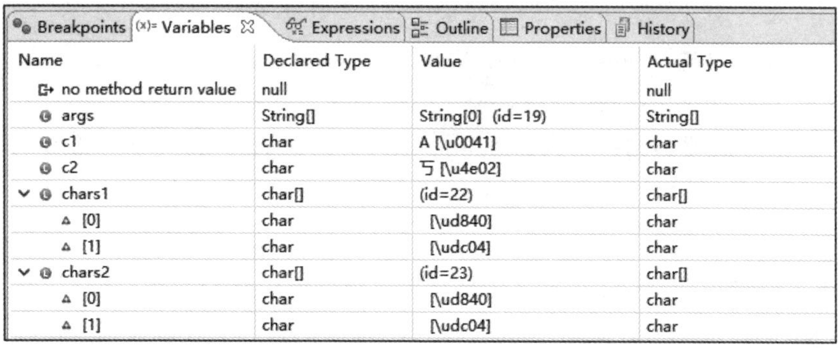

图 4-36 Character 对象在内存中的表示形式

### 4. Character 类源码解读

下面开始对 Character 类的源码进行介绍,如【源码】4-5 所示,Character 类的开始部分定义了大量的静态 final 类型的常量,通过对其中的常量值的解读,可以读懂 UTF-16 的编码方式,并且了解到基本多文种平面和辅助多文种平面的构建方式及其边界值。

【源码】4-5  java.lang.Character(一)

```java
package java.lang;
public final
class Character implements java.io.Serializable, Comparable<Character>
    public static final int MIN_RADIX = 2;
    public static final int MAX_RADIX = 36;
    public static final char MIN_VALUE = '\u0000';
    public static final char MAX_VALUE = '\uFFFF';
    public static final char MIN_HIGH_SURROGATE = '\uD800';
    public static final char MAX_HIGH_SURROGATE = '\uDBFF';
    public static final char MIN_LOW_SURROGATE  = '\uDC00';
    public static final char MAX_LOW_SURROGATE  = '\uDFFF';
    public static final int MIN_SUPPLEMENTARY_CODE_POINT = 0x010000;
    public static final int MIN_CODE_POINT = 0x000000;
    public static final int MAX_CODE_POINT = 0X10FFFF;
```

- 第 4 行和第 5 行定义 MIN_RADIX 和 MAX_RADIX 两个常量,表示进制转换中支持的最小值和最大值,在后面的数字转换为字符时,控制字符是二进制、十进制、还是十六进制等。其中"MAX_RADIX = 36"代表了可以将整型数组转换为 36 进制，通过 26 个字母和 10 个阿拉伯数字联合表示。
- 第 6 和第 7 行设置 Character 对象的数据范围占用 2 字节。
- 第 8 行和第 9 行定义了当需要使用 2 个 char 类型对象表示一个 Unicode 字符时，要求高位字符的取值范围为 0xD800～0xDBFF，也就是限定了 char 类型对象的表示形式必须为：1101 10xx xxxx xxxx。
- 第 10 行和第 11 行定义了当需要使用 2 个 char 类型对象表示一个 Unicode 字符时，要求低位字符的取值范围为 0xDC00～0xDFFF，也就是限定了 char 类型对象的表示形式必须为：1101 11xx xxxx xxxx。
- 第 12 行定义最小的补充码点值为 0x010000，因为 BMP 的最大值为一个 char 类型，大小为 0xFFFF，SMP 中的码点值需要加上"0x010000"才是实际的码点起始位置。

从 Java 9 开始，Character 类的构造方法不再被推荐使用，而是建议使用 valueOf(...)方法来使用 Character 包装类。通过 valueOf(...)方法可以应用缓存策略，提高运行效率。【源码】4-6 中包含了构造方法、valueOf(...)方法，同时还包含了关于缓存使用的源码。

【源码】4-6　java.lang.Character（二）

```
1   private final char value;
2   public Character(char value) {
3       this.value = value;
4       private static class CharacterCache {
5       private CharacterCache(){}
6
7       static final Character cache[] = new Character[127 + 1];
8
9       static {
10          for (int i = 0; i < cache.length; i++)
11              cache[i] = new Character((char)i);
12      }
13  }
14  public static Character valueOf(char c) {
15      if (c <= 127) { // must cache
16          return CharacterCache.cache[(int)c];
17      }
18      return new Character(c);
19  }
20  public char charValue() {
21      return value;
22  }
23  public static String toString(int codePoint) {
```

```
24        return String.valueOfCodePoint(codePoint);
25    }
```

- 第 1 行定义了 char 类型的成员变量 value，这个变量就是 Character 类中的数据，这里存放的可能是一个完整的 Unicode 字符，也可能是半个 Unicode 字符。
- 第 2 行是 Character 类的构造方法，Character 类只有一个构造方法，并且接受的原生数据类型是 char 类型，不接受其他的数据类型。
- 第 4 行定义了静态内部类 CharacterCache，缓存 ASCII 码范围内的数据到缓存中。
- 第 9~12 行属于 CharacterCache 类内部的静态代码块，CharacterCache 在第一次被调用时执行，初始化 cache 缓存数组。
- 第 14 行定义的 valueOf(...)方法是将建议的 char 类型对象转换为 Character 包装类对象的方法。
- 第 15 行判断 char 类型对象是否可以从缓存中获取，c 对象的数字即是该对象在缓存数组中的下标值。
- 第 20 行定义的 charValue()方法属于比较常用的方法，即将包装对象转换为原生类型 char 类型对象。
- 第 23 行定义了静态 toString(...)方法，入参是 Unicode 字符集范围内的有效码点，支持 BMP 部分和 SMP 部分的字符集，详见 String 类源码说明。

在 Character 类中，总计有六个"isXxx(...)"形式的方法用于对 Unicode 字符集进行合法性校验，如【源码】4-7 所示，包括判断码点数据是否合法，判断码点是否在 BMP 范围内，判断码点是否位于 SMP 范围内，判断码点是否为高位代理对，判断码点是否为低位代理对，判断码点是否为高低位搭配出现的代理对等。

【源码】4-7　java.lang.Character（三）

```
1   public static boolean isValidCodePoint(int codePoint) {
2       int plane = codePoint >>> 16;
3       return plane < ((MAX_CODE_POINT + 1) >>> 16);
4   }
5   public static boolean isBmpCodePoint(int codePoint) {
6       return codePoint >>> 16 == 0;
7   }
8   public static boolean isSupplementaryCodePoint(int codePoint) {
9       return codePoint >= MIN_SUPPLEMENTARY_CODE_POINT
10          && codePoint < MAX_CODE_POINT + 1;
11  }
12  public static boolean isHighSurrogate(char ch) {
13      return ch >= MIN_HIGH_SURROGATE && ch < (MAX_HIGH_SURROGATE + 1);
14  }
15  public static boolean isLowSurrogate(char ch) {
```

```
16            return ch >= MIN_LOW_SURROGATE && ch < (MAX_LOW_SURROGATE + 1);
17        }
18        public static boolean isSurrogatePair(char high, char low) {
19            return isHighSurrogate(high) && isLowSurrogate(low);
20        }
21        public static int charCount(int codePoint) {
22            return codePoint >= MIN_SUPPLEMENTARY_CODE_POINT ? 2 : 1;
23        }
```

- 第 1~4 行定义了判断码点数据是否合法的方法，对于码点的判断并没有考虑字符位置是否已经定义了合法的字符。
- 第 5~7 行定义了判断码点是否在 BMP 范围（即 0~0xFFFF）内的方法。
- 第 8~11 行定义了判断码点是否位于 SMP 范围（即 0x010000~0x10FFFF）内的方法。
- 第 18~20 行定义了判断两个 char 类型变量是否为一个合法的 Unicode 字符的方法，对高位代理对和低位代理对的判断分别参照第 12、15 两行定义的方法。
- 第 21 行定义了一个判断方法，如果码点处于 SMP 范围内，则说明该 Unicode 字符需要用 2 个 char 类型来表示；否则码点处于 BMP 范围内，只需要用 1 个 char 类型来表示。

【源码】4-8 中的代码实现了三个功能，第一个功能是将高/低位代理对类型的 char 类型数据转换为字符的码点位置；第二个功能是将码点数据转换为 char[]数组，与第一个功能正好相反；第三个功能是判断某个字符数组中从指定位置开始计算可以转换为有效码点的数量。其中的循环判断逻辑设计很巧妙，值得认真品读。

【源码】4-8　java.lang.Character（四）

```
1     public static int toCodePoint(char high, char low) {
2         return ((high << 10) + low) + (MIN_SUPPLEMENTARY_CODE_POINT
3                                        - (MIN_HIGH_SURROGATE << 10) - MIN_LOW_SURROGATE);
4     }
5     public static char[] toChars(int codePoint) {
6         if (isBmpCodePoint(codePoint)) {
7             return new char[] { (char) codePoint };
8         } else if (isValidCodePoint(codePoint)) {
9             char[] result = new char[2];
10            toSurrogates(codePoint, result, 0);
11            return result;
12        } else {
13            throw new IllegalArgumentException(
14                String.format("Not a valid Unicode code point: 0x%X", codePoint));
```

```
15            }
16        }
17        static int codePointCountImpl(char[] a, int offset, int count) {
18            int endIndex = offset + count;
19            int n = count;
20            for (int i = offset; i < endIndex; ) {
21                if (isHighSurrogate(a[i++]) && i < endIndex &&
22                    isLowSurrogate(a[i])) {
23                    n--;
24                    i++;
25                }
26            }
27            return n;
28        }
```

- 第 2 行代码通过移位运算，将高低位代理对数据转换为码点数据。转换工作可以拆解为三步。首先，因为高位代理对拼接后占位的位置是第 10 位～第 20 位，所以通过"high << 10"语句向左移动 10 位。其次，因为移位相加后的代理对中包含了起始偏移值"D800"和"DC00"，所以在第二步减去其中的偏移值。最后，对换算后 SMP 的字符增加起始偏移值"0x010000"，因为 BMP 已经占用了 0～0x00FFFF 的位置。
- 第 5 行定义静态 toChars(...)方法，对于输入任意的整型数据，判断其码点所处范围，根据相应规则返回 char[]数组格式的字符数据。
- 第 7 行将 BMP 范围内的 char 类型数据转换为数组格式返回。
- 第 10 行调用 toSurrogates(...)方法，将数据按照辅助多文种平面的码点进行转换，返回 char[]数组。
- 第 13 行对于无效码点数据，抛出异常 IllegalArgumentException。
- 第 17 行定义了 codePointCountImpl(...)方法，判断 char[]数组中的有效码点数。
- 第 21 行的判断逻辑可以分为两种情况，当 char[]数组中第 i 个元素和第 i+1 个元素分别是合法的高、低位代理对，对码点数执行自减操作，在下一轮循环跳过当前高低位代理对；反之，则将被视为普通的码点数据。这里对于高低位没有成对出现的异常情况，按照 BMP 码点进行默认处理。

### 4.5.2　String 类中的显式或隐式编码转换

在分析 String 类的源码之前，先做一个小练习，通过不同的方式生成字符串，体验各种构造方法之间的差异。最常用的字符串构造方式首先是通过双引号的方式定义字符串，其次是通过 char[]数组转换为字符串，其他方式一般只有在进行 I/O 相关操作的时候才可能会用到，下面通过【示例源码】4-24 一并介绍。

**【示例源码】4-24　chap04.sect05.StringGenerate**

```java
1  package chap04.sect05;
2  public class StringGenerate {
3    public static void main(String[] args) throws Exception {
4      System.out.println(System.getProperties().get("file.encoding"));
5      System.out.print(new String("共"));
6
7      char[] chars1 = Character.toChars(0x02_00_16);
8      char[] chars2 = { 0xd840, 0xdc16 };
9
10     System.out.print(new String(chars1));
11     System.out.print(new String(chars2));
12     System.out.print(new String("\uD840\uDC16"));
13
14     byte[] bytes1 = { (byte) 0xd8, (byte) 0x40, (byte) 0xdc, (byte) 0x16 };
15     System.out.print(new String(bytes1, "utf16"));
16     System.out.print(new String(bytes1, "utf-16be"));
17     byte[] bytes2 = { (byte) 0x40, (byte) 0xd8, (byte) 0x16, (byte) 0xdc };
18     System.out.print(new String(bytes2, "utf-16le"));
19     byte[] bytes3 = { (byte) 0xf0, (byte) 0xa0, (byte) 0x80, (byte) 0x96 };
20     System.out.print(new String(bytes3, "utf-8"));
21   }
22 }
```

- 第 5 行是最常用的字符串定义，字符"共"位于 Unicode 字符集中的第 3 号平面；十六进制码点可以表示为 0x02_00_16。
- 第 8 行定义的 { 0xd840, 0xdc16 } 是"共"字的 UTF-16 编码格式。
- 第 12 行定义的字符串以"\u"为前缀，在早期的属性文件中还比较常见，如果去掉"\u"，可以发现它和第 8 行定义的 char[] 数组一致，也是 char 类型在 JVM 中的存在形式。
- 第 14 行、第 17 行和第 19 行定义了三种字符编码格式的字节数组，在 String 类的构造方法中，通过将字符集作为参数传入，支持不同字符集格式的字符串的初始化。

以下为【示例源码】4-24 的主控台输出内容，通过 8 种不同的方式构造字符串。

```
1  UTF-8
2  共共共共共共共共
```

String 类中以 byte[] 数组为入参的相关构造方法一共 9 个，如图 4-37 所示。其中，第 1 个和第 2 个方法被标记为 @Deprecated，已经不推荐使用。最后一个方法的访问类型为 default，不提供外部访问。剩下的 6 个构造方法从设置字符集的方式上可以分为三组，其中 String(byte[],Charset) 和 String(byte[],int,int,Charset) 两个构造方法要求传入 Charset 类型的参数，显式指定字节数组的编码格式；String(byte[],String)和 String(byte[],int,int,String)两个构造方法的最后一个参数均为字符串，需要 String 类在内部逻辑中根据字符串转换为对应的字符集或字符编码，字符串的书写格式比较随意，可以支持很多别名的形式；String(byte[])和 String(byte[],int,int)两个构造方法没有传入字符集参数，String 类将以环境变量中设定的 file.encoding 参数作为字符串转换的默认值。

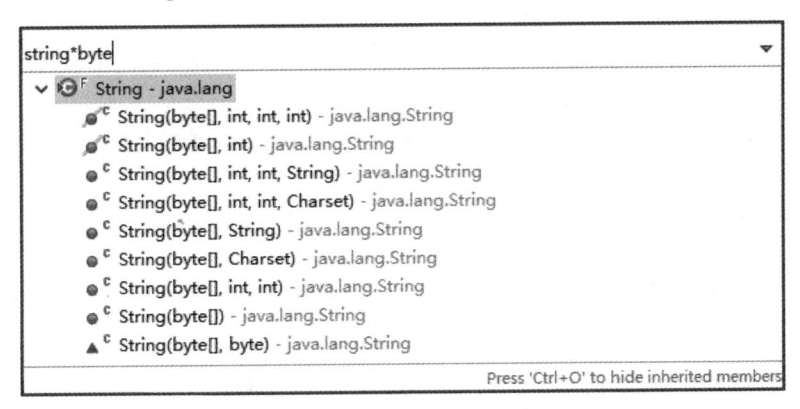

图 4-37　String 类中构造方法列表

### 1. String 类源码解析

理解字符串的不可变性，是掌握 Java 中 String 类的关键基础。不可变性是指一旦字符串对象创建完成，其内容便无法被修改。任何看似"修改"字符串的操作，实际上都是创建新的字符串对象。例如，变量 s 最初指向"Hello"，进行字符串拼接后会创建新字符串"Hello World"，并让 s 指向这个新对象，而原来的"Hello"字符串对象不受影响。

在 Java 里，字符串存储于一个被称为"字符串池"的共享内存区域。当两个字符串值相同时，它们有可能共享同一内存地址。这种内存共享显著减少了内存的使用量，进而提升了程序的性能。而且，由于字符串不可变，Java 可以放心地将相同的字符串引用分配给不同的变量或代码部分，无须担忧其中一方改变字符串内容会影响另一方。因为字符串不可变，所以它们在多线程环境中是安全的。多个线程能够安全地共享和访问同一个字符串对象，不必担心某个线程修改字符串内容导致其他线程数据不一致。

下列源码是 String 类定义的开始部分，其中最重要的是变量 value 的定义。在老版本的 String 类中，内部是以 char[]数组的形式定义变量 value。自 JDK 10 开始，String 类支持压缩处理模式，为单字节字符集节省了大量内存空间。

【源码】4-9 是 String 类的定义的初始部分，包括了成员变量的定义和无参构造方法的定义。

【源码】4-9　java.lang.String（一）

```
1  package java.lang;
2  ……
3  public final class String
```

```
4       implements java.io.Serializable, Comparable<String>, CharSequence {
5       private final byte[] value;
6       private final byte coder;
7       private int hash; // Default to 0
8       static final boolean COMPACT_STRINGS;
9       static {
10          COMPACT_STRINGS = true;
11      }
12      public String() {
13          this.value = "".value;
14          this.coder = "".coder;
15      }
```

- 第 5 行定义字节数组 value，保存真正的字符数据，在 JDK 9 及之前的版本中，内部数据存储对象 value 被定义为 "private final char value[]"。
- 第 6 行中定义的 coder 值对应常量 LATIN1=0 和常量 UTF16=1，如果 coder 值为 UTF16，则在计算字符串长度时将除以 2，也就是右移一位。
- 第 10 行定义初始化字符串是否压缩的值为 true，如果字符串全部为 LATIN1 字符，则在 JVM 中占用空间将减半，对内存执行 Dump 操作时，文件大小同样会缩小。

针对字符串的初始化，【源码】4-10 摘取 String 类中的两个典型构造方法进行讲解。第一个构造方法为私有构造方法，其入参为 char[]数组，其中针对压缩标记进行了逻辑判断，若实际数据中的字符大于 0xFF，则不作压缩处理，并将 coder 变量标记为 "UTF16"，否则标记为 "LATIN1"。第二个构造方法的入参为 byte[]字节数组，并且对字节数组的实际编码形式指定了字符集，在初始化字符串时，首先将字节数组进行解码，解码完成后再进行相应的压缩处理工作。

【源码】4-10 java.lang.String（二）

```
1   String(char[] value, int off, int len, Void sig) {
2       if (len == 0) {
3           this.value = "".value;
4           this.coder = "".coder;
5           return;
6       }
7       if (COMPACT_STRINGS) {
8           byte[] val = StringUTF16.compress(value, off, len);
9           if (val != null) {
10              this.value = val;
11              this.coder = LATIN1;
12              return;
13          }
14      }
```

```
15      this.coder = UTF16;
16      this.value = StringUTF16.toBytes(value, off, len);
17  }
18  public String(byte bytes[], int offset, int length, String charsetName)
19          throws UnsupportedEncodingException {
20      if (charsetName == null)
21          throw new NullPointerException("charsetName");
22      checkBoundsOffCount(offset, length, bytes.length);
23      StringCoding.Result ret =
24          StringCoding.decode(charsetName, bytes, offset, length);
25      this.value = ret.value;
26      this.coder = ret.coder;
27  }
```

- 第 1 行定义 default 类型的构造方法，将 char[]数组转换为字符串，最后一个参数 sig 为空类型，用于消除与其他 public 类型的构造方法之间的歧义，在方法体内实际未使用该参数，利用了空类型永远都不会初始化的特性。对于 String 类中包含了众多的构造方法来说，这不失为一个好的解决方案。
- 第 8 行调用 StringUTF16.compress(...)方法初始化字节数组，如果入参大于 0xFF，则返回 null。
- 第 16 行以非压缩格式初始化字符串。
- 第 18 行定义 String 类构造方法，将字节数组按照指定的字符集名称转换为字符串。
- 第 24 行调用 StringCoding 类的解码方法，将字节数组按指定字符集进行解码。

在 String 类的发展过程中，经历了 Unicode 字符从一个 char 类型扩展到两个 char 类型的变化，还经历了内部数据从用 char[]数组表示到用 byte[]字节数组表示的变化。在最初的版本中，计算字符串的长度、查找单个字符串等方法都简单直接，没有任何歧义，但是在 JDK 11 中的很多方法要考虑对历史遗留问题的兼容性，很多方法的含义发生了变化，在应用的时候需要善加分辨，确认实际的应用场景并区别对待。【源码】4-11 列举了几个常用方法的源码，并对其中的处理逻辑进行简单地讲解。

【源码】4-11　java.lang.String（三）

```
1   public int length() {
2       return value.length >> coder();
3   }
4   public char charAt(int index) {
5       if (isLatin1()) {
6           return StringLatin1.charAt(value, index);
7       } else {
8           return StringUTF16.charAt(value, index);
9       }
10  }
```

```
11    public int codePointAt(int index) {
12        if (isLatin1()) {
13            checkIndex(index, value.length);
14            return value[index] & 0xff;
15        }
16        int length = value.length >> 1;
17        checkIndex(index, length);
18        return StringUTF16.codePointAt(value, index, length);
19    }
20    public byte[] getBytes(Charset charset) {
21        if (charset == null) throw new NullPointerException();
22        return StringCoding.encode(charset, coder(), value);
23    }
```

- 第 1 行定义 length()方法，获取字符串的长度。
- 第 2 行通过移位操作计算字符串的长度，如果字符串被压缩，字符串长度直接为数组长度；如果字符串没有被压缩，字符串的长度为数组长度的二分之一。
- 第 4 行定义 charAt(...)方法，获取字符串中下标为 index 的字符。
- 第 6 行按照字符串被压缩的格式进行查找，直接获取字节数组 value 的下标。
- 第 8 行对未被压缩的字符串按下标查找字符，对于辅助多文种平面的字符，则只能返回半个文字。
- 第 11 行定义 codePointAt(...)方法，通过下标获取字符串中指定位置字符的码点值。
- 第 18 行获取指定位置的码点值，如果字符位于辅助多文种平面，则索引下标位于高位代理对，可以获取完整的码点值；如果索引下标位于低位代理对，则获取低位代理对的值。
- 第 20 行定义 getBytes(...)方法，将字符串按指定字符集编码格式转换为字节数组。
- 第 22 行执行 StringCoding.encode(...)编码方法。

**注意**

java.lang.String 类中的 length()方法获取到的是所有字符以 UTF-16 字符编码格式对应的编码单元之和，当字符串中存在辅助多文种平面内的文字时，返回值大于文字的个数。通过 String.codePointCount(...)方法可以获取到实际的 Unicode 字符个数。

【源码】4-12 定义了 valueOfCodePoint(...)方法，它可以将输入的单个码点参数转换为有效的字符串。代码中首先判断输入码点是否小于 255，即单字节长度，如果符合条件，则按照"LATIN1"初始化字符串。否则统一按照"UTF16"模式初始化字符串。

【源码】4-12    java.lang.String（四）

```
1    static String valueOfCodePoint(int codePoint) {
2        if (COMPACT_STRINGS && StringLatin1.canEncode(codePoint)) {
3            return new String(StringLatin1.toBytes((char)codePoint), LATIN1);
```

```
4         } else if (Character.isBmpCodePoint(codePoint)) {
5             return new String(StringUTF16.toBytes((char)codePoint), UTF16);
6         } else if (Character.isSupplementaryCodePoint(codePoint)) {
7             return new String(StringUTF16.toBytesSupplementary(codePoint), UTF16);
8         }
9         throw new IllegalArgumentException(
10            format("Not a valid Unicode code point: 0x%X", codePoint));
11    }
```

- 第 2 行调用 StringLatin1.canEncode(...)方法，其内部通过向右移动 8 位（return cp>>>8==0）的方式判断。
- 第 3 行调用的 StringLatin1.toBytes(...)方法是通过将 char 类型的数据强制转换为 byte 类的数据实现，因为 char 类型的高 8 位已经确认全部为 0。
- 第 4 行判断码点是否为 BMP 范围，如果符合条件，则将码点参数强制转换为 char 类型，然后调用方法 StringUTF16.toBytes(...)将码点数据转换为 2 字节的数组。
- 第 6 行判断码点参数是否为辅助多文种平面中的有效字符，如果符合条件则构造"*UTF16*"类型的字符串。

2. 字符串的编码解码执行器 StringCoding 类

JDK 中 StringCoding 类与 String 类强相关，它负责对字符数组进行编码或者对字符串进行解码的工作。【源码】4-13 中选取其中最典型的 encode(...)方法进行分析。在 encode(...)方法的起始位置，先从上下文中获取默认的字符集，对应的 UTF-8、ISO-8859-1、US_ASCII 三种字符集都有对应的编码方法。默认的 3 个字符集是常用的字符集，编码、解码的算法也比较简单。如果不属于默认的 3 个字符集，则需要通过 StringEncoder 类，关联指定字符集提供的编码、解码方法。

【源码】4-13　java.lang.StringCoding

```
1     static byte[] encode(byte coder, byte[] val) {
2         Charset cs = Charset.defaultCharset();
3         if (cs == UTF_8) {
4             return encodeUTF8(coder, val, true);
5         }
6         if (cs == ISO_8859_1) {
7             return encode8859_1(coder, val);
8         }
9         if (cs == US_ASCII) {
10            return encodeASCII(coder, val);
11        }
12        StringEncoder se = deref(encoder);
13        if (se == null || !cs.name().equals(se.cs.name())) {
14            se = new StringEncoder(cs, cs.name());
```

```
15          set(encoder, se);
16        }
17        return se.encode(coder, val);
18    }
```

- 第 4 行对 UTF-8 字符集进行编码。
- 第 6 行针对 ISO-8859-1 字符集，调用 encode8859_1(...)方法进行编码，在该方法内部对字节数组进行循环处理，如果获取的字符范围超出了"0x00FF"，则说明字符不属于单字节字符，方法将以"?"来代替。在很多场景中，如果看到输出内容中有大量的问号，则说明对字符串进行 ISO-8859-1 编码失败。

> **注意**
>
> 在 StringCoding.encode8859_1(...)方法中，如下语句是发生问号形式乱码的根源。
> ```
> 1 dst[dp++] = '?';
> ```
> 通过如下语句可以进入 ISO-8859-1 字符集编码部分，通过程序断点的方式，可以进行调试。
> ```
> 2 byte[] bytes = "中文".getBytes(new ISO_8859_1());
> ```

### 4.5.3 所有字符集或编码的祖先——Charset 类

抽象类 java.nio.charset.Charset 是所有字符集的基类，它不仅提供了 12 个静态方法用作字符集操作工具，还定义了 newDecoder()、newEncoder()、contains(...)三个抽象方法，约定了字符集的实现标准。Charset 类对字符集的命名规则进行了限定，如空字符串不是合法的字符集名称，字符集名称不区分大小写等。每个字符集都有一个规范名称，还允许有一个或多个别名。Charset 类还负责在 JVM 启动时设置上下文默认字符集，默认字符集通常来源于底层操作系统使用的本地字符集，也可以显式指定。【源码】4-14 摘取了 Charset 类中的默认字符集设置方法和字符集查找方法。

【源码】4-14  java.nio.charset.Charset

```
1  package java.nio.charset;
2  public abstract class Charset implements Comparable<Charset>{
3    public static Charset defaultCharset() {
4      if (defaultCharset == null) {
5        synchronized (Charset.class) {
6          String csn = GetPropertyAction.privilegedGetProperty("file.encoding");
7          Charset cs = lookup(csn);
8          if (cs != null)
9            defaultCharset = cs;
10         else
11           defaultCharset = sun.nio.cs.UTF_8.INSTANCE;
12       }
```

```
13        }
14        return defaultCharset;
15    }
16    private static Charset lookup2(String charsetName) {
17        ……
18        Charset cs;
19        if ((cs = standardProvider.charsetForName(charsetName)) != null
                || (cs = lookupExtendedCharset(charsetName)) != null
                || (cs = lookupViaProviders(charsetName)) != null) {
20            cache(charsetName, cs);
21            return cs;
22        }
23        ……
24    }
```

- 第 6 行从环境变量"file.encoding"中获取字符集配置信息,用户可以通过参数"-Dfile.encoding=xxx"进行修改,在程序内部通过 System.setProperty(...)方法设置则无法影响已经初始化完成的默认字符集。
- 第 11 行针对按"file.encoding"属性未获取到有效字符集的情况,默认指派 UTF-8 字符集。
- 第 16 行定义 lookup2(...)方法,分别从标准字符集支持库、扩展字符集支持库或第三方支持库中获取字符集,在每个方法内部通过查字典的方式确认对应字符集的 Charset 扩展类。
- 第 19 行 if 语句内包含了 3 个逻辑判断,如果前一个条件满足,则不再继续下一个判断。

JDK 预置支持的字符集非常多,而每个字符集又为大小写冗余、连字符、下划线等派生出多个别名,各类别名在代码中的使用稍显杂乱。【示例源码】4-25 输出了 JDK 中所有内置的字符集。

【示例源码】4-25  chap04.sect05.DisplayCharsetAliases

```
1  package chap04.sect05;
2  import java.nio.charset.Charset;
3  class DisplayCharsetAliases {
4      public static void main(String[] args) {
5          System.out.println("Charset -> Aliases");
6          for (Charset cs : Charset.availableCharsets().values()) {
7              System.out.println(cs.name() + " -> " + cs.aliases());
8  }   }   }
```

- 第 6 行调用 availableCharsets()方法,获取 JDK 中所有可用字符编码及其别名。
- 第 7 行向主控台输出字符编码、字符别名对照表。

### 4.5.4　Java 序列化之 DataOutputStream 类

DataOutputStream 类归属于 java.io 包，之所以没有将其放到本书第 5 章介绍，主要有两点原因。第一，DataOutputStream 类重点在于实现原生对象及字符串的序列化功能，特别是 writeUTF(...)方法，该方法涉及字符编码的转换，包含了从 UTF-16 转换到 MUTF-8 的标准算法；第二，虽然 DataOutputStream 类继承了 FilterOutputStream 过滤流，但更重要的是它实现了 DataOutput 接口，这是理解 Java 序列化与反序列化的基础。ZK 工程源码中的 jute 模块专门处理远程过程调用，其中大量地涉及 DataOutput 接口和 DataInput 接口。

【示例源码】4-26 演示了 5 个容易引起歧义的序列化方法，代码执行后刷新工程目录，可以看到新生成的 DOS.dat 文件，该文件内容是一长串连续的字节码，在 Eclipse 中可以选择使用插件 BinEd Binary 打开查看。

【示例源码】4-26　chap04.sect05.DataOutputTests

```java
package chap04.sect05;
import java.io.*;
public class DataOutputTests {
  public static void main(String[] args) throws Exception {
    try (var dos = new DataOutputStream(new FileOutputStream("DOS.dat"))) {
      dos.writeChars("工");
      dos.writeBytes("工");
      dos.writeUTF("工");
      dos.write("工".getBytes("utf-16be"));
      dos.write("工".getBytes("utf-8"));
} } }
```

- 第 6 行将字符串以 char 类型输出。
- 第 7 行将字符串强制转换为字节数组输出，对于非单字节字符集将发生数据丢失。
- 第 8 行将字符串转换为 MUTF-8 字符集输出。
- 第 9 行和第 10 行输出两种字符编码的字节数组格式，便于和之前的输出结果进行对比。

输出语句与输出内容的对照关系如表 4-4 所示，并在"说明"一列中详细说明了不同方法的实现逻辑。

表 4-4　输出语句与输出内容对照关系

| 序号 | 输出内容 | 输出语句 | 说明 |
| --- | --- | --- | --- |
| 1 | D8 40 DC 04 | dos.writeChars("工"); | 输出内容为 UTF-16BE 编码格式字符串，支持辅助多文种平面中以代理对形式存在的字符 |
| 2 | 40 04 | dos.writeBytes("工"); | 将字符串在 JVM 中的 char 类型强制转换成 byte 类型，高 8 位的 D8、DC 等被抹去，发生了数据丢失 |

（续表）

| 序号 | 输出内容 | 输出语句 | 说明 |
|---|---|---|---|
| 3 | 00 06 ED A1 80 ED B0 84 | dos.writeUTF("𠂉"); | 以 MUTF-8 格式输出，并且在开始的两个字节中描述了字符串占用的字节数，0006 代表了占 6 个字节 |
| 4 | D8 40 DC 04 | dos.write("𠂉".getBytes("utf-16be")); | 将字符串转码为 UTF-16BE 字符集的字节数组，输出结果与第一行完全一致 |
| 5 | F0 A0 80 84 | dos.write("𠂉".getBytes("utf-8")); | 字符串以 UTF-8 编码格式输出，占用 4 个字节，与 MUTF-8 占用 6 个字节不同 |

1. DataOutput 接口定义

DataOutput 接口定义了 14 个 writeXxx(...)方法，主要分为四类：第一类是标准的 write(int b)方法，写入格式在实现类中定义；第二类是八个 Java 原生数据类型的 writeXxx(...)方法，如 writeBoolean(...)、writeByte(...)等，允许将不同的数据类型以不同的格式转换为输出流；第三类是两个字节数组的 write(...)方法，可以处理字节的批量输出；第四类是三个 String 类型作为输入参数的 writeXxx(...)方法，转换后的格式分别是 byte[]数组、char[]数组和 MUTF-8 格式的数据。详情如【源码】4-15 所示。

【源码】4-15　java.io.DataOutput

```java
package java.io;
public interface DataOutput {
    void write(int b) throws IOException;
    void write(byte b[]) throws IOException;
    void write(byte b[], int off, int len) throws IOException;
    void writeBoolean(boolean v) throws IOException;
    void writeByte(int v) throws IOException;
    void writeShort(int v) throws IOException;
    void writeChar(int v) throws IOException;
    void writeInt(int v) throws IOException;
    void writeLong(long v) throws IOException;
    void writeFloat(float v) throws IOException;
    void writeBytes(String s) throws IOException;
    void writeChars(String s) throws IOException;
    void writeUTF(String s) throws IOException;
}
```

- 第 3 行、第 7～10 行定义的方法输入参数都是 int，在实现类中都会进行类型强制转换。
- 第 15 行定义的 writeUTF(String s)方法是本章研究的重点，在【源码】4-17 中将进行详细剖析。

2. DataOutputStream 源码分析

DataOutputStream 类是 DataOutput 接口的一个具体实现，实现了 DataOutput 接口中定

义的 writeXxx(...)方法，支持 8 个基本类型的序列化、字符串的 3 种格式序列化和字节数组的序列化等。学习和领会 DataOutputStream 类中针对不同数据类型的序列化方式，是学习 Java I/O 和更高阶的 RPC 组件的基础。

【源码】4-16 中选取了 DataOutputStream 类的构造方法和其中 3 种写方法，具有非常好的代表性。

【源码】4-16　java.io.DataOutputStream（一）

```java
package java.io;
public class DataOutputStream extends FilterOutputStream implements DataOutput {
    protected int written;
    private byte[] bytearr = null;
    public DataOutputStream(OutputStream out) {     super(out);     }
    public final void writeBoolean(boolean v) throws IOException {
        out.write(v ? 1 : 0);
        incCount(1);
    }
    public final void writeInt(int v) throws IOException {
        out.write((v >>> 24) & 0xFF);
        out.write((v >>> 16) & 0xFF);
        out.write((v >>> 8) & 0xFF);
        out.write((v >>> 0) & 0xFF);
        incCount(4);
    }
    public final void writeBytes(String s) throws IOException {
        int len = s.length();
        for (int i = 0 ; i < len ; i++) {
            out.write((byte)s.charAt(i));
        }
        incCount(len);
    }
    public final void writeChars(String s) throws IOException {
        int len = s.length();
        for (int i = 0 ; i < len ; i++) {
            int v = s.charAt(i);
            out.write((v >>> 8) & 0xFF);
            out.write((v >>> 0) & 0xFF);
        }
        incCount(len * 2);
    }
```

- 第 3 行定义 written 变量，记录当前写入流中的字节数。
- 第 5 行定义了构造方法，构造方法的入参又传递给了父类 FilterOutputStream 类。

- 第 6 行定义了 writeBoolean(...)方法，入参为 boolean 类型，在方法体内将 boolean 类型的 true 和 false 转换成了 1 和 0，最后将 1 或 0 以字节的形式输出。
- 第 10 行定义了 writeInt(...)方法，该方法与 write(...)方法的入参都是 int 类型，这里是输出一个完整的 int 类型值，含 4 个字节。
- 第 11~14 行通过移位的方式将 int 类型的变量分段保存到了输出流中，这里使用无符号右移的方式并不会影响 int 类型变量的正负属性。
- 第 17 行定义了 writeBytes(...)方法，将 String 类型的变量转换为字节数组。
- 第 18 行调用字符串变量的 length()方法，返回的长度是所有字符以 UTF-16 编码的 char 类型长度，辅助多文种平面中的字符占用两位长度。
- 第 20 行截取每个 char 类型的后 8 位输出到流中，这里其实只是为了让保存单字节的字符集可以使用，如 ASCII 码或 ISO-8859-1 编码。如果是汉字类型，则会丢失信息。
- 第 24 行定义了 writeChars(...)方法，将变量类型为 String 的数据以 UTF-16 字符编码转换为 char[]数组，将 char[]数组循环输出到流中，这个方法对 ASCII 编码的数据是一种浪费。

前面提到的 writeBytes(...)方法和 writeChars(...)方法都是以固定长度的方式处理字符串，保存为 byte[]数组，或者以 char 类型的形式保存为数组。前一种方式不适用于汉字，后一种方式又可能存在空间上的浪费。下面将要介绍的 writeUTF(...)方法则是按照 Java 自定义的 MUTF-8 编码格式保存字符串。

DataOutputStream 类提供了两个 writeUTF(...)方法，第一个方法只有一个参数，就是传入需要处理的字符串，方法体内部实际上是直接调用了第二个方法，也就是【源码】4-17 中的 writeUTF(...)静态方法。该方法的第二个参数实现了 DataOutput 接口，而不一定都输出到流中。

【源码】4-17 分析了 writeUTF(...)方法中的 MUTF-8 编码转换算法，有三点特殊考虑。第一，字符串默认按照 ASCII 码方式循环处理，当首次碰到超出 ASCII 码范围的字符时，升级为 ASCII 码范围之外的字符，提升转换效率；第二，对于辅助多文种平面中占用两个 char 类型变量的字符无须特殊处理，直接以 str.charAt(...)方法逐个返回的高位代理对和低位代理对分别转换为对应的最高三字节 MUTF-8 编码格式，简化了判断逻辑；第三，对 NULL（0x0000）字符需要转换为双字节的 MUTF-8 编码，代码第 8 行和第 13 行的 "c >= 0x0001" 即为其处理逻辑。

【源码】4-17　java.io.DataOutputStream（二）

```
1  static int writeUTF(String str, DataOutput out) throws IOException {
2      ……
3      bytearr[count++] = (byte) ((utflen >>> 8) & 0xFF);
4      bytearr[count++] = (byte) ((utflen >>> 0) & 0xFF);
```

```
5       int i=0;
6       for (i=0; i<strlen; i++) {
7           c = str.charAt(i);
8           if (!((c >= 0x0001) && (c <= 0x007F))) break;
9           bytearr[count++] = (byte) c;
10      }
11      for (;i < strlen; i++){
12          c = str.charAt(i);
13          if ((c >= 0x0001) && (c <= 0x007F)) {
14              bytearr[count++] = (byte) c;
15          } else if (c > 0x07FF) {
16              bytearr[count++] = (byte) (0xE0 | ((c >> 12) & 0x0F));
17              bytearr[count++] = (byte) (0x80 | ((c >> 6) & 0x3F));
18              bytearr[count++] = (byte) (0x80 | ((c >> 0) & 0x3F));
19          } else {
20              bytearr[count++] = (byte) (0xC0 | ((c >> 6) & 0x1F));
21              bytearr[count++] = (byte) (0x80 | ((c >> 0) & 0x3F));
22          }
23      }
24      out.write(bytearr, 0, utflen+2);
25      return utflen + 2;
26  }
```

- 第 3 行和第 4 行将计算出的字节数组的长度保存到数组开始位置（utflen 为整型），用 2 字节保存，支持最大长度为 65536，这个数字用于在读取的时候确定字符串的边界。
- 第 6 行开始对字符串作循环处理，对占用 2 个 char 类型的辅助多文种平面中的字符，系统同样可以正常处理。
- 第 8 行判断字符串中的字符是否为 ASCII 码范围内的字符，如果不在该范围内，则退出循环。
- 第 11 行开始对变量 i 继续前面的循环，只有当字符串中存在 ASCII 码范围外的字符时，才会进入这段标准的 MUTF-8 编码转换逻辑。
- 第 13 行处理 ASCII 码范围内的字符。
- 第 15 行处理需占用 3 字节表达的字符，因为两个字节只能表达 11 bit 有效位，上限为 7FF。
- 第 16~18 行将 char 类型字符划分为三段：1110xxxx-10xxxxxx-10xxxxxx，刚好可以表达 2 字节，即 16 bit。
- 第 20 行和第 21 行对只需 2 字节来表示的字符进行处理，转换后的形式为：110xxxxx-10xxxxxx，一共可以表达 11 bit，对于 0x0000 则会被转换为 11000000-10000000。

- 第 24 行将转换后的字节数组写回传入的对象，这里不一定是流类型。

> **注意**
>
> writeUTF(...)方法在使用的时候需要注意两点。第一，其输出内容的前两个字节固定描述字节数组长度，如果通过其他工具打开来看，可能看起来像乱码；第二，writeUTF(...)方法每调用一次都会输出一个包含长度节点和数据内容的完整序列，而不会将两个 String 类型变量作合并处理，所以读取的时候同样需要读两次。

### 4.5.5　Java 反序列化之 DataInputStream 类

与 DataOutputStream 类功能相对应的是 DataInputStream 类，它从输入流或者字节数组类型的数据中顺序读取数据，再将数据转换为原生数据类型或字符串类型。【源码】4-18 列举了 DataInputStream 类中的部分读方法，代表了不同的数据反序列化策略。

【源码】4-18　java.io.DataInputStream（一）

```java
1   package java.io;
2   public
3   class DataInputStream extends FilterInputStream implements DataInput {
4       public DataInputStream(InputStream in) {
5           super(in);
6       }
7       private byte bytearr[] = new byte[80];
8       private char chararr[] = new char[80];
9       public final int read(byte b[]) throws IOException {
10          return in.read(b, 0, b.length);
11      }
12      public final boolean readBoolean() throws IOException {
13          int ch = in.read();
14          if (ch < 0)
15              throw new EOFException();
16          return (ch != 0);
17      }
18      public final byte readByte() throws IOException {
19          int ch = in.read();
20          if (ch < 0)
21              throw new EOFException();
22          return (byte)(ch);
23      }
24      public final int readInt() throws IOException {
25          int ch1 = in.read();
26          int ch2 = in.read();
27          int ch3 = in.read();
```

```
28          int ch4 = in.read();
29          if ((ch1 | ch2 | ch3 | ch4) < 0)
30              throw new EOFException();
31          return ((ch1 << 24) + (ch2 << 16) + (ch3 << 8) + (ch4 << 0));
32      }
```

- 第 9 行定义了 read(byte b[])方法，方法返回参数为 int 类型，标记获取到的数据长度或状态，而真正的返回内容存放在入参 b[]数组中。这里是通过引用的方式返回数据。
- 第 12 行定义 readBoolean()方法读取 boolean 值，boolean 类型在流中只占用了 1 字节，通过判断其是否为 0 来确认 true 或 false。
- 第 18 行定义了 readByte()方法，该方法只从流中读取 1 字节，在返回之前，通过强制转换的方式，将 int 类型的数据截断为 byte 类型的数据。
- 第 22 行将从输入流读取的内容强制转换为 byte 类型，返回调用方。
- 第 24 行定义了 readInt()方法，int 类型的变量在输入流中以 4 个字节的形式存在，在方法体内一共读取了四次。
- 第 31 行通过右移操作，将 4 个字节分别挪动到不同的位置，最后拼接成一个完整的整数返回。

DataInputStream 类中还定义了两个 readUTF(...)方法，其中第一个方法没有入参，也没有太多的逻辑处理，而是直接调用了第二个 readUTF(...)方法。【源码】4-19 中选取的就是第二个方法，这是一个静态方法，接受实现 DataInput 接口的输入参数，也就是说入参并没有强制要求为输入流。

【源码】4-19　java.io.DataInputStream（二）

```
1   public static final String readUTF(DataInput in) throws IOException {
2       int utflen = in.readUnsignedShort();
3       byte[] bytearr = null;
4       char[] chararr = null;
5       if (in instanceof DataInputStream) {
6           DataInputStream dis = (DataInputStream)in;
7           if (dis.bytearr.length < utflen){
8               dis.bytearr = new byte[utflen*2];
9               dis.chararr = new char[utflen*2];
10          }
11          chararr = dis.chararr;
12          bytearr = dis.bytearr;
13      } else {
14          bytearr = new byte[utflen];
15          chararr = new char[utflen];
16      }
```

```
17        int c, char2, char3;
18        int count = 0;
19        int chararr_count=0;
```

- 第 2 行从字节流中获取字符串所占字节数的长度信息，在序列化时保存于字符串的前两个字节中。
- 第 5 行判断入参是否为字节输入流。
- 第 7~9 行判断默认 bytearr 的长度如果小于字节流中数据的长度，则扩大字节输入流中的数组长度，并在本地变量中重用。

【源码】4-20 是 readUTF(...)方法的延续，主要功能是将入参中的数据转换为字符串，在转换过程中首先会默认整个字符串的全部字符都是 ASCII 码，对 ASCII 编码范围内的数据处理逻辑简单，可以提高处理效率。当判断出字符串中含 ASCII 码范围之外的字符时，则退出简化处理流程，进入标准的 MUTF-8 字符编码转换为 char 类型的数据逻辑。

【源码】4-20 java.io.DataInputStream（三）

```
1     in.readFully(bytearr, 0, utflen);
2     while (count < utflen) {
3         c = (int) bytearr[count] & 0xff;
4         if (c > 127) break;
5         count++;
6         chararr[chararr_count++]=(char)c;
7     }
8     while (count < utflen) {
9         c = (int) bytearr[count] & 0xff;
10        switch (c >> 4) {
11            case 0: case 1: case 2: case 3: case 4: case 5: case 6: case 7:
12                /* 0xxxxxxx*/
13                count++;
14        chararr[chararr_count++]=(char)c;
15                break;
16            case 12: case 13:
17                /* 110x xxxx   10xx xxxx*/
18                count += 2;
19                if (count > utflen)
20                    throw new UTFDataFormatException(
21                        "malformed input: partial character at end");
22                char2 = (int) bytearr[count-1];
23                if ((char2 & 0xC0) != 0x80)
24                    throw new UTFDataFormatException("malformed … byte"+count);
25                chararr[chararr_count++]=(char)(((c&0x1F)<< 6)|(char2&0x3F));
26                break;
27            case 14:
```

```
28                     /* 1110 xxxx  10xx xxxx  10xx xxxx */
29                     count += 3;
30                     if (count > utflen)
31                         throw new UTFDataFormatException("malformed input  …….");
32                     char2 = (int) bytearr[count-2];
33                     char3 = (int) bytearr[count-1];
34                     if (((char2 & 0xC0) != 0x80) || ((char3 & 0xC0) != 0x80))
35                         throw new UTFDataFormatException("malformed … "+(count-1));
36                     chararr[chararr_count++]= (char)(((c & 0x0F) << 12) |
37                                     ((char2 & 0x3F) << 6) |((char3 & 0x3F) << 0));
38                     break;
39                 default:
40                     throw new UTFDataFormatException("malformed input " + count);
41             }
42         }
43         return new String(chararr, 0, chararr_count);
44     }
```

- 第 3 行和第 4 行识别出当输入内容超出 ASCII 编码范围时，则结束循环，跳出 ASCII 转换的简化代码块；
- 第 8 行进入 while 循环，继续处理尚未处理完的输入数据。
- 第 9 行和第 3 行的代码相同，都是从字节数组中获取 1 字节。
- 第 10 行将一个字节向左移动 4 位，下面将从 0x0~0xF 几种情况分类处理。
- 第 11 行的判断逻辑确认字节为 0 开头，属于 ASCII 编码范围，字符以单字节的形式存在。
- 第 16 行判断确认字节的高四位为 1100 或 1101，从 UTF 字符编码知识可知，这种形式表示该字符占用两个字节，所以在第 22 行又读取了下 1 字节。
- 第 25 行拼接从两个字节中获取的有效内容，转换为 char 类型的数据，其中第一个字节中有 5 个有效位，第二个字节中有 6 个有效位。
- 第 27 行判断确认字节的高四位是 1110，说明后续还紧跟着两个有效字节。
- 第 36 行拼接从三个字节中获取的有效内容，转换为 char 类型的数据，其中第一个字节中有 4 个有效位，第二个字节和第三个字节各有 6 个有效位，总共 16 个有效位，即 char 类型的 bit 数。

### 4.5.6　属性文件处理与 Properties 类

本节以创建一个新的 Properties 文件作为切入点，详细讲解 JDK 内置的 Properties 类的文本文件处理逻辑。在示例工程的"chap04\sect05"目录下新建文件名为"p.properties"的属性文件，进入文本编辑窗口，如图 4-38 所示。当输入汉字时，Eclipse 自动将汉字转换为"\u"表示的 UTF-16 编码格式。当输入辅助多文种平面中的"𠀋"字符时，则自动转

换为 "\uD840\uDC04"，用 4 字节表示。当鼠标悬浮在 "\u" 表示的文字编码上时，Eclipse 将提示对应的中文信息。

图 4-38　在 Eclipse 中编辑属性文件

【示例源码】4-27 演示了读取当前目录下的 p.properties 文件，并将文件内容打印到主控台上。

【示例源码】4-27　chap04.sect05.PropertyTest

```java
package chap04.sect05;
import java.io.FileInputStream;
import java.io.IOException;
import java.util.Map.Entry;
import java.util.Properties;

public class PropertyTest {
  public static void main(String[] args) throws IOException {
    Properties prop = new Properties();
    prop.load(new FileInputStream( "./src/main/java/chap04/sect05/p.properties"));
    for (Entry<Object, Object> entry : prop.entrySet()) {
      System.out.println(entry);
} } }
```

- 第 9 行创建 prop 对象；
- 第 10 行指定了文件的相对路径，这里使用的是 Sample 工程 src 目录下的源文件，对应编译后的 target 目录下也会有一个 p.properties 文件。
- 第 11 行和第 12 行循环遍历 p.properties 中的全部内容，并打印到主控台上。

【示例源码】4-27 执行后，主控台输出的内容如图 4-39 所示，其中的汉字都按照默认的字符集转换成了有效的汉字。

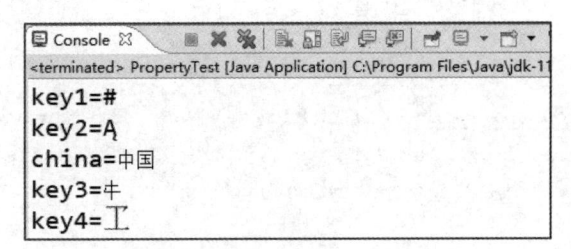

图 4-39　读取属性文件中的汉字

> **注意**
>
> Eclipse 中默认的*.properties 文件字符编码为 ISO-8859-1，所以在书写中文的时候支持自动转换为 "\uXXXX" 格式，手动方式则需要通过 native2ascii 命令处理。目前 JDK 支持直接读取 UTF-8 字符编码格式的*.properties 文件，可以直观地编辑和查看。在程序中可以通过以下方式访问加载：
>
> ```
> 1  properties.load(new FileReader( "./src/main/java/chap04/sect04/p.txt",new UTF_8()));
> ```

Properties 类继承于 java.util.Hashtable 类，是一个线程安全的键值（Key-Value，K-V）集合类，其中扩展了对 K-V 格式的文本文件的支持，允许从输入流中读取数据，并将源编码格式转换为 JVM 内部使用的 UTF-16 字符编码格式。

【源码】4-21 是 Properties 类定义的初始部分，包含了成员变量的定义和构造方法的定义，还包括了从输入流中加载数据的方法等。

【源码】4-21　java.util.Properties（一）

```java
1   package java.util;
2   public
3   class Properties extends Hashtable<Object,Object> {
4       private transient volatile ConcurrentHashMap<Object, Object> map;
5       public Properties() {
6           this(null, 8);
7       }
8       private Properties(Properties defaults, int initialCapacity) {
9           super((Void) null);
10          map = new ConcurrentHashMap<>(initialCapacity);
11          ……
12      }
13      ……
14      @Override
15      public Object get(Object key) {
16          return map.get(key);
17      }
18      @Override
19      public synchronized Object put(Object key, Object value) {
20          return map.put(key, value);
21      }
22      ……
23      public synchronized void load(InputStream inStream) throws IOException {
24          Objects.requireNonNull(inStream, "inStream parameter is null");
25          load0(new LineReader(inStream));
26      }
```

- 第 3 行说明 Properties 类继承了 Hashtable 类，而 Hashtable 类实际上又继承了 Map 类。

- 第 4 行定义了一个 ConcurrentHashMap 类型的 map 对象,而且该对象用 transient 关键字和 volatile 关键字进行修饰,表示了对象的线程可见性,并且不允许序列化;而 ConcurrentHashMap 类的作用是满足高并发环境下的线程安全操作。
- 第 15 行和第 19 行定义的 get(...)、put(...)方法,覆盖了 HashTable 中对 Map 接口的实现。
- 第 23 行定义了 load(...)方法,输入参数是 InputStream 类型的输入流...。
- 第 25 行将输入流包装成 LineReader 类,调用内部私有方法 load0(...)。

> **注意**
>
> LineReader 类是 Properties 类中的内部类,它提供了两个构造方法,分别支持 ISO-8859-1 格式提取数据和 char 类型数据,扩展了对*.properties 文件字符编码格式的支持。

在*.properties 文件解析完成后,如果文件内容是以 "\uXXXX" 格式保存的数据,则需要调用 loadConvert(...)方法进行转换。【源码】4-22 选取了 loadConvert(...)方法中的主要逻辑进行分析。

【源码】4-22  java.util.Properties(二)

```java
private String loadConvert (char[] in, int off, int len, char[] convtBuf) {
    ......
    int end = off + len;
    while (off < end) {
        aChar = in[off++];
        if (aChar == '\\') {
            aChar = in[off++];
            if(aChar == 'u') {
                int value=0;
                for (int i=0; i<4; i++) {
                    aChar = in[off++];
                    switch (aChar) {
                        case '0': case '1': case '2': case '3': case '4':
                        case '5': case '6': case '7': case '8': case '9':
                            value = (value << 4) + aChar - '0';
                            break;
                        case 'a':case 'b':case 'c':case 'd':case 'e':case 'f':
                            value = (value << 4) + 10 + aChar - 'a';
                            break;
                        case 'A':case 'B':case 'C':case 'D':case 'E':case 'F':
                            value = (value << 4) + 10 + aChar - 'A';
                            break;
                        ......
                    }
```

```
25                      }
26                      out[outLen++] = (char)value;
27                  } else {
28                      if (aChar == 't') aChar = '\t';
29                      else if (aChar == 'r') aChar = '\r';
30                      else if (aChar == 'n') aChar = '\n';
31                      else if (aChar == 'f') aChar = '\f';
32                      out[outLen++] = aChar;
33                  }
34              } else {
35                  out[outLen++] = aChar;
36              }
37          }
38          return new String (out, 0, outLen);
39      }
```

- 第 6~8 行判断字符串是否以 "\u" 开头。
- 第 10 行对每一个 "\u" 后紧接的 4 个字符进行分析处理，字符的范围是十六进制中的所有字符。
- 第 15 行将用字符串表示的数字转换为整型数字，并通过 value 左移 4 位的方式拼接字节的高 4 位。
- 第 18 行将用小写字母表示的十六进制数字转换为整型的十六进制数字，并通过 value 左移 4 位的方式拼接字节的高 4 位。
- 第 21 行将用大写字母表示的十六进制数字转换为整型的十六进制数字，并通过 value 左移 4 位的方式拼接字节的高 4 位。
- 第 26 行将四位字符串表示的 UTF-16 编码的字符转换为 char 类型的字符。
- 第 38 行将 char[] 数组转换为 String 类型，并退出 loadConvert(...)方法。

### 4.5.7 标准输入、标准输出与 System 类

Java.lang.System 类属于 Java 语言中的高频使用类，在应用开发中调用系统资源时经常用到，如 System.out.println(...)方法、System.getProperty(...)方法和 System.setOut(...)方法等。

【示例源码】4-28 演示了通过 System 类从系统属性定义和系统环境变量中获取全部的参数值，两者分别对应于 Properties 类和 Map 类。

【示例源码】4-28   chap04.sect05.SystemTest

```
1  package chap04.sect05;
2  import java.util.Map.Entry;
3  public class SystemTest {
4      public static void main(String[] args) {
```

```
5      java.util.Properties properties = System.getProperties();
6      for (Entry<Object, Object> entry : properties.entrySet()) {
7        System.out.println(entry);
8      }
9      System.out.println("------------------------------------");
10     java.util.Map<String, String> env = System.getenv();
11     for (Entry<String, String> entry : env.entrySet()) {
12       System.out.println(entry);
13   } } }
```

- 第 5 行从 System 类中获取系统初始化属性对象。
- 第 6 行循环遍历系统属性中的每一个 K-V 值并输出到主控台。
- 第 10 行从 System 类中获取环境变量对象。
- 第 11 行需要遍历环境变量中的每一个 K-V 值并输出到主控台。

下面选取了主控台中的部分输出内容，系统属性参数中主要包含的是与 JVM 相关的定义信息，而系统环境变量中主要包含的是与操作系统相关的定义信息。

```
1  sun.jnu.encoding=GBK
2  os.name=Windows 10
3  java.runtime.version=11.0.2+9
4  file.encoding=UTF-8
5  --------------------------------
6  ANT_HOME=C:\TOOLS\apache-ant-1.10.9
7  JAVA_HOME=C:\Program Files\Java\jdk-11.0.2
8  OS=Windows_NT
9  NUMBER_OF_PROCESSORS=8
```

【源码】4-23 展示了 System 类中对于标准输入（in）、标准输出（out）和标准错误（err）的声明及初始化，其中 out 和 err 均由 PrintStream 类修饰，是字节输出流的子类，在初始化阶段可以显式指定字符编码。

【源码】4-23  java.lang.System（一）

```
1   package java.lang;
2   public final class System {
3       public static final InputStream in = null;
4       public static final PrintStream out = null;
5       public static final PrintStream err = null;
6       public static void setIn(InputStream in) {
7           checkIO();
8           setIn0(in);
9       }
10      public static void setOut(PrintStream out) {
11          checkIO();
12          setOut0(out);
```

```
13      }
14      public static void setErr(PrintStream err) {
15          checkIO();
16          setErr0(err);
17      }
18      private static native void setIn0(InputStream in);
19      private static native void setOut0(PrintStream out);
20      private static native void setErr0(PrintStream err);
```

- 第 3~5 行定义了 in、out、err 三个静态常量,用于控制标准输入和标准输出等。
- 第 10 行定义了 setOut(...)方法,可以替换系统默认的标准输出,这个方法经常用到的地方就是 JUnit 单元测试的代码,当需要接管标准输出并进行分析时,可以自定义标准输出流。
- 第 18~20 行定义了三个由 JVM 底层提供的方法,在 JVM 中通过 C 语言实现。

在 JVM 的初始化阶段,命令行中以"-D"参数定义的属性参数将被保存到 System 类的 props 成员变量中。System.getProperties()方法可以获取全部初始化参数,System.getProperty(...)方法则可以获取指定名称的属性值,【源码】4-24 中包含了上述相关内容。另外,System 类中还提供了 setProperties(...)和 setProperty(...)方法,可以在上下文中追加新的属性值。

【源码】4-24  java.lang.System(二)

```
1    private static Properties props;
2    private static native Properties initProperties(Properties props);
3    public static Properties getProperties() {
4        SecurityManager sm = getSecurityManager();
5        if (sm != null) {
6            sm.checkPropertiesAccess();
7        }
8        return props;
9    }
11   ......
12   public static String getProperty(String key, String def) {
13       checkKey(key);
14       SecurityManager sm = getSecurityManager();
15       if (sm != null) {
16           sm.checkPropertyAccess(key);
17       }
18       return props.getProperty(key, def);
19   }
```

- 第 1 行在 System 类中定义了 props 对象,保存系统初始化的常用属性。
- 第 2 行的 initProperties(...)方法是 native 方法,是 JVM 底层通过 C 语言实现的方

法。
- 第 3 行定义了 getProperties()方法,用户可以获取 props 对象。
- 第 12 行定义了 getProperty(...)方法,第一个参数是 key 值,第二个参数是默认属性值,用于未获取到数据时返回。

System 类中内置了标准输入、标准输出和标准异常,这些与用户交互的组件都涉及了字符编码转换的问题。【源码】4-25 中选取了 System 类中与字符集控制相关的代码,在 System 类初始化时,用户可以通过设置 "sun.stdout.encoding" 和 "sun.stderr.encoding" 等属性值,指定字符编码格式。

【源码】4-25　java.lang.System(三)

```
1   /** Initialize the system class. Called after thread initialization. */
2   private static void initPhase1() {
3       props = new Properties(84);
4       initProperties(props);  // initialized by the VM
5       VM.saveAndRemoveProperties(props);
6       lineSeparator = props.getProperty("line.separator");
7       StaticProperty.javaHome();
8       VersionProps.init();
9       FileInputStream fdIn = new FileInputStream(FileDescriptor.in);
10      FileOutputStream fdOut = new FileOutputStream(FileDescriptor.out);
11      FileOutputStream fdErr = new FileOutputStream(FileDescriptor.err);
12      setIn0(new BufferedInputStream(fdIn));
13      setOut0(newPrintStream(fdOut, props.getProperty("sun.stdout.encoding")));
14      setErr0(newPrintStream(fdErr, props.getProperty("sun.stderr.encoding")));
15      ……
16  }
```

- 第 1 行是 JDK 源码包中自带的注释,表明 System 类中的 initPhase1()方法是在线程初始化完成后被系统调用的,其实际执行早于应用模块。
- 第 4 行初始化 props 对象,设置 JVM 初始化环境相关参数。
- 第 13 行对 System.out 对象完成了初始化,设置 out 对象为 PrintStream 类型,即字符输出流。其中参数 "sun.stdout.encoding" 通常需要与操作系统环境保持一致,才能防止乱码出现。

> **注意**
> 
> System 类中的 out 对象与控制台输出乱码问题息息相关。out 对象实际上对应的是 PrintStream 类,该类的构造方法允许将字符集编码类型作为参数传入,默认传入系统属性 "sun.stdout.encoding" 中定义的字符集,也可以是 Java 命令中通过 "-D" 参数定义的属性。需要注意的是,如果在程序内部通过 System.setProperty(...)方法定义,对 out 对象来说则不会生效,因为在 System.setProperty(...)方法执行前,out 对象就已经完成了初始化。

## 4.6 本章小结

　　字符集、字符编码与计算机技术的发展相伴而生，从早期的 7 位 ASCII 码到 8 位的扩展 EASCII 码，从 20 世纪 80 年代发布的 GB2312 字符集到 2000 年发布的 GB18030 字符集等，每一次的发展都是对计算机能力的一次拓展。随着 Unicode 联盟对字符集的编码进行了统一的管理，各类应用逐步统一到 UTF-8 编码，乱码问题逐渐得到了根本扭转。在各类编码转换失败的情况下，可以依托 Unicode 字符集作为中介实现各类编码的转换。本章对于各类应用的字符编码转换策略不可能一一列举，但是通过掌握字符集的底层原理，了解操作系统、Java 虚拟机、Java 语言在字符集处理时的工具箱，面对不同的场景组合使用，任何乱码问题必然都可以迎刃而解。

　　完整掌握字符集与字符编码知识是我国程序员向上攀登的必经之路，字符集与字符编码知识属于计算机基本原理的范畴，更是在各类编程语言中需要面对的基础。掌握字符集相关基础知识将为深入学习 I/O 编程和网络编程打好基础，Java 语言的开源特性为字符集的学习带来了更多的便利。

# 第 5 章
## 摒弃死记硬背，全方位精通 Java I/O 体系

本书 4.5.4 节和 4.5.5 节的示例演示了 Java 序列化和反序列化的功能，通过 DataOutputStream 类进行序列化操作，可以将 JVM 中的字符串按照指定字符集将其编码为字节数组。与之相对，字符串的反序列化则是按照指定的编码格式对字节数组进行解码操作，将字节数组转换为 UTF-16 字符编码格式并置入 JVM 中作为内存对象管理。这是一种典型的 Java I/O 应用。

I/O，即 Input/Output，Java I/O 从广义上来说包括了阻塞式 I/O（Blocking I/O，BIO）、非阻塞式 I/O（Non-Blocking I/O，NIO）和异步 I/O（Asynchronous I/O，AIO），它是一种以流的形式处理内存与外部设备之间数据输入/输出的技术。在 java.io 包中提供了输入流（InputStream 类）和输出流（OutputStream 类）及其子类。进一步观察可以发现，InputStream 类中提供了六个读取数据的 read(...)方法，OutputStream 类中则相应地提供了三个 write(...)方法。而狭义的 Java I/O 特指 Java 发展早期的阻塞式 I/O，本书以 BIO 指代。

通过进一步的分析还可以发现，在与 Java I/O 相关的四对概念中，输入（Input）、读（Read）、反序列化（Unserializable）和解码（Decode）都是将数据从外部设备读取到 JVM 内存中，而输出（Output）、写（Write）、序列化（Serializable）和编码（Encode）都是将数据从 JVM 内存向外部设备输出。正确理解数据流向是进一步学习 I/O 的基础。

## 5.1 Java I/O 迂回学习归纳总结

在认真学习 Java I/O 之前，先根据广大开发人员的过往经验对 Java I/O 知识做一个简单的"吐槽"，Java I/O 学习确实有很多的槽点，让人不吐不快。以下归纳了 Java I/O 技术的十大槽点，每一个槽点也是 Java 开发者挥之不去的痛点。

### 5.1.1 深扒 Java I/O 体系学习十大槽点

**槽点一**：让人迷失的输入输出方向

所谓 Java I/O 就是指 Java 的 Input 和 Output，那何为 Input、何为 Output 呢？它的参照物是什么呢？很多资料，包括 Java 的官方文档，都说这个参照物是程序（Program）。但是

在中文语境中，程序可以指 Java 源码，也可以指编译后存在于 War 包或 Jar 包中的*.class 文件，其正确的含义则是指已经加载到 JVM 中的代码段（code segment/text segment）。所以更通俗的说法是，输入就是从外设用读的方式加载到内存中，输出就是从内存用写的方式输出到外设，这里的外设可以是磁盘、键盘、鼠标、显卡、网络、U 盘、摄像头，等等。

**槽点二：太多的类依附于 Java I/O**

听说 Java I/O 相关的类都在 java.io 包里面，而且所有字节输入/输出流都继承于 InputStream 或 OutputStream 抽象类，所有的字符流都继承于 Reader 或 Writer 抽象类，这样的结构听起来简洁清晰，但是初学者可能有点过于天真了。真实的情况是，在 Java 11 版本中，字节输入流有 101 个子类，字节输出流有 87 个子类，字符输入流有 22 个子类，字符输出流有 21 个子类。想要了解和熟悉全部 231 个类是不可能完成的任务，而且在大多数类名超长且外貌极为相似的情况下，想要从中找到我们想要的类也并不是一件容易的事情，更何况我们还没有考虑 NIO 和 AIO 呢！

**槽点三：流的概念太抽象**

在学习 Java I/O 的时候，流的概念因为过于抽象而无法理解，为什么不能用更加具象、更加生动的概念对流加以定义呢？这个恐怕连 Java I/O 的设计人员也做不到，因为流就是为抽象而生的，是对各种不同形式的输入、输出设备概括抽象的结果。另外，数据的交互就是一种比特流（Bit Stream）的传递，是看不见、摸不着的形态。比水流、气流或物流更抽象，那么接下来的一个问题是为什么要用流的方式来定义？其实可以反过来思考可不可以用别的方式来实现流的效果。在本书 5.2.4 节和 5.2.5 节将详细分析字节数组输入流和字节数组输出流的源码，从中可以更好地理解流是什么样的，使用流有什么好处。

**槽点四：输入输出流原地掉头有多难**

鉴于 Java I/O 中输入流和输出流是两套不同的继承体系，输出流中只有 write(...)方法，写出去的流无法"掉头"。与之对应，输入流中只提供 read(...)方法读入数据。在装饰模式的设计体系中，输入流内包装嵌套的依然是输入流，而输出流内包装嵌套的也只能是输出流，输入流和输出流并无交集产生。应对数据流的转接、转向，其实需要区分各种场景分类讨论，不是想象中转动开关就可以轻易达成的。

**槽点五：java.io.File 类不能控制文件内容**

在常规教授 Java I/O 知识的教材中，第 1 节通常讲的是利用 java.io.File 类操作磁盘文件，讲解了操作磁盘文件和磁盘目录的各种花样技巧，愉快地学习当然会让人感觉收获满满。但是当某天程序员因工作原因需要向文件中写入实际内容的时候，才会突然发现自己不会用 java.io.File 类向文件中写入哪怕 1 字节，这是一件让人很气馁的事情。Java I/O 的入门之路确实有点长，好在 Java 7 中新的 java.nio.file.Files 类是一个全能型选手，其能力边界已经远超 java.io.File 类了。

### 槽点六：一不小心就出现乱码

对于我国的 Java 程序员来说，碰到乱码的情况很常见，既有程序逻辑问题，也有环境配置问题，还有可能是操作系统设置问题。但是只要其中某一个环节出了岔子，就看不到正确的结果。当程序员在跨越了 java.io.File 不能输出文件内容的难关后，打开刚刚新建的文件，猛然发现内容全是甲骨文，此时此刻闪现一丝丝的挫败感在所难免。当翻遍教科书仍然对乱码问题不知所云的时候，程序员只好从网上查找网友提供的各种攻略，尝试各种偏方。

### 槽点七：代码掺杂太多异常控制和关闭逻辑

涉及 I/O 的方法调用，很多都面临着因磁盘或者网络方面的不确定性因素而需要抛出 IOException。IOException 作为继承于 Exception 类的受查（Checked）异常，在调用方调用时必须主动捕获、就地处置或持续向上抛出。另外，I/O 流作为系统资源，需要用户加以精细化控制，不可能大包大揽地交给垃圾回收器，所以要求开发人员在代码中主动释放资源，这使得代码的可读性往往变得很差。幸运的是，利用新的 try-with-resources 语法，可以让代码的可读性更强一些，让资源的释放更优雅一些。

### 槽点八：read(...)方法到底返回数据还是返回状态？

如下两段代码来自字节输入流 FileInputStream 类，第一个 read()方法没有输入参数，返回了一个 int 类型的数据，为什么不是字节流所需要的 byte 类型呢？第二个 read(...)方法同样不好理解，为什么返回参数不是 byte[]数组呢？请读者认真思考。

```
1  public int read() throws IOException { …… }
2  public int read(byte b[]) throws IOException { …… }
```

### 槽点九：字符流输出到文件时的间歇性失灵

所谓的字符输出流间歇性失灵其实是不存在的，造成这一错觉的原因是没有对流执行 flush()方法或 close()方法。需要了解的是，FileWriter 类中虽然没有覆写 flush()方法，但是在其父类 OutputStreamWriter 类中已经提供了相应的方法，使得 FileWriter 类直接具有缓冲功能，不需要通过 BufferedWriter 类进行包装。

### 槽点十：Java BIO、Java NIO、Java AIO 是什么关系？

面对 Java I/O 学习的九大槽点已经够困难了，当突破了九大槽点之后，我们又被 NIO、AIO 等新概念所淹没。从开发接口来看，NIO 的编码风格与 BIO 完全不一样，仿佛两套独立的技术体系，其实想跳过 BIO 而直接学习 NIO 并不成立，而紧随其后的 AIO 则又提供了一堆新的类库和新的编程模型。

### 5.1.2 Java I/O 学习的必要性

Java I/O 的槽点也许还有很多，但是学习 Java I/O 的理由只有一个，因为不懂 Java I/O 就不能算真正学会了 Java。掌握 Java I/O 是掌握更高编程技能的基础，Java 文件处理、Java 网络、Java 底层系统资源访问等技术都依赖于扎实的 Java I/O 基础知识。

Java I/O 面向的是对有限资源的访问，往往是程序运行的性能瓶颈。良好的架构设计可以提升 I/O 资源访问效率，如使用缓冲区、使用非阻塞访问、资源池化等手段。同时，优化策略还包括对运行环境作参数调整，根据具体的应用场景选择最适合的参数组合。

现在的应用一般都离不开与第三方系统的集成，特别是日志组件、底层网络组件、RPC 组件、Java 数据库连接（Java Database Connectivity，JDBC）组件等与 I/O 相关的组件。平常使用的时候或许感觉不到，但是当异常抛出时，最底层的调用轨迹多半和 I/O 有关，作为程序员想要绕开 I/O 是不现实的。

### 5.1.3 Java I/O 学习范式

Java I/O 学习忌"生扒"或"死磕"，从学习基本规律出发，举一反三可以起到事半功倍的效果。首先，学习 Java I/O 应该先宏观后微观，在宏观层面看，Java I/O 类库的设计中体现了两个对称，即输入流和输出流的对称，字符流和字节流的对称。其次，Java I/O 类库的使用遵循典型的装饰模式，谙熟装饰模式的底层逻辑，对于 I/O 类库的应用将会得心应手。最后，正确理解"流"的含义，掌握"流"的特性将有助于学习 I/O。

**1. Java I/O 库的两个对称**

1）按流运动的方向划分

按运动的方向，流可以划分为输入流和输出流。在 Java 官方网站上，针对 Java 8 版本编写的手册对基础 I/O 作了详细的说明。输入流的流向如图 5-1 所示，可以看出输入流是从数据源（Data Source）端流向内存中的程序（Program），而流的形态就是二进制的比特流。

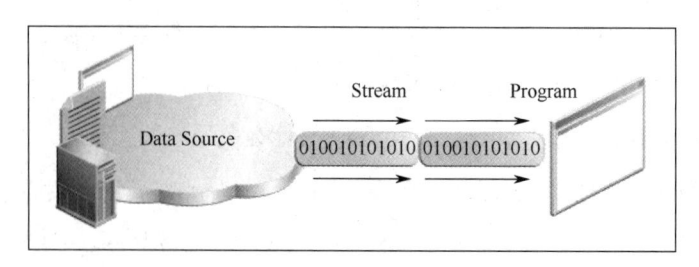

图 5-1 Java I/O 输入流

输出流的流向如图 5-2 所示，数据从左边的程序端以二进制比特流的形式流向数据目的地（Data Destination）。对于图中输入输出的描述，需要从三个层面来理解。第一，程序指的是 JVM 中已经加载并且在运行中的程序，且只有这一种存在形态。第二，流的形态是二进制比特流，所谓字节流、字符流只是为了便于理解而在用户层面的形象叫法。第三，数据目的地有很多种，但是比较常见的是本地磁盘、网卡、键盘、鼠标等，也可能是一些形态更抽象的数据目的地。

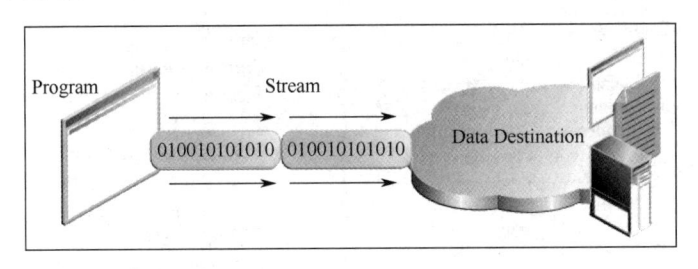

图 5-2  Java I/O 输出流

2）按逻辑传输单位划分

按逻辑传输单位划分，流可以划分为字节流和字符流。字节流指的是在流数据处理层面以字节为单位操作，在一般的读入或写出方法中，都是以字节数组（byte[]）的形式来处理。而字符流可以理解为最小处理单位是一个 char 类型的元素，在一般的读入和写出方法中，都是以字符数组（char[]）的形式操作。字节流的父类是 java.io.InputStream 和 java.io.OutputStream，其中各有一个抽象方法，读取 1 字节。字符流的父类是 java.io.Reader 和 java.io.Writer 类。通过跟踪源码可以发现，字符流的底层支撑仍然是字节流，毕竟字符流的应用只是为了更好地适应各种字符编码格式。例如，JVM 中 UTF-16 格式的文字通过编码规范，转换为指定的字节流。在输入字符流中，将外部各种不同种类的、连续的字节数据按照编码定义进行解析，全部解码为 JVM 的标准字符格式。

如图 5-3 所示，将"输入流""输出流"和"字节流""字符流"两组对称的概念两两组合，构成四个象限，将 java.io 包下 200 多个类分散到不同象限之后，可以将学习范围聚焦于单个象限，达到事半功倍的效果。

2. 装饰模式与 Java I/O

所谓装饰（Decorator）模式又名包装（Wrapper）模式，是以对客户端透明的方式扩展对象的功能，是继承关系的一种替代方案，其中的核心关键字有包装、透明、对象、继承。在研究 Java I/O 相关源码时，经常会碰到 "new Aaa(new Bbb(new Ccc(new Ddd())))" 形式的代码逻辑，这就是典型的装饰模式应用，通过层层装饰的形式为底层的基本类型拓展出更多技能。

【示例源码】5-1 将充分体现这几个关键字的含义。装饰模式划分为抽象构件角色、具体构件角色、装饰角色和具体装饰角色，在示例中将一一展示。首先定义接口 IOutput，它是抽象构件角色，其中仅有一个 getAll() 方法，用于获取字符串信息。再以内部类的形式在同一个文件中定义两个类,它们是具体构件角色,其中 StrOutput 类中的构造方法接受字符串参数,并将其保存为成员变量,getAll()方法则返回字符串类型的成员变量。ArrayOutput 类的构造方法接受字符串数组参数,然后将字符串数组中的内容转换为用逗号拼接的字符串并存入成员变量,getAll()方法同样返回字符串类型的成员变量。

```
Object - java.lang                              字节流
  InputStream - java.io                              Object - java.lang
    ByteArrayInputStream - java.io                     OutputStream - java.io
    FileInputStream - java.io                            ByteArrayOutputStream - java.io
    FilterInputStream - java.io                          FileOutputStream - java.io
      BufferedInputStream - java.io                      FilterOutputStream - java.io
      DataInputStream - java.io                            BufferedOutputStream - java.io
      LineNumberInputStream - java.io                      DataOutputStream - java.io
      PushbackInputStream - java.io                        PrintStream - java.io
    ObjectInputStream - java.io                          ObjectOutputStream - java.io
    PipedInputStream - java.io                           PipedOutputStream - java.io
    SequenceInputStream - java.io
    StringBufferInputStream - java.io
输入流                                                                                      输出流
  Object - java.lang                                 Object - java.lang
    Reader - java.io                                   Writer - java.io
      BufferedReader - java.io                           BufferedWriter - java.io
        LineNumberReader - java.io                       CharArrayWriter - java.io
      CharArrayReader - java.io                          FilterWriter - java.io
      FilterReader - java.io                             OutputStreamWriter - java.io
        PushbackReader - java.io                           FileWriter - java.io
      InputStreamReader - java.io                        PipedWriter - java.io
        FileReader - java.io                             PrintWriter - java.io
      LineReader - java.io.Console                       StringWriter - java.io
      PipedReader - java.io
      StringReader - java.io                    字符流
```

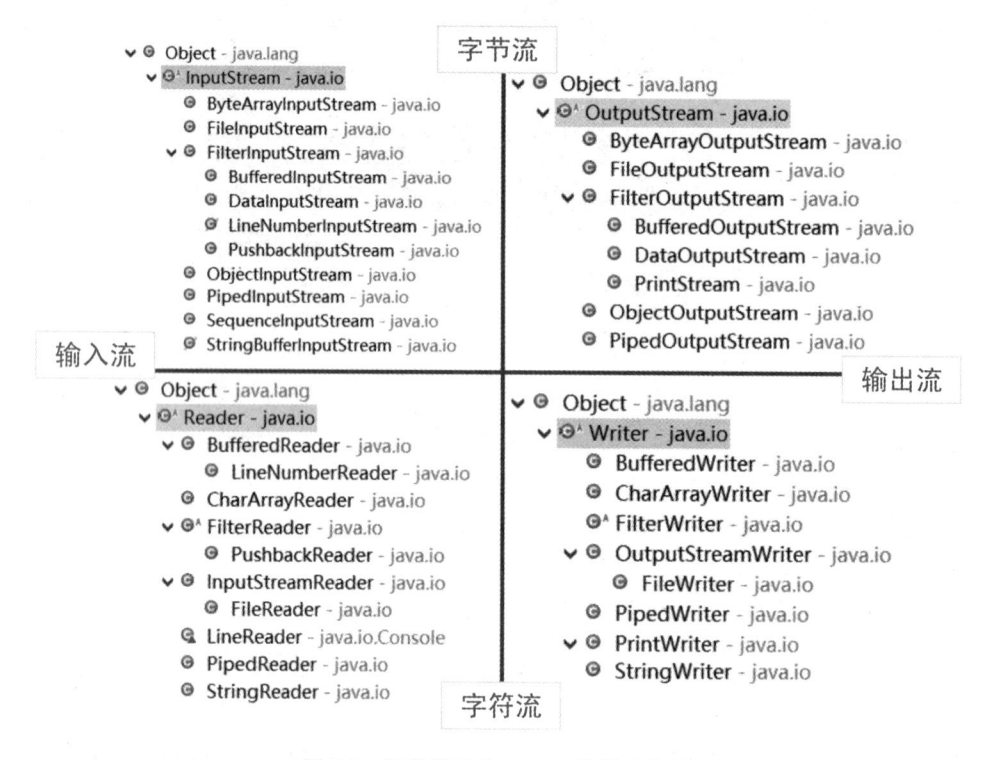

图 5-3  四象限定位 java.io 类库对称性

【示例源码】5-1   chap05.sect01.IOutput

```
1  package chap05.sect01;
2  public interface IOutput {
3    public String getAll();
4  }
5  class StrOutput implements IOutput{
6    String str;
7    public StrOutput(String str) {
8      this.str = str;
9    }
10   public String getAll() {
11     return str;
12   } }
13 class ArrayOutput implements IOutput{
14   String[] arr;
```

```
15    public ArrayOutput(String[] arr) {
16      this.arr =arr;
17    }
18    public String getAll() {
19      return java.util.Arrays.toString(arr).replace("[", "").replace("]", "");
20  } }
```

- 第 2~4 行定义接口 IOutput，定义方法 getAll()获取字符串。
- 第 5 行定义内部类 StrOutput，其构造方法支持将字符串初始化为成员变量。
- 第 13 行定义内部类 ArrayOutput，其构造方法支持将字符串数组初始化为成员变量。
- 第 19 行调用 JDK 内置的 Arrays 工具类，将数组转换为逗号拼接的字符串形式。

【示例源码】5-2 中的代码定义了装饰角色 Decor，它的成员变量和构造方法入参都是 IOuput 接口类型，同时 Decor 类还实现了 IOutput 接口。当外部调用 getAll()方法时，则直接转交实现了 IOutput 接口的成员变量中的 getAll()方法执行，说明装饰角色 Decor 具有与其成员变量同等的功能。另外，【示例源码】5-2 中还定义了三个内部类 UpperDecor、LineDecor 和 ReverseDecor，它们承担具体装饰角色。UpperDecor 类的功能是在输出字符串之前将其转换为大写，LineDecor 类的功能是在输出字符串之前将其转换为多行的形式，ReverseDecor 类的功能是在输出字符串之前将其中的字符倒转排列。

【示例源码】5-2　chap05.sect01.Decor

```
1   package chap05.sect01;
2   public class Decor implements IOutput{
3     IOutput out;
4     public Decor(IOutput out) { this.out = out; }
5     public String getAll() {
6       return out.getAll();
7   } }
8   class UpperDecor extends Decor{
9     public UpperDecor(IOutput out) { super(out); }
10    public String getAll() {
11      return super.getAll().toUpperCase();
12  } }
13  class LineDecor extends Decor{
14    public LineDecor(IOutput out) { super(out); }
15    public String getAll() {
16      return super.getAll().replace(" ","\n");
17  } }
18  class ReverseDecor extends Decor{
19    public ReverseDecor(IOutput out) { super(out); }
```

```
20      public String getAll() {
21          return new StringBuffer(out.getAll()).reverse().toString();
22      } }
```

- 第 2 行定义作为装饰角色的 Decor 类，实现作为抽象构件角色的 IOutput 接口。
- 第 4 行定义 Decor 类的构造方法，将类型为 IOutput 的入参赋值给成员变量 out。
- 第 5 行和第 6 行覆写抽象方法 getAll()，直接转发给成员变量的 getAll() 方法执行。
- 第 8 行定义作为具体装饰角色的 UpperDecor 类，继承装饰角色 Decor，UpperDecor 类中没有定义的成员变量，而在其构造方法中通过执行 super(out) 语句将其保存到父类的成员变量中。
- 第 10 行和第 11 行覆写父类的 getAll() 方法，先调用成员变量的 getAll() 方法获取字符串，然后将其展示形式转换为大写后返回。
- 第 13 行定义作为具体装饰角色的 LineDecor 类，其作用为将按空格分隔的单词改为按行输出。
- 第 15 行覆写父类的 getAll() 方法，先调用成员变量的 getAll() 方法获取字符串，然后将字符串中的空格替换为换行符，实现了将字符串中的单词按行展示。
- 第 18 行定义作为具体装饰角色的 ReverseDecor 类，其作用为将字符串翻转输出。
- 第 20 行覆写父类的 getAll() 方法，先调用成员变量的 getAll() 方法获取字符串，然后将字符串整体翻转展示。

为了更好地掌握装饰模式，可以通过一个"hello world"式的案例指导学习。【示例源码】5-3 生动地展示了装饰模式的组合效果，不论是字符串还是字符串数组，既演示了单独特性的运行效果，也演示了多个特性的组合，代码逻辑简洁清晰。

【示例源码】5-3　chap05.sect01.DecorTest

```
1  package chap05.sect01;
2  public class DecorTest {
3      public static void main(String[] args) {
4          IOutput o= new StrOutput("hello world");
5          System.out.println("1:" + o.getAll());
6
7          o = new UpperDecor(new StrOutput("hello world"));
8          System.out.println("2:" + o.getAll());
9
10         o=new UpperDecor(new LineDecor(new ReverseDecor(new StrOutput("hello world"))));
11         System.out.println("3:" + o.getAll());
12
13         String[] arr = { "hello", "world"};
14         o = new LineDecor( new UpperDecor(new ArrayOutput( arr )));
```

```
15        System.out.println("4:" + o.getAll());
16    }
```

- 第 4 行和第 5 行没有使用具体装饰类，直接调用具体构件 StrOutput 类的 getAll() 方法获取字符串。
- 第 7 行使用一个具体装饰类对字符串进行装饰，实现字符串统一转大写的效果。
- 第 10 行使用三个具体装饰类对字符串进行装饰，实现字符串的转大写、换行和翻转效果。
- 第 14 行使用一个具体装饰类对字符串数组进行装饰，实现字符串数组换行效果。

执行结果如下所示，分别对应正常输出、大写输出、大写+换行+翻转输出、大写+换行输出。

```
1: hello world              --字符串：正常输出
2: HELLO WORLD              --字符串：大写输出
3: DLROW                    --字符串：大写+换行+翻转输出
   OLLEH
4: HELLO,                   --字符串数组：大写+换行输出
   WORLD
```

结合装饰模式定义中的四个关键字和【示例源码】5-3 的运行效果，对装饰模式总结如下。

（1）包装。对装饰模式的使用过程，实际就是按需对具体构件的层层包裹，这是装饰模式应用最显著的特征，在与 Java I/O 应用相关的代码中非常常见。

（2）透明。在装饰模式应用时，如果把【示例源码】5-3 的第 10 行拆分为四行，对每个 new 对象显式赋予对象名，则每个对象对调用方可以视为是透明的，除了可以对最外层的对象执行操作，还可以对中间任意一层的对象执行操作。

（3）对象。装饰模式作为结构型模式的一种，是一种对象之间的组织方式，其具体构件角色中的成员变量是对象，装饰角色中的成员变量同样是对象，每一层包裹中传入的具体装饰角色也是对象。所以装饰模式是对象的组合，而不是类的继承。

（4）继承。装饰模式是继承关系的一种替代方案，在上面的实例中，三个具体装饰类理论上可以组合出七种装饰效果。假如采用继承方式实现，则最少需要七个子类与之对应，众多 Java 类的存在只可能给代码的编写及调试带来更高的复杂度。

完整掌握装饰模式的内涵后，参照表 5-1 中列举的装饰模式与 Java I/O 对应关系，下面对 Java I/O 类库的应用举一反三，例如：

实现字节数组输入流+缓冲功能+回退功能：

```
1  var is = new PushbackInputStream(
2           new BufferedInputStream(
3             new ByteArrayInputStream(bs)));
```

实现对象输出流+缓冲功能+原生数据类型输出：

```
1   var os = new DataOutputStream(
2           new BufferedOutputStream(
3               new ObjectOutputStream(out)));
```

表 5-1  Java I/O 与装饰模式对应关系

| 角　色 | 字节输入流 | 字节输出流 | 备　注 |
| --- | --- | --- | --- |
| 抽象构件角色 | java.io.InputStream | java.io.OutputStream | |
| 具体构件角色 | java.io.ByteArrayInputStream<br>java.io.FileInputStream<br>java.io.ObjectInputStream<br>…… | java.io.ByteArrayOutputStream<br>java.io.FileOutputStream<br>java.io.ObjectOutputStream<br>…… | 对应名称为节点流 |
| 装饰角色 | java.io.FilterInputStream | java.io.FilterOutputStream | |
| 具体装饰角色 | java.io.BufferedInputStream<br>java.io.DataInputStream<br>java.io.PushbackInputStream<br>java.io.LineNumberInputStream<br>…… | java.io.BufferedOutputStream<br>java.io.DataOutputStream<br>java.io.PrintStream<br>…… | 命名为过滤流，只能通过包装节点流来使用 |

### 3. 数据流的简单抽象与读写模式

老式的胶卷相机在每次按下快门拍完一张照片后，需要手动拨动拨杆，让下一张待曝光的胶片对准镜头快门，如此循环往复，直至整筒胶卷拍摄结束。而后来的傻瓜相机则无须如此烦琐，当按下快门曝光后，相机的步进马达会带动胶卷自动旋转。这就像输入输出流中的 read(...) 方法，下一个待读取的位置由流内部机制自动设置，调用方无须关注。

为了更好地理解基于流的数据操作，【示例源码】5-4 通过手写字节输入流，以 Java I/O 字节数组输出流的简化版形式模拟了其中的主要功能，包括数据单字节读、数据标记位置设置、数据从标记位置重新读取、数据剩余长度计算等功能，这些功能操作的实体对象以字节数组的形式存在，以数组下标的形式对其进行操作，完全可以替代流的操作形式。

【示例源码】5-4　chap05.sect01.MyByteArrayInputStream

```
1   package chap05.sect01;
2   public class MyByteArrayInputStream{
3       byte buf[]; int pos, mark=0, count;
4       public MyByteArrayInputStream(byte buf[]) {
5           this.buf = buf;
6           this.pos = 0;
7           this.count = buf.length;
8       }
9       public int read() {
10          return (pos < count) ? (buf[pos++] & 0xff) : -1;
```

```java
11      }
12      public void mark() {
13          mark = pos;
14      }
15      public void reset() {
16          pos = mark;
17      }
18      public int available() {
19          return count - pos;
20      }
21      public String toString() {
22          return java.util.Arrays.toString(buf)+" pos:"+pos+" count:"+count+" mark:"+mark;
23      }
24  public static void main(String[] args) {
25      MyByteArrayInputStream stream = new MyByteArrayInputStream("abcd".getBytes());
26      System.err.println("read:"+String.valueOf(stream.read()) + "\t" + stream);
27      stream.mark();
28      while( stream.available() > 0){
29          System.out.println(String.valueOf(stream.read()) + stream);
30      }
31      stream.reset();
32      System.err.println("reset:" + "\t" + stream);
33  }
```

- 第 3 行定义成员变量 buf[]字节数组等。
- 第 4 行定义构造方法，初始化字节数组，并指定初始可读取位置 pos=0。可读取长度 count 为字节数组的长度。
- 第 9～11 行定义流的 read()方法，从字节数组的 pos 位置读取 1 字节，并且将 pos 挪到下一个可读取的位置，如果 pos 位置超出了数组长度，则返回-1。
- 第 12～14 行定义 mark()方法，让程序记住当前可读取的位置，便于重放。
- 第 15～17 行定义 reset()方法，允许程序从上次打标记的位置重新开始。
- 第 18～20 行定义 available()方法，获取该流对象的剩余可读取长度。
- 第 25 行初始化字节数组输入流，初始化字符串为 "abcd"。
- 第 26 行打印从流中读取到的第 1 个字节，同步打印 stream 流内部的成员变量信息。
- 第 27 行执行 mark()操作，像"点读机"一样记录下当前的位置。
- 第 28～30 行循环遍历 stream 流中剩余的所有字节，将读取到的字节输出到主控台。
- 第 31 行执行 reset()操作，即回到"点读机"的记忆点，使得 stream 流可以重新读取（回放）。

【示例源码】5-4 的执行结果如下所示，字母 "abcd" 对应的 ASCII 码分别为 97、98、99、100。当程序执行 read()方法后，下标位置 pos 从 0 变为 1；当程序执行 mark()操作后，mark 值变更为当前的 pos 值；当 while 循环读取数据时，pos 值从 1 变更为 4；当程序执行 reset()操作时，pos 值又从 4 变回到 1，即等于当前的 mark 值。

```
1  read:97    [97, 98, 99, 100] pos:1 count:4 mark:0
2  98[97, 98, 99, 100] pos:2 count:4 mark:1
3  99[97, 98, 99, 100] pos:3 count:4 mark:1
4  100[97, 98, 99, 100] pos:4 count:4 mark:1
5  reset:     [97, 98, 99, 100] pos:1 count:4 mark:1
```

## 5.2　字节流基础应用及源码分析

字节流以字节作为最小单位来处理输入流和输出流，主要被用于处理二进制数据，如二进制文件以及网络传输等。在 Java I/O 体系中，字节流的抽象基类分别是 InputStream 类和 OutputStream 类，这两个类为字节流的操作提供了基本的方法。

### 5.2.1　向本地磁盘写 Java 对象

基于 FileOutputStream 类，可以将内存中的信息输出到本地磁盘文件中，而且只需要两行代码就可以实现，非常方便。【示例源码】5-5 演示了将 Java 对象输出到本地磁盘目录，其中引用的 Person 类定义于【示例源码】5-6 中。Person 类将在多个示例中引用，贯穿本章始终。

【示例源码】5-5　chap05.sect02.FileOutTest

```java
1  package chap05.sect02;
2  import java.io.FileOutputStream;
3  public class FileOutTest {
4    public static void main(String[] args) throws Exception {
5      Person person = new Person("山峰", 5, true);
6      try( FileOutputStream fos = new FileOutputStream ("person.txt")){
7        fos.write(person.toString().getBytes());
8  } } }
```

- 第 5 行创建一个 Person 类的实例，Person 类的定义在【示例源码】5-6 中。
- 第 6 行创建一个文件输出流，并且指定文件名为 person.txt，输出到命令执行的当前目录。
- 第 7 行将 person 对象的 toString()信息以字节码的形式输出到文件中。

下面是命令执行后的输出结果，因为程序执行的字符编码环境为 UTF-8，程序输出的文本为 UTF-8 字符编码格式，所以按照默认字符集输出字节流，文件中不会出现乱码。

```
1  山峰|5|true
```

【示例源码】5-6 中定义了 Person 类，其中包含三个成员变量，分别为姓名、年龄和婚否，数据类型分别对应字符串、整型、布尔型。后续将演示不同数据类型在序列化和反序列化时的差异。

【示例源码】5-6　chap05.sect02.Person

```java
package chap05.sect02;
import java.io.Serializable;
public class Person implements Serializable{
  private static final long serialVersionUID = 1L;
  String name;
  int age;
  transient boolean married;

  public Person(String name, int age, boolean married) {
    this.name = name;
    this.age = age;
    this.married = married;
  }
  public String getName() {    return name;        }
  public int getAge() {    return age;        }
  public boolean isMarried() {    return married; }
  public String toString() {
    return name + "|" + age + "|" + married;
} }
```

- 第 3 行实现了 Serializable 接口，明确 Person 类支持序列化。
- 第 7 行用 transient 关键字修饰婚否信息，在对 Person 类的实例作序列化操作时，婚否信息将被忽略。transient 关键字通常用于修饰用户密码之类的关键信息，避免其因序列化到本地文件或网络中而泄露。
- 第 9 行定义构造方法，可以同时传入三个参数。
- 第 17 行覆写 toString()方法，通过管道符"|"对字符串进行分隔。

### 5.2.2　两种方式从本地磁盘获取文本内容

【示例源码】5-7 演示了从文件输入流中获取内容的两种方法。当文件相对较小，不太占用内存时，可以通过调用文件输入流的 readAllBytes()方法，从输入流中一次获取所有内容。另一种比较常用的方法是新建一个字节数组输入流，每次从文件输入流中读取一部分内容到字节数组中，然后将字节数组中的内容加载到字节数组输出流。一般来说，作为字节中转的字节数组，往往定义其长度为 1024 或 4096 等有限的长度。

【示例源码】5-7　chap05.sect02.FileInTest

```java
package chap05.sect02;
import java.io.ByteArrayOutputStream;
import java.io.FileInputStream;
```

```java
4  public class FileInTest {
5    public static void main(String[] args) throws Exception {
6      FileInputStream fis = new FileInputStream("person.txt");
7      fis.mark(0);
8      System.out.println(new String( fis.readAllBytes()));
9      System.out.println("mark suppoert:" + fis.markSupported());
10
11     fis = new FileInputStream("person.txt");
12     ByteArrayOutputStream baos = new ByteArrayOutputStream();
13     byte[] bytes = new byte[5];
14     int len;
15     while( -1 != ( len = fis.read(bytes))){
16       baos.write(bytes, 0, len);
17     }
18     System.out.println(new String(baos.toByteArray()));
19   }
20  }
```

- 第 6 行创建一个文件输入流，读取当前目录下的 "person.txt" 文件，该文件通过【示例源码】5-5 已生成。
- 第 7 行调用 mark(...)方法，在输入流上进行标记。
- 第 8 行调用 readAllBytes()方法，将文件输入流中的内容全部转为字节数组，然后以字符串形式输出。
- 第 9 行测试文件输入流是否支持标记功能。
- 第 12 行创建字节数组输出流，可以接受字节或字节数组的持续写入。
- 第 13 行创建临时字节数组，用于从文件输入流中获取数据，为了达到演示效果，将字节数组的长度定义为 5。通过断点调试可以看到，while 循环了 3 次才将内容全部读完。
- 第 15 行是字节输入流的标准读取语句，len 变量表示本次读取的有效长度，如果为 "-1" 则表示结束。
- 第 18 行调用字节数组输出流的 toByteArray()方法，一次性获取全部字节内容。

以下为程序执行后的输出结果，分别用两种方式完成了文件输入流的读取。

```
1 山峰|5|true
2 mark support:false
3 山峰|5|true
```

### 5.2.3 自定义输入流——按指定分隔符读取

为了更好地说明字节输入流的工作原理，下面通过自定义字节输入流的方式来探究字节输入流的工作方式，揭开字节输入流的神秘面纱。【示例源码】5-8 对字节数组输入流的功能进行了扩展，在继承 ByteArrayInputStream 类的基础上，新增了 readBySplit(...)方法，其功能是根据传入的指定分隔符，每次返回一个分段中的内容，对按换行符进行输出的功能进行了扩展。

【示例源码】5-8　chap05.sect02.MyInStream

```java
1  package chap05.sect02;
2  import java.io.ByteArrayInputStream;
3  public class MyInStream extends ByteArrayInputStream {
4    public MyInStream(byte[] buf) {
5      super(buf);
6    }
7    public String readBySplit( char split) {
8      int content;
9      int len = 0;
10     byte[] bs = new byte[100];
11     while (-1 != (content = read())) {
12       if( split == (char)content ) {
13         break;
14       }
15       bs[len++] = (byte) content;
16     }
17     return (len > 0) ? new String(bs, 0, len) : null;
18   }
19 }
```

- 第 3 行定义 MyInStream 类，继承于字节数组输入流 ByteArrayInputStream。
- 第 4 行定义构造方法，以字节数组作为输入参数。
- 第 5 行调用 super(...)方法，完成 ByteArrayInputStream 类的初始化。
- 第 7 行新增 readBySplit(...)方法，使字节输入流可以按照自定义的分隔标记读取内容。
- 第 10 行定义临时字节数组，暂存从输入流中获取的字节内容。
- 第 11 行执行了父类中的 read()方法，返回值为字节流当前位置的内容，如果为空则返回-1。
- 第 12 行将从输入流中获取的内容转换为 char 类型，比较是否相等。
- 第 15 行将获取的内容存入字节数组中，这里将 content 变量进行了强制类型转换。
- 第 17 行以字符串的形式返回获取的内容，如果为空，则返回 null。

注意

第 11 行调用 read()方法返回的是 int 类型的数据，而不是 byte 类型。实际上如果以 byte 类型返回，则没有多余的码位来表示获取操作的返回状态，如没有获取到内容时用-1 表示。

【示例源码】5-9 演示了按分隔标记分批次读取内容的情况。首先从文件 person.txt 中获取内容，然后转换为字节数组。初始化自定义输入流 MyInStream，循环获取自定义输入流中的内容，打印到主控台。

【示例源码】5-9　chap05.sect02.MyInStreamTest

```java
package chap05.sect02;
import java.io.FileInputStream;
public class MyInStreamTest {
  public static void main(String[] args) throws Exception {
    FileInputStream fis = new FileInputStream("person.txt");
    byte[] readAllBytes = fis.readAllByttes();
    MyInStream mbis = new MyInStream(readAllBytes);
    String readBySplit;
    while (null != (readBySplit = mbis.readBySplit('|'))) {
      System.out.print(readBySplit + "\t");
    }
  }
}
```

- 第 5 行和第 6 行读取当前目录下的"person.txt"文件，该文件通过【示例源码】5-5 生成。
- 第 7 行初始化自定义输入流，入参为字节数组。
- 第 9 行通过 while 循环，从自定义输入流中获取所有分段信息，并输出到主控台。

以下为程序执行后的输出结果，一共有三段信息。

```
1   山峰   5   true
```

### 5.2.4　字节输出流源码解读

下面根据示例代码中的信息，首先对字节输出流中的源码进行分析。OutputStream 类是所有字节输出流的基类，它是一个抽象类，定义了单字节输出的抽象方法 write(int b)[①]，子类必须实现该方法，因为 OutputStream 类是高度抽象的，针对文件、磁盘或网络等场景，每一种介质都可以按照各自的特性进行特殊加工。还有两个已实现的 write(...)方法，功能是以字节数组的形式一次向外输出多个字节，这两个方法在 OutputStream 抽象类中实际也无法执行，因为它们内部实际调用的还是单字节输出的抽象方法。另外，在 OutputStream 类中还定义了 flush()方法和 close()方法。如【源码】5-1 所示，这两个方法体内部都是空的，定义的目的只是在抽象类中占位，在子类中按需实现，没有强制要求。如果没有实现，则调用的时候就什么都不处理。用抽象类型定义 flush()方法和 close()方法，或者不在根类中定义这两个方法，对于 Java I/O 继承体系会有不同的效果。

---

① 虽然输入参数为 int 型，但实际只使用了整型参数的最后一个字节。

【源码】5-1　java.io.OutputStream

```java
package java.io;
public abstract class OutputStream implements Closeable, Flushable {
  public abstract void write(int b) throws IOException;
  public void write(byte b[]) throws IOException {
    write(b, 0, b.length);
  }
  public void write(byte b[], int off, int len) throws IOException {
    Objects.checkFromIndexSize(off, len, b.length);
    for (int i = 0; i < len; i++) {
      write(b[off + i]);
    }
  }
  public void flush() throws IOException {
  }
  public void close() throws IOException {
  }
}
```

- 第 2 行实现了 Closeable 接口，而 Closeable 接口又实现了 AutoCloseable 接口，表示该类支持 try-with-resources 语句自动关闭流。
- 第 3 行定义了抽象方法 write(...)，该方法只有一个 int 类型的参数，在实际数据存储时，只会截取数据中的低 8 位保存，其他数据都将被忽略。
- 第 4 行的 write(...)方法中，输入参数是一个字节数组，该方法直接调用了第三个 write(...)方法。
- 第 7 行定义了第三个 write(...)方法，该方法有 3 个参数，包括字节数组、起始位置偏移量和长度，该方法调用了获取 1 个字节的抽象 write(...)方法。

文件输出流 FileOutputStream 继承于 OutputStream 类，它可以将字节内容输出到本地文件中。该类一共有 5 个构造方法，支持 java.io.File 类型的入参，也支持以字符串形式提供的文件名作为入参，支持以尾部追加的方式或整体覆盖的方式输出到文件中。另外，FileOutputStream 类实现了父类中的抽象 write(...)方法，实现方法内部最终调用了 JVM 提供的底层 native 方法，将对底层 I/O 的操作交给了操作系统。【源码】5-2 中包含 FileOutputStream 类的成员变量定义和部分构造方法的定义，还包括了 write(...)方法的实现逻辑。

【源码】5-2　java.io.FileOutputStream

```java
package java.io;
public class FileOutputStream extends OutputStream {
  private final FileDescriptor fd;
  private final String path;
```

```java
5   public FileOutputStream(String name) throws FileNotFoundException {
6     this(name != null ? new File(name) : null, false);
7   }
8   public FileOutputStream(File file, boolean append) throws FileNotFoundException {
9     ……
10  }
11    ……
12  private native void write(int b, boolean append) throws IOException;
13  public void write(int b) throws IOException {
14    write(b, fdAccess.getAppend(fd));
15  }
16  private static native void initIDs();
17  static {
18    initIDs();
19  }
20  }
```

- 第 3 行定义了 FileDescriptor 类型的成员变量，该变量将作为当前文件的句柄存在。
- 第 5 行定义的构造方法入参为字符串，如果字符串不为空，则调用 File 类构造出一个实例。
- 第 8 行定义的构造方法包含两个入参，第二个入参 append 表示文件写入形式，默认为向后追加。
- 第 12 行申明了 native 类型的 write(...)方法。
- 第 13 行实现了父类中的抽象 write(...)方法，该方法体内又调用了第 12 行定义的 native 类型的 write(...)方法。
- 第 17 行定义了静态代码块调用原生静态方法 initIDs()，在类初始化的时候被调用，通常是源码阅读中需要重点关注的地方。

字节数组输出流 ByteArrayOutputStream 作为常用的输入输出流的中转站，在开源组件的代码中使用频繁。该类的内部实质上是一个字节数组，初始默认长度为 32 位，当后续写入的数据超过初始值时，则通过内部方法自动进行扩容，对于外部用户来说不需要担心字节数组长度设置不合理而浪费空间的问题。与 HashMap 类中的 size()方法类似，ByteArrayOutputStream 类中的 grow(...)方法的扩展逻辑是在原有长度的基础上进行 "<<1" 操作，每次将长度翻倍。

另外，如【源码】5-3 所示，ByteArrayOutputStream 类中的所有 write(...)方法都用关键字 synchronized 进行修饰，以保证写操作的线程安全。虽然 ByteArrayOutputStream 类本质上是通过字节数组模拟输出流的效果，但是其中定义的变量 buf[]是 protected 类型的，除了子类和同一个包中的类可以访问之外，外部用户是不能直接访问的，实际的操作都是通过调用 write(...)方法进行。

## 【源码】5-3　java.io.ByteArrayOutputStream

```java
package java.io;
public class ByteArrayOutputStream extends OutputStream {
  protected byte buf[];
  protected int count;
  public ByteArrayOutputStream() {
    this(32);
  }
  public ByteArrayOutputStream(int size) {
    if (size < 0) {
      throw new IllegalArgumentException("Negative initial size: " + size);
    }
    buf = new byte[size];
  }
  public synchronized void write(int b) {
    ensureCapacity(count + 1);
    buf[count] = (byte) b;
    count += 1;
  }
  public synchronized void write(byte b[], int off, int len) {
    Objects.checkFromIndexSize(off, len, b.length);
    ensureCapacity(count + len);
    System.arraycopy(b, off, buf, count, len);
    count += len;
  }
  public synchronized void writeTo(OutputStream out) throws IOException {
    out.write(buf, 0, count);
  }
  public synchronized byte[] toByteArray() {
    return Arrays.copyOf(buf, count);
  }
  ……
}
```

- 第 3 行定义 protected 类型的字节数组 buf[]，用于存放写入的字节数据。
- 第 5 行定义默认构造方法，设置默认字节数组长度为 32。
- 第 14 行覆盖父类中的抽象 write(...)方法，每次写入 1 字节，这里使用了 synchronized 关键字。
- 第 16 行对于传入 int 类型的参数 b 进行了强制类型转换，截取了整型的后 8 位。
- 第 17 行对描述数组长度的 count 变量进行自增操作。

- 第 19 行定义了字节数组为入参的 write(...)方法，覆写了父类中的非抽象方法，调用系统底层的 System.arraycopy(...)方法，具有更高的效率。
- 第 25 行定义的 writeTo(OutputStream out)方法将字节数组输出重定向为另外一个输出流。
- 第 28 行定义 toByteArray()方法，获取字节数组输出流中的所有数据，并以字节数组的形式返回，保证了流和字节数组的相互转换。

### 5.2.5 字节输入流源码解读

字节输入流是指字节流从磁盘、键盘或网络等方向流向内存中。所有的字节输入流都继承于 JDK 中的 InputStream 类，在 JDK 11 中，字节输入流的实现类超过了 100 个，支持的功能非常繁杂。本节仅对几个常用的字节输入流源码进行解读，掌握输入流的基本规律后，对于其他输入流的使用也就不会有太大的障碍。

【源码】5-4 摘取了 InputStream 类中的三个 read(...)方法，是学习输入流的起点。

【源码】5-4　java.io.InputStream（一）

```java
1  package java.io;
2  public abstract class InputStream implements Closeable {
3    public abstract int read() throws IOException;
4    public int read(byte b[]) throws IOException {
5      return read(b, 0, b.length);
6    }
7    public int read(byte b[], int off, int len) throws IOException {
8      Objects.checkFromIndexSize(off, len, b.length);
9      if (len == 0) {
10       return 0;
11     }
12
13     int c = read();
14     if (c == -1) {
15       return -1;
16     }
17     b[off] = (byte) c;
18
19     int i = 1;
20     try {
21       for (; i < len; i++) {
22         c = read();
23         if (c == -1) {
24           break;
25         }
```

```
26            b[off + i] = (byte) c;
27        }
28    } catch (IOException ee) {
29    }
30    return i;
31 }
```

- 第 2 行定义 InputStream 类,并且实现了 Closeable 接口。
- 第 3 行定义抽象方法 read(),每次从流中读取 1 字节,实际以 int 类型返回,有效数据占用低 8 位。
- 第 4 行定义 read(byte b[])方法,每次读取的最大长度为数组 b[]定义的长度,如果字节流中剩余的字节小于数组的长度,则其返回值 len 为实际读取内容的长度;如果字节流中没有任何内容,则返回-1。
- 第 7 行定义了更为灵活的字节数组读取方法 read(byte b[], int off, int len),参数 off 为偏移量,代表读取数据的起始位置,参数 len 为读取字节的数量。
- 第 13 行调用 read()方法,尝试读取一个字节的内容。
- 第 17 行将读取到的内容进行强制转换,从 int 类型转换为 byte 类型,截取其中的低 8 位。
- 第 20 行定义 try-catch 语句块,对于抛出 IOException 的情况作了忽略处理;而对于第 13 行的 read()方法调用,如果碰到 IOException,则会向上抛出,两者存在细微差别。

接下来继续 InputStream 的讲解,如【源码】5-5 所示,其中的 skip(...)、mark(...)、reset()、available()等方法是输出流中所没有的,通过对这些方法的理解运用,能够更好地理解输入、输出以流的形式设计的原因。

【源码】5-5　java.io.InputStream(二)

```
1  public long skip(long n) throws IOException {
2    ......
3  }
4  public int available() throws IOException {
5    return 0;
6  }
7  public void close() throws IOException {
8  }
9  public synchronized void mark(int readlimit) {
10 }
11 public synchronized void reset() throws IOException {
12   throw new IOException("mark/reset not supported");
13 }
14 public long transferTo(OutputStream out) throws IOException {
```

```
15        Objects.requireNonNull(out, "out");
16        long transferred = 0;
17        byte[] buffer = new byte[DEFAULT_BUFFER_SIZE];
18        int read;
19        while ((read = this.read(buffer, 0, DEFAULT_BUFFER_SIZE)) >= 0) {
20            out.write(buffer, 0, read);
21            transferred += read;
22        }
23        return transferred;
24    }
25 }
```

- 第 1 行定义 skip(long n)方法,从流的当前位置跳过 n 个字节,也就是说对其中的 n 个字节放弃读取,实现了快进效果。
- 第 4 行定义了 available()方法,返回预估可以读取字节的个数,这里只是一个空实现,需要在子类中覆盖,定义具体的实现逻辑。
- 第 7 行定义了 close()方法的空实现。
- 第 9 行定义了一个 mark(...)方法的空实现,其作用是对输入流的当前位置打标记,当需要重新读取时,调用 reset()方法,使输入流指针位置重新回到标记点。不是所有的输入流都需要或者能够实现标记功能,在 InputStream 接口中,定义了 markSupported()方法,用于判断特定输入流是否支持标记功能。
- 第 14 行定义了将输入流转换为输出流的常用方法,避免了手动循环读取输入流并写入输出流的烦琐过程,而且可以利用操作系统层面的零拷贝机制来提高数据传输效率。
- 第 17 行使用常量 DEFAULT_BUFFER_SIZE 定义数组的长度,该常量默认为 8192。
- 第 19 行通过循环读取的方式,将输入流转换为输出流,在大数据量的情况下,需要多次循环才能完成全部转换工作。

文件输入流的使用相对简单,内部实现逻辑也不复杂,其核心在于读取逻辑是通过 Java 底层的 native 方法实现,Java 代码只是对其进行了简单的包装。FileInputStream 类提供了三个构造方法,第一个方法是以字符串的方式将文件名传入构造方法;第二个方法则支持以 java.io.File 类作为入参,加载待读取的文件;第三个方法是将文件句柄传入构造方法,将文件输入流与具体的文件进行关联。对于开发人员来说,使用第一种方式最为简单方便。

【源码】5-6 中摘取了 FileInputStream 中的两个构造方法和四个与数据读取方法相关的代码,从中可以分析文件输入流的基本逻辑。

【源码】5-6  java.io.FileInputStream

```
1 package java.io;
2 public class FileInputStream extends InputStream {
```

```
 3    private final FileDescriptor fd;
 4    private final String path;
 5    public FileInputStream(String name) throws FileNotFoundException {
 6      this(name != null ? new File(name) : null);
 7    }
 8    public FileInputStream(File file) throws FileNotFoundException {
 9      ……
10    }
11    public int read() throws IOException {
12      return read0();
13    }
14    private native int read0() throws IOException;
15    private native int readBytes(byte b[], int off, int len) throws IOException;
16    public int read(byte b[]) throws IOException {
17      return readBytes(b, 0, b.length);
18    }
```

- 第 3 行定义文件句柄 fd，保存文件相关信息。
- 第 11 行覆写父类中的抽象 read() 方法，提供单字节读的功能。
- 第 14 行定义了真正的读取方法 read0()，该方法为 native 类型，由 Java 底层提供。
- 第 16 行覆写了一次读满字节数组的方法 read(byte b[])，该方法没有按照父类中的实现方式循环读取单字节，而是调用了第 15 行定义的私有 native 方法，直接在底层操作数组。

**注意**

在 FileInputStream 类中，并没有对方法 mark()、markSupported() 进行改写，也就是说文件输入流是不支持重读功能的，每个字节的获取都是一次加载完成。

与 ByteArrayOutputStream 类似，ByteArrayInputStream 内部也维护了一个字节数组 buf[]，用 protected 关键字修饰后不允许外部直接访问，而是通过 read()、mark()、skip(...)、reset()、available() 等公共方法操作。通过阅读源码，将输入流的操作与字节数组的操作进行类比，流概念的引入简化了操作方式。在字节数组输入流中，通过以下四个成员变量，支持对字节数组中任意开始位置、任意字节数量的读取功能。

（1）buf[]：保存所有的字节，buf 数组的长度是在输入流初始化的时候确定的，后续无变化。

（2）pos：记录从字节数组中读取数据的起始位置，每读完 1 字节就自增一位，如果需要重读，则可以退回到最后一次 mark 标记的位置。

（3）mark：记录标记的点，支持重读功能。

（4）count：记录数组的总长度。

【源码】5-7 展示了上述四个变量的定义语句，同时还包含了控制这四个变量的常用方法。

【源码】5-7　java.io.ByteArrayInputStream

```java
package java.io;
public class ByteArrayInputStream extends InputStream {
    protected byte buf[];
    protected int pos;
    protected int mark = 0;
    protected int count;
    public ByteArrayInputStream(byte buf[]) {
        this.buf = buf;
        this.pos = 0;
        this.count = buf.length;
    }
    public synchronized int read() {
        return (pos < count) ? (buf[pos++] & 0xff) : -1;
    }
    public synchronized byte[] readAllBytes() {
        byte[] result = Arrays.copyOfRange(buf, pos, count);
        pos = count;
        return result;
    }
    public synchronized long transferTo(OutputStream out) throws IOException {
        int len = count - pos;
        out.write(buf, pos, len);
        pos = count;
        return len;
    }
    public synchronized int available() {
        return count - pos;
    }
    public void mark(int readAheadLimit) {
        mark = pos;
    }
    public synchronized void reset() {
        pos = mark;
    }
}
```

- 第 7 行的构造方法根据传入的字节数组相关信息，初始化 buf、pos、count 三个成员变量。
- 第 12 行实现父类中的抽象方法 read()，其中 "0xff" 的作用是将 byte 类型直接转为

int 类型的低 8 位，而不用担心隐式转换中存在的有符号整数转换问题。
- 第 15 行覆写了父类中的 readAllBytes()方法，效率更高。
- 第 20 行定义 transferTo(...)方法，将输入流重定向成了输出流。
- 第 26 行重写父类的 available()方法，表示字节流中剩余的可提取字节数。
- 第 29 行和第 32 行的 mark(...)方法和 reset()方法正好是成对出现的逻辑，先执行 mark(...)方法进行标记，当在后续的某个时间点想回到标记的位置时，通过执行 reset()方法可以退回。

## 5.3 节点流、过滤流与序列化的综合应用

节点流指的是输入流的起点或输出流的终点，如输入流象限中的 FileInputStream、ByteArrayInputStream、FileReader、StringReader 等类。过滤流又称为处理流或包装流，它实际上是对节点流的一种包装，可以增强节点流的特性。输出象限中的 BufferedOutputStream 类、DataOutputStream 类、OutputStreamWriter 类都属于过滤流。

### 5.3.1 八个原生数据类型的字节码输入输出

原生数据类型和 java.lang.String 类型的数据输出有很多方法，比较常见的方法是转换成文字的形式输出，这种形式的输出结果可读性强，但是转出、转入效率比较差。

【示例源码】5-10 演练了基于 JDK 内置 DataOutputStream 类中的基本数据类型转换方法，输出结果将保存到本地文件中，可以通过二进制编辑器查看。

【示例源码】5-10　chap05.sect03.PrimitiveOutTest

```java
1  package chap05.sect03;
2  import java.io.*;
3  import chap05.sect02.Person;
4  public class PrimitiveOutTest {
5    public static void main(String[] args) throws Exception {
6      Person person = new Person("豆豆", 4, false);
7      var dos = new DataOutputStream(new FileOutputStream("primitive.txt"));
8      dos.writeUTF(person.getName());
9      dos.writeInt(person.getAge());
10     dos.writeBoolean(person.isMarried());
11     dos.close();
12   }
13 }
```

- 第 6 行初始化 person 对象，设定了姓名、年龄、婚否三项信息。
- 第 7 行通过节点流 FileOutputStream 类创建文件输出流，再通过过滤流 DataOutputStream 类包装文件输出流，使输出流具备输出原生数据类型和字符串的

能力；【源码】4-16 中已对其作过分析。
- 第 8～10 行依次调用输出字符串、整型和布尔型的输出方式，输出 Person 类的相关信息。

【示例源码】5-10 执行后的输出结果如图 5-4 所示，从图 5-4 左侧可以看出，输入结果中的汉字"豆豆"可以正常输出，而年龄和婚否信息都无法输出。图 5-4 右半部分以二进制插件读取，并在下拉框中选择"DEC"选项，以十进制方式查看。开始的两个字节"000 006"表示汉字"豆豆"输出了 6 字节，末尾的"000 000 000 004"是将整型的 4 以 4 字节的固定长度输出，最后一段"000"表示布尔型的"false"。

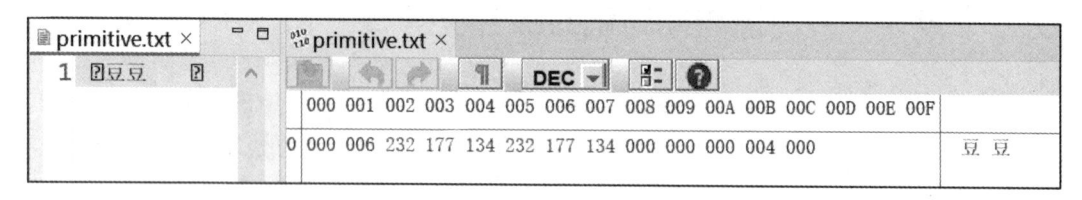

图 5-4　文本方式及二进制方式查看 primitive.txt 文件

【示例源码】5-11 利用 DataInputStream 类将原生数据读回到内存中。在读取原生数据的时候，必须要按照输出的顺序来进行读取，因为不同的原生类型都按照其语法所能支持的字节数的固定长度顺序排列。

【示例源码】5-11　chap05.sect03.PrimitiveInTest

```
1  package chap05.sect03;
2  import java.io.*;
3  public class PrimitiveInTest {
4    public static void main(String[] args) throws Exception {
5      var dis = new DataInputStream(new FileInputStream("primitive.txt"));
6      System.out.println(
7        " Name:" +dis.readUTF() +
8        " Age:" + dis.readInt() +
9        " Married:"+ dis.readBoolean());
10     dis.close();
11   }
12 }
```

- 第 5 行首先利用 FileInputStream 类构造输入文件流，然后包装到过滤流 DataInputStream 类中，使字节流可以按照原生数据类型的方式顺序读取。
- 第 6 行顺序调用三个方法，分别输出字符串型的姓名信息、整型的年龄信息和布尔型的婚否信息。

以下为示例代码执行后的主控台输出信息，准确地解析了姓名、年龄和婚否信息。

```
1 Name:豆豆 Age:4 Married:false
```

## 5.3.2 自定义原生数据类型可视化输出

为了深入研究过滤流，下面给出一个自定义的过滤流，如【示例源码】5-12 所示，它继承于 DataOutputStream 类，对原生数据类型的输出进行了重载，使原生数据类型的输出具有可读性。

【示例源码】5-12　chap05.sect03.MyOutStream

```java
package chap05.sect03;
import java.io.*;
public class MyOutStream extends DataOutputStream {
  OutputStream out;
  public MyOutStream(OutputStream out) {
    super(out);
    this.out = out;
  }
  public void writeInt(int i, Void v) throws IOException {
    writeUTF(new Integer(i).toString());
  }
  public void writeBoolean(boolean b, Void v) throws IOException {
    if (b == true) {
      writeUTF("true");
    } else {
      writeUTF("false");
    }
} } }
```

- 第 3 行创建自定义输出流 MyOutStream 类，继承于 DataOutputStream 类，自定义类间接继承了 FilterOutputStream 类，所以自定义类同样属于过滤流。
- 第 4 行定义成员变量 out，保存底层被装饰对象。
- 第 5 行定义构造方法，要求入参为输出流类型。
- 第 6 行执行父类的构造方法，继续将入参的字节流 out 向上传递。
- 第 7 行将入参的字节流赋值给本地成员变量。
- 第 9 行重载 writeInt(...)方法，方法体内将整型的输出格式调整为字符形式，入参类型为空类型的作用是为了区分重载方法，当有效参数无法区分时，这是一种比较常用的替代方案。
- 第 12 行重载 writeBoolean(...)方法，将布尔型的 0/1 值修改为字符串的"true"和"false"。

【示例源码】5-13 是对自定义过滤流的简单应用，验证其中的输出效果。同时增加了 BufferedOutputStream 类，演示三层嵌套的装饰模式应用。

【示例源码】5-13　chap05.sect03.MyOutStreamTest

```java
1  package chap05.sect03;
2  import java.io.*;
3  import chap05.sect02.Person;
4  public class MyOutStreamTest {
5    public static void main(String[] args) throws Exception {
6      Person person = new Person("芦荟", 5, false);
7      MyOutStream mos = new MyOutStream(new BufferedOutputStream(new
         FileOutputStream("mos.txt")));
8      mos.writeUTF(person.getName());
9      mos.writeInt(person.getAge(), null);
10     mos.writeBoolean(person.isMarried(), null);
11     mos.flush();
12  //   mos.close();
13    }
14  }
```

- 第 7 行首先构造出文件输出流，再创建缓冲输出流，并包装文件输出流，最外层创建了自定义的过滤流 MyOutStream 类。
- 第 8~10 行调用三个原生数据类型的输出方法，顺序输出。
- 第 11 行执行刷新缓冲的方法 flush()，将输入内容正式写入文件中。

> **注意**
>
> 如果注释掉代码中第 11 行的 mos.flush()语句，则程序执行完成后，文件 mos.txt 并没有任何内容的输出，这是因为 BufferedOutputStream 类对输出的内容起到了缓冲的作用，当显式调用 flush()方法或在流对象上执行 close()操作时，才会将缓冲区中的内容写入磁盘。

执行【示例源码】5-13 后，将在工程目录下产生 mos.txt 文件。通过文本编辑器和二进制插件两种方式打开该文件，如图 5-5 所示。从图 5-5 左半部分可以看出，输出的内容都是可读的，而其中的"?"则是描述字符串所占字节长度的数据，因为其落在 ASCII 码的不可见字符区域，所以显示为问号。同样的道理，只要定义相应的输入流，就可以将该文件中的信息读取到内存中。

图 5-5　自定义数据类型输出结果查看

### 5.3.3 Java 对象的序列化与反序列化

对象的序列化与反序列化是 Java I/O 所面对的主题之一。在 Java I/O 包中的 java.io.ObjectOutputStream 类和 java.io.ObjectInputStream 类负责 Java 对象序列化和反序列化的工作,【示例源码】5-14 将作简单演示。

【示例源码】5-14　chap05.sect03.ObjectInOutTest

```java
package chap05.sect03;
import java.io.*;
import chap05.sect02.Person;
public class ObjectInOutTest {
  public static void main(String[] args) throws Exception, IOException {
    Person person = new Person("山峰", 5, true);
    ObjectOutputStream oos=new ObjectOutputStream(new FileOutputStream ("obj.dat"));
    oos.writeObject(person);
    oos.close();

    try (var ois = new ObjectInputStream(new FileInputStream("obj.dat"))) {
      Person readObject = (Person) ois.readObject();
      System.out.println(readObject);
    }
  }
}
```

- 第 6 行新建 Person 类型的对象 person。
- 第 7 行首先创建文件输出流,然后创建对象输出流,并包装文件输出流。
- 第 8 行调用 writeObject(...)方法,将 person 对象写入到对象输出流中。
- 第 9 行关闭输出流,完成文件输出。
- 第 11 行进行反向操作,创建对象输入流,从文件中读取对象信息。
- 第 12 行调用 readObject()方法,获取反序列化后的 person 对象,这里执行了强制转换操作。

以下为代码执行后的输出信息,输出信息中的婚否与输入的时候产生了不一致的现象。这里是因为婚否信息属于个人隐私,在定义 Person 类的时候用 transient 关键字修饰,在序列化反序列化情况下不输出相关信息。因此输出结果中的 false 是反序列化的时候填充的默认值。

```
1 山峰|5|false
```

### 5.3.4 回退流应用原理解析

回退流的应用场景比较特殊，它并不是真的将取出来的数据重新退回去，而是通过过滤流中内置的缓冲数组临时保存已取出的内容，再次获取时则先将缓冲数组中已暂存的部分输出，这一点通过查阅源码可以得到证实。【示例源码】5-15 演示了 PushbackInputStream 类的常见应用模式，如图 5-5 左侧窗口所示，mos.txt 文件中共有三段文本输出，在每段文本的头部以整型标记了文本所占字节数。本示例通过回退流的操作，在获取文本数据前可以单独读取该字符串所占用的字节数。

【示例源码】5-15　chap05.sect03.PushBackTest

```
1  package chap05.sect03;
2  import java.io.*;
3  public class PushBackTest {
4      public static void main(String[] args) throws Exception {
5          PushbackInputStream pis =
                  new PushbackInputStream(new FileInputStream("mos.txt"), 10);
6          DataInputStream dis = new DataInputStream(pis);
7          byte[] bs = new byte[2];
8          int len;
9          while (-1 != (len = pis.read(bs))) {
10             short s = (short) ((bs[0] << 8) | bs[1]);
11             pis.unread(bs);
12             System.out.println( "字节数:" + s + " 文字内容:" + dis.readUTF());
13         }
14     }
15 }
```

- 第 5 行创建文件输入流，从文件 mos.txt 中获取数据。mos.txt 文件在【示例源码】5~13 和【源码】1~7 中创建。
- 第 6 行将回退字节流再次封装进过滤流 DataInputStream 类，使其具备原生数据类型的读取能力。
- 第 7 行新建字节数组，用于从输入流中读取数据，为了模拟多次读取的效果，将数组的长度定义为 2。
- 第 9 行为字节流读取数据标准模式，以 "-1" 作为循环结束标志。
- 第 10 行将读取的两个字节通过移位操作拼接为一个 short 类型，该 short 类型变量中的数据即表示当前的字符串占用的字节数。
- 第 11 行调用 unread(...)方法将获取的两个字节退回到字节流中，重新调用 readUTF()方法，将获取完整的字符串。

以下为示例代码执行后的主控台输出内容，其中两个汉字各占 3 字节，大写字母、小写字母和数字都只占 1 字节。

```
1  字节数:6 文字内容:芦荟
2  字节数:1 文字内容:5
3  字节数:5 文字内容:false
```

## 5.4 字符流基础应用及源码分析

顾名思义，字符流就是以字符为单位进行操作的 I/O 流，这里的字符可以是单字节的 ASCII 字符或者 ISO-8859-1 字符，也可以是双字节的 GB2312 字符或者 GBK 字符，还可以是变长的 UTF-16 字符或者 UTF-8 字符。字符流的优势在于可以处理不定长的字符，在读取底层数据的同时，既可以保证读取到完整的字符，还会校验读取出的字符是否为合法字符。

### 5.4.1 字符输入流的整行读取

【示例源码】5-16 演示了字符流的简单应用，首先创建一个简单的输出流，输出两行文本，然后通过输入流将文本文件中的信息读入内存。

【示例源码】5-16　chap05.sect04.FileReaderWriterTest

```java
1  package chap05.sect04;
2  import java.io.*;
3  import sun.nio.cs.UTF_8;
4  public class FileReaderWriterTest {
5    public static void main(String[] args) throws Exception {
6      try (FileWriter fileWriter = new FileWriter("writer.txt")) {
7        fileWriter.write("第一行测试 write(...)方法");
8        fileWriter.append("\n 第二行测试 append(...)方法")
                 .append("\n 第三行测试 append()方法连续输出");
9      }
10     try (BufferedReader br =
             new BufferedReader(new FileReader("writer.txt", new UTF_8()))) {
11       String str;
12       while (null != (str = br.readLine())) {
13         System.out.println(str);
14  } } } }
```

- 第 6 行定义文件字符输出流，文件名为"writer.txt"。
- 第 7 行向字符流输出字符串。
- 第 8 行调用 append(...)方法，向字符流中追加字符串。
- 第 10 行定义文件输入流，以 UTF-8 字符编码格式读取字符数据，然后封装到字符缓冲流 BufferedReader 类之中。

- 第 12 行通过 readLine()方法，每次从缓冲中读取一行文本信息。

以下为示例代码执行后的主控台输出信息，一共有三行。

```
1  第一行测试 write(...)方法
2  第二行测试 append(...)方法
3  第三行测试 append()方法连续输出
```

### 5.4.2 从源码看字符流与字节流的关系

在 Java I/O 体系中，字符流的基类是 java.io.Reader 和 java.io.Writer，这两个类中分别有一个抽象的 read(...)方法和 write(...)方法，在子类中根据实际的业务场景实现。在 Java I/O 体系中，字符流和字节流并不是并驾齐驱的关系。从本质上来说，不管是字符流还是字节流，最终输出到磁盘文件或者网络端口的都是一连串的比特流，二者的区别在于针对文本的输出方便程度不一样。下面以字符输出为例，从源码的角度，详细分析字符流与字节流的相似性和层次依赖关系。【源码】5-8 中的 Writer 类是字符输入流的抽象基类，包含了三个抽象方法。

【源码】5-8  java.io.Writer

```java
package java.io;
public abstract class Writer implements Appendable, Closeable, Flushable {
  private char[] writeBuffer;
  public void write(int c) throws IOException {
    synchronized (lock) {
      if (writeBuffer == null) {
        writeBuffer = new char[WRITE_BUFFER_SIZE];
      }
      writeBuffer[0] = (char) c;
      write(writeBuffer, 0, 1);
    }
  }
  public void write(char cbuf[]) throws IOException {
    write(cbuf, 0, cbuf.length);
  }
  public abstract void write(char cbuf[], int off, int len) throws IOException;
  public Writer append(char c) throws IOException {
    write(c);
    return this;
  }
  public abstract void flush() throws IOException;
  public abstract void close() throws IOException;
}
```

- 第 3 行定义 char[]数组变量，用于字符串或者单个字符的缓冲。
- 第 4 行定义最基本的 write(...)方法，入参形式为 int 类型，高位两个字节未携带有效信息。
- 第 7 行初始化 char[]数组类型变量 writeBuffer，默认大小为 1024 字节。
- 第 9 行将 int 类型的入参强制转换为 char 类型，只获取其中的低位数据。
- 第 10 行调用支持字符数组批量输出的 write(...)方法，该方法在 Writer 类中定义为抽象方法。
- 第 16 行申明抽象 write(...)方法。
- 第 17 行定义入参为 char 类型的 append(...)方法，并且返回 Writer 类型的对象，便于连续追加字符。
- 第 21 行和第 22 行定义 flush()和 close()两个抽象方法，子类继承时必须实现，而它们在 OutputStream 类中则不是抽象方法。

与直觉略有不同的是，文件字符输出流 FileWriter 类并不直接继承于 Writer 抽象类，而且 FileWriter 类中竟有 9 个构造方法。当程序员第一次看到源码的时候，可能会以为看错了文件。实际上 FileWriter 类的功能是按照指定的文件名、指定的字符编码格式向文件输出，具体的写操作全部交由父类实现。

【源码】5-9 从 9 个构造方法中选取了 2 个典型方法进行分析解读，这两个方法的区别在于是否按指定字符集输出。

【源码】5-9　java.io.FileWriter

```java
1  package java.io;
2  public class FileWriter extends OutputStreamWriter {
3
4    public FileWriter(String fileName) throws IOException {
5      super(new FileOutputStream(fileName));
6    }
7    public FileWriter(String fileName, Charset charset) throws IOException {
8      super(new FileOutputStream(fileName), charset);
9    }
10   ......
11 }
```

- 第 2 行的 FileWriter 类没有直接继承 Writer 类，而是通过父类 OutputStreamWriter 间接继承。
- 第 4 行的构造方法传入字符串格式的文件名，并创建文件输出字节流，所以字符流的底层实际还是对文件字节流进行操作。
- 第 7 行定义的构造方法增加了字符编码参数，允许输出文件采用灵活的字符编码方式。

在 Java I/O 体系中，OutputStreamWriter 类的作用极为特殊，它继承了 Writer 类，以字符流的身份而存在，而它的四个构造方法都需要将字节流作为入参传入，看上去与装饰模式不太一致。但实际上，OutputStreamWriter 类的内部将传入的字节流包装成了一个新的带有编码功能的字符流 StreamEncoder 类，逻辑上依然是装饰模式的运用。从【源码】5-10 可以详细分析 OutputStreamWriter 类中装饰模式的实现逻辑。

【源码】5-10　java.io.OutputStreamWriter

```java
1  package java.io;
2  public class OutputStreamWriter extends Writer {
3    private final StreamEncoder se;
4    public OutputStreamWriter(OutputStream out) {
5      super(out);
6      try {
7        se = StreamEncoder.forOutputStreamWriter(out, this, (String) null);
8      } catch (UnsupportedEncodingException e) {
9        throw new Error(e);
10     }
11   }
12   public void write(int c) throws IOException {
13     se.write(c);
14   }
15   public void write(String str, int off, int len) throws IOException {
16     se.write(str, off, len);
17   }
18   ……
19  }
```

- 第 2 行继承 Writer 类，表明 OutputStreamWriter 类具备字符输出流的功能。
- 第 3 行定义 StreamEncoder 类型的成员变量，它同样继承了 Writer 类，是一个字符输出流。
- 第 4 行定义构造方法，入参为字节输出流，实际上 OutputStreamWriter 类中所有的构造方法都必须有一个字节输出流作为入参。
- 第 5 行是装饰模式的固定语法，将字节流传给父类。
- 第 7 行调用字符输出流 StreamEncoder 类的静态工厂方法，初始化含字符编码功能的字符输出流，最后一个参数为 null，表示将采用默认的字符编码。
- 第 12 行和第 15 行覆写了父类 Reader 类中的 write(...)方法，实际是通过内嵌字符流 se 转发调用。

字符流编码类 StreamEncoder 负责将 char 类型的字符数据按照编码格式要求转换为字节码，并交由字节输出流 OutputStream 类对外输出。在 StreamEncoder 类中，除了具备字符输出流所要求的 write(...)方法、flush()方法和 close()方法之外，还包括 OutputStream、Charset、CharsetEncoder 等类型的成员变量，负责对字符流进行编码并输出。

在 StreamEncoder 类中，两个重要的方法分别是 implWrite(...)和 writeBytes()。前者负

责接受 char 类型数据，并按照规则转换；后者则调用字节流，输出字节码。【源码】5-11 中摘取了 StreamEncoder 类中与字符集控制相关的代码，便于深入理解字符输出流。

【源码】5-11　sun.nio.cs.StreamEncoder

```
1  package sun.nio.cs;
2  public class StreamEncoder extends Writer {
3    public static StreamEncoder forOutputStreamWriter(OutputStream out,
         Object lock, String charsetName) throws UnsupportedEncodingException {
4      String csn = charsetName;
5      if (csn == null)
6        csn = Charset.defaultCharset().name();
7      ……
8    }
9    private void writeBytes() throws IOException {
10     ……
11     out.write(bb.array(), bb.arrayOffset() + pos, rem);
12 }
```

- 第 2 行的定义中继承了 Writer 类，说明 StreamEncoder 类是一个字符输出流，具有流的典型特征及功能。与之相对的是 StreamDecoder 类，负责解码工作，其中定义了字符输入流的多个 read(...)方法。
- 第 3 行定义了 forOutputStreamWriter(...) 静态方法，根据参数返回一个 StreamEncoder 类，这是一个静态工厂方法，其调用更加方便灵活。
- 第 5 行和第 6 行检查入参中是否指定字符编码格式，如果没有指定，则使用默认字符编码格式，也就是 file.encoding 属性参数中指定的字符编码格式。

## 5.5　字符流与半个汉字读写问题

顾名思义，字符流就是以字符作为流控处理单元而实现输入输出的方式。在 Java 语言发展早期，文字编码范围还局限于双字节的时候，从字面意义上将字符理解为两个字节是没有问题的。但是在今天的 Java 语言中，单个 char 类型数据已经不能完整表达所有的文字，那么在进行字符流输出的时候，Reader 类是以文字为单位输出还是以字符类型为单位输出呢？假定输入流读取的文件为 UTF-8 字符编码格式，那么读入内存中的数据将按照以两个字节为单位读入，还是按照以实际的文字为单位读入呢？本书将就这两方面的问题举几个小的例子进行演示，这些例子既可以厘清字符流中比较容易混淆的概念，也可以帮助程序员更加熟练地掌握字符流相关类的应用。

### 5.5.1　字符输出流对 SMP 文字的支持

【示例源码】5-17 单独对辅助多文种平面（SMP）中的汉字进行演示。辅助多文种平面中的汉字在 JVM 中占用两个 char 类型长度，在字符串类中使用 length()方法查询文字长度时，它返回的是字符串中所有文字占用 char 类型的长度。如果需要获取字符串中实际有效的文字数，则需要通过调用 String. codePointCount(...)方法获取。

【示例源码】5-17　chap05.sect05.SMPWriterTest

```
1  package chap05.sect05;
2  import java.io.FileWriter;
3  import sun.nio.cs.UTF_8;
4  public class SMPWriterTest {
5    public static void main(String[] args) throws Exception {
6      String str = "𠀀";
7      System.out.println("字符串长度:" + str.length());
8      System.out.println("码点数:" + str.codePointCount(0, str.length()));
9      char[] charArray = str.toCharArray();
10     FileWriter fileWriter = new FileWriter("smpwriter.txt", new UTF_8());
11     fileWriter.write(charArray[0]);
12     fileWriter.write(0);
13     fileWriter.write(str, 0, 1);
14     fileWriter.write(0);
15     fileWriter.write(str, 0, 2);
16     fileWriter.close();
17   }
18 }
```

- 第 6 行定义字符串 str，"𠀀"是辅助多文种平面中的汉字，占用两个 char 类型数据单元。
- 第 7 行调用字符串的 length()方法，确认字符的长度。
- 第 8 行调用字符串的 codePointCount(...)方法，确认字符串 str 中包含多少个码点。
- 第 10 行创建文件的字符输出流，写入数据到本地文件中，并且指定字符编码格式为 UTF-8。
- 第 11 行向字符输出流输出单个 char 类型的数据。
- 第 12 行和第 14 行向字符输出流输出分隔符号，转换成 UTF-8 字符编码格式，二进制显示为"00000000"。
- 第 13 行向字符输出流输出 str 字符串的第一个字符，验证输出结果。
- 第 15 行向字符输出流输出 str 字符串的前两个字符。

示例代码执行后的输出结果如图 5-6 所示，图 5-6 中左半部分为通过文本编辑器方式打开后的结果，输出数据中包含两个符号"?"，汉字"𠀀"能够正常输出。从图 5-6 中右半部分可以看出，示例代码的第 11 行和第 13 行都未能正常输出 char 类型数据，而是在查找到无效汉字的时候输出了"3F"，也就是 ASCII 码中的问号。

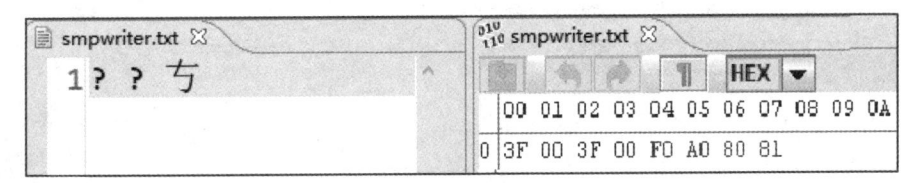

图 5-6　文件字符输出流输出 SMP 汉字

> **注意**
>
> 以上输出表明，当 char 类型对象在 Unicode 中为无效文字时，以 UTF-8 编码输出将转换为 "3F" 字符。

### 5.5.2　用混编字符串考查字符输出流

在日常工作中，需要处理的字符串既包含简单的文字，也可能包含少量的复杂文字，完整的实现逻辑必须考虑混合场景。【示例源码】5-18 针对这种情况，模拟处理一个典型的字符串 "a©中𠀀𤭢"，其中 "a" 的 UTF-8 完整编码为单字节，"©" 的 UTF-8 编码为双字节，"中" 的 UTF-8 编码为 3 字节，"𠀀" 和 "𤭢" 两个汉字的 UTF-8 编码均为 4 字节，字符串的总长度为 7 个 char 类型字符。在验证字符流读取操作时，一共循环 7 次，每次循环中初始读取字符的长度递增，再读取流中剩余的字符数。最后将 7 次循环每个循环内分两次读取的内容打印到主控台，并且分两种颜色展示。

【示例源码】5-18　chap05.sect05.MixReaderTest

```java
package chap05.sect05;
import java.io.*;
import java.io.FileWriter;
import sun.nio.cs.UTF_8;
public class MixReaderTest {
  public static void main(String[] args) throws Exception {
    try (FileWriter fileWriter = new FileWriter("writer2.txt",new UTF_8())) {
      fileWriter.write("a©中𠀀𤭢");
    }
    for (int i = 1; i <= 7; i++) {
      char[] chars1 = new char[10];
      char[] chars2 = new char[10];
      FileReader fileReader = new FileReader("writer2.txt", new UTF_8());
      int read1 = fileReader.read(chars1, 0, i);
      int read2 = fileReader.read(chars2);
      System.out.print(new String(chars1) + "\t");
      for (int j = 0; j < read1; j++) {
        System.out.print(Integer.toHexString(chars1[j]).toUpperCase() + " - ");
      }
```

```
20          for (int j = 0; j < read2; j++) {
21              System.err.print(Integer.toHexString(chars2[j]).toUpperCase() + " - ");
22          }
23          System.err.println(new String(chars2));
24      } } }
```

- 第 7~9 行创建临时文件，以 UTF-8 字符编码格式输出字符串。
- 第 10 行开始 7 次循环。
- 第 11 行和第 12 行新建两个 char[] 数组，分别保存分两段从流中读取的内容。
- 第 13 行创建字符输入流。
- 第 14 行从字符输入流中读取字符，读取 i 个字符。
- 第 15 行读取流中剩余的全部字符。
- 第 16 行和第 21 行在主控台的首末两端以文字的形式打印前后两次从流中读取的内容。
- 第 18 行和第 23 行以十六进制打印两次从流中读取的 char 类型数据。

【示例源码】5-18 执行后输出的信息如图 5-7 所示，其中前三行的读取逻辑符合预期，读取的字符数逐行递增。第四行读取"己"时没有获取到，第五行在输出结果中展示了完整的"己"字符。

图 5-7　混合验证执行结果展示

> **注意**
>
> 以上输出结果表明，从输入流中批量读取数据写入 char[] 数组时，如果最后一个 char 类型对象是半个 Unicode 文字，则其不会被写入 char[] 数组中，并且流的当前位置停留在获取失败的字符位置。

从以上示例可以了解到，当字符流读取到的结尾处字符为无效文字时，字符流不返回无效字符，而是将字符流的当前位置停留在无效字符的位置。如果字符流读取的第一个字符就是无效文字时，字符流将如何运行呢？下面通过【示例源码】5-19 进行模拟演示。

【示例源码】5-19　chap05.sect05.TwoCharsReaderTest

```
1   package chap05.sect05;
2   import java.io.*;
```

```java
3  import sun.nio.cs.UTF_8;
4  public class TwoCharsReaderTest {
5    public static void main(String[] args) throws Exception {
6      try (FileWriter fileWriter = new FileWriter("writer3.txt", new UTF_8())) {
7        fileWriter.write("a©中己兮");
8      }
9      for (int i = 0; i < 7; i++) {
10       char[] chars = new char[2];
11       FileReader fileReader = new FileReader("writer3.txt", new UTF_8());
12       fileReader.skip(i);
13       int read = fileReader.read(chars);
14       for( int j = 0; j < read; j++ ) {
15         System.out.print(Integer.toHexString(chars[j]).toUpperCase() + " \t ");
16       }
17       System.out.println("=>\t" + new String(chars, 0, read));
18  } } }
```

- 第 6~8 行创建临时文件，以 UTF-8 字符编码格式输出字符串。
- 第 10 行创建长度为 2 的 char[]字符数组，对应从流中每次只读取两个 char 类型对象。
- 第 11 行创建文件字符输入流，在循环内每次重建新的流。
- 第 12 行表示从流的当前位置跳过 char 类型的位数。
- 第 13 行从流中读取内容到变量 chars 数组中。
- 第 15 行和第 17 行打印读取的内容，分别用十六进制和文字的形式打印。

以下为示例程序执行后的输出结果，从输出内容来看，第 1 行和第 2 行都与结果相符，第 3 行在从流中读取内容时只返回了一个 char 类型数据，下一个字符只是"己"的高位字符，不是一个完整的 Unicode 文字，所以没有返回。第 5 行的输出数据显示字符流返回了两个 char 类型数据，但是它由前一个文字的低位字符加后一个文字的高位字符组成，在文字显示区域显示了两个问号。

```
1  61     A9       =>   a©
2  A9     4E2D     =>   ©中
3  4E2D            =>   中
4  D840   DC00     =>   己
5  DC00   D840     =>   ??
6  D840   DC01     =>   兮
```

## 5.6 从 BIO 到 NIO 的延伸阅读

从 BIO 到 NIO 的发展，意味着 I/O 编程模型从阻塞模式走向了非阻塞模式，同时意味着高并发场景下的效率提升和资源控制优化。NIO 编程模型中引入了通道（Channel）、缓冲区（Buffer）和选择器（Selector）三个新概念。本节将重点讲解通道和缓冲区，选择器应用只有在网络编程中才会用到，本书 8.2.2 节将对此作详细讲解。

### 5.6.1 NIO 中的通道和缓冲区

针对 NIO 中的核心概念通道和缓冲区，下面将通过【示例源码】5-20 进行完整的演示。理论上来说，通道是允许双向的，FileChannel 类和 SocketChannel 类中都定义了若干 read(...)方法和 write(...)方法，至于在实际使用的时候支持单向还是双向，需要依赖于特定场景。

【示例源码】5-20　chap05.sect06.NIOTest

```java
1  package chap05.sect06;
2  import java.io.*;
3  import java.nio.channels.FileChannel;
4  import java.nio.charset.StandardCharsets;
5  public class NIOTest {
6    public static void main(String[] args) throws Exception {
7      try (FileChannel outChannel = new FileOutputStream("nio.txt").getChannel()) {
8        outChannel.write( java.nio.ByteBuffer.wrap("ABC".getBytes()));
9      }
10     try (FileChannel rwChannel=new RandomAccessFile("nio.txt", "rw").getChannel()){
11       rwChannel.position(2).write( StandardCharsets.US_ASCII.encode("XYZ"));
12       var buffer = java.nio.ByteBuffer.allocate(6);
13       rwChannel.position(0).read(buffer);
14       char[] ca=new String(buffer.array(),StandardCharsets.US_ASCII).toCharArray();
15       System.out.println( java.util.Arrays.toString(ca)+" - "+buffer);
16  } } }
```

- 第 7 行首先创建文件输出流，再从文件输出流中获取文件通道 FileChannel 类，该通道只具有写的能力，如果调用 read(...)方法则会提示错误。
- 第 8 行向文件中写 "ABC" 三个字符，通过 ByteBuffer.wrap(...)方法将字节数组包装为字节缓冲区 ByteBuffer 类型，这是一种很方便的转换方法。
- 第 10 行首先创建同时具有读写功能的 RandomAccessFile 类型对象，再从创建的对象中获取具有读写能力的文件通道。
- 第 11 行设置指针位置为 2，从该位置向文件读写通道中写入字符串 "XYZ"，这里利用了抽象类 java.nio.charset.Charset 中的编码方法 encode(...)直接将字符串转换为字节缓冲区类型。
- 第 12 行初始化 6 字节长度的字节缓冲区。
- 第 13 行从文件头开始读取数据，并将全部内容写入字节缓冲区。
- 第 14 行为了让显示结果更加直观，将字节数组转换为字符数组显示。

- 第 15 行向主控台输出字节缓冲区中的字节内容和字节缓冲区中的属性值。

下面是代码执行后的输出内容,其中大写字母"C"被第二次写入所覆盖,所以没有显示,HeapByteBuffer 代表字节缓冲区的实例化对象,初始化为堆内存,pos=5 则表示执行 read(...)方法操作后的指针位置,输出结果还表明 RandomAccessFile 类中获取的通道同时具备读写能力。

```
1  [A, B, X, Y, Z, ] - java.nio.HeapByteBuffer[pos=5 lim=6 cap=6]
```

### 5.6.2 自定义字节缓冲区 MyByteBuffer

ByteBuffer 在 Java NIO 中扮演着重要的角色,它是数据在内存和通道之间的桥梁,提供了高效的数据操作接口,支持非阻塞式 I/O,是实现高性能、高并发 I/O 操作的关键组件之一。为了加深对 ByteBuffer 常用功能的理解,下面通过自定义的方式实现一个简易的字节缓冲区。如【示例源码】5-21 所示,其中大部分的方法皆为模仿 java.nio.ByteBuffer,有些甚至是完全复用。因此,MyByteBuffer 类是非常好的实践案例。

【示例源码】5-21　chap05.sect06.MyByteBuffer

```java
package chap05.sect06;
public class MyByteBuffer {
    int mark = -1, position = 0, limit, capacity;
    byte[] hb = null;
    public static MyByteBuffer allocate(int capacity) {
        MyByteBuffer myBuffer = new MyByteBuffer();
        myBuffer.hb = new byte[capacity];
        myBuffer.limit = myBuffer.capacity = capacity;
        return myBuffer;
    }
    public byte get() {
        if (position >= limit) { throw new IndexOutOfBoundsException(); }
        return hb[position++];
    }
    public MyByteBuffer put(byte x) {
        if (position >= limit) { throw new IndexOutOfBoundsException(); }
        hb[position++] = x;
        return this;
    }
    public void flip() {
        limit = position;
        position = 0;
        mark = -1;
    }
    public void compact() {
```

```
26      System.arraycopy(hb, position, hb, 0, limit - position);
27      position = limit - position;
28      limit = capacity;
29  }
30  public void rewind() {
31      position = 0;
32      mark = -1;
33  }
34  public String toString() {
35      char[] cc = new String(hb, new sun.nio.cs.UTF_8()).toCharArray();
36      return java.util.Arrays.toString(cc)+" p:"+position+" l:"+limit+" c:"+capacity;
37  }
```

- 第 3 行定义成员变量，其作用与 JDK 内置的 ByteBuffer 类一致，mark 代表储存记忆点，pos 代表当前指针位置，limit 代表限制读写的长度，capacity 代表缓冲区最大可用长度。
- 第 5~10 行的静态方法 allocate(...)用于创建 ByteBuffer 对象，数组长度初始化为最大可用容量。
- 第 11~14 行定义 get()方法，从数组中获取 1 字节，并将指针向后挪动一个位置，读操作不允许超出 limit 设定的范围。
- 第 15~19 行定义 put(...)方法，向数组中写入 1 字节，并将指针向后移动一个位置，写操作同样不允许超出 limit 设定的范围。
- 第 20~24 行定义翻转方法 flip()，处理逻辑就是将当前指针赋值给 limit，再将指针置为 0，所以如果连续两次运行 flip()方法，则字节缓冲区既不能用 get()方法，也不能用 put(...)方法。
- 第 25~29 行定义压紧方法 compact()，压紧操作的目的是腾出写空间，其处理策略分为三步。首先，将缓冲区中剩余可读队列[position,limit]复制到缓冲区头部；其次，将指针指向新的可读队列尾部；最后，将 limit 调整为缓冲区最大容量值。
- 第 30~33 行定义倒回方法 rewind()，定义倒回方法的目的是为了重新读取，所以将指针置为 0，但是 limit 保持不变。
- 第 35 行的作用是将字节数组转换为字符数组，使主控台的输出效果更加直观。
- 第 36 行自定义 toString(...)方法的输出格式，包括字节缓冲区内容及其关键成员变量信息。

对字节缓冲区的操作关键就是考察成员变量 position、limit、capacity、mark 之间的转换关系，当程序中执行 put(...)、get()、flip()、rewind()、compact()等方法时，内部成员变量将会发生变化。【示例源码】5-22 中通过合理的组织完整地展示了缓冲区内部变化的轨迹，便于直观掌握缓冲区的变化规律。因篇幅所限，在自定义缓冲区中对比较简单易懂的 reset()、clear()、mark()、limit()等方法没有作过多赘述。

【示例源码】5-22    chap05.sect06.MyByteBufferTest

```java
1  package chap05.sect06;
2  public class MyByteBufferTest {
3    public static void main(String[] args) {
4      MyByteBuffer buffer = MyByteBuffer.allocate(6);
5      buffer.put((byte) 'A').put((byte) 'B').put((byte)0x43);
6      System.out.println("init:    " + buffer);
7      buffer.flip();
8      System.out.println("flip: "+String.valueOf((char)buffer.get()) + " "+buffer);
9      buffer.rewind();
10     System.out.println("rewind: " + buffer);
11     buffer.get();
12     System.out.println("get:     " + buffer);
13     buffer.compact();
14     System.out.println("compact:" + buffer);
15     System.out.println("end:     " + buffer.put((byte) 'X').put((byte) 'Y'));
16   } }
```

- 第 4 行调用 allocate(...)方法创建容量为 6 字节的字节缓冲区。
- 第 5 行向缓冲区中写入"A""B""C"3 个字节。
- 第 8 行展示缓冲区先后执行 flip()和 get()操作后的详细信息，将得到字节"A"，position 和 limit 的值都有变化。
- 第 9 行和第 10 行展示缓冲区执行 rewind()方法后的详细信息，position 的值有变化。
- 第 13 行和第 14 行展示缓冲区执行 compact()方法后的详细信息，position 和 limit 的值都有变化。

程序执行结果展示如下，需要重点关注的是第 5 行。在 compact()方法执行之前，缓冲区中可读信息为"B""C"两字节；在执行 compact()方法后，"B""C"两字节挪到了前两位，指针值变更为 2，表示可以从第三位开始写入新的数据，覆盖字节"C"。因为 compact()方法不清除缓冲区中的遗留数据，所以第三位依然显示为字节"C"，但是用 get()方法是无法获取的。

```
1  init:   [A, B, C, , , ] p=3 l=6 c=6
2  flip: A [A, B, C, , , ] p=1 l=3 c=6
3  rewind: [A, B, C, , , ] p=0 l=3 c=6
4  get:    [A, B, C, , , ] p=1 l=3 c=6
5  compact:[B, C, C, , , ] p=2 l=6 c=6
6  end:    [B, C, X, Y, , ] p=4 l=6 c=6
```

### 5.6.3    模拟 Netty 中的双向指针字节缓冲区

5.6.2 节通过自定义 MyByteBuffer 的方式熟悉了字节缓冲区的内部结构和常规的操作流程，其中的指针 position 既要负责读数据，还要负责写数据，在操作上稍显不便。能否通过两个不同的指针分别负责读和写呢？答案是肯定的，Netty 组件中的 ByteBuf 类就采用了此种实现方案。

【示例源码】5-23 模拟了 Netty 组件中的 ByteBuf 类，实现了其中的主体功能，便于学习和掌握其中的双指针控制策略。

【示例源码】5-23　chap05.sect06.MyByteBuf

```java
1  package chap05.sect06;
2  public class MyByteBuf {
3    byte[] array; int rPos = 0, wPos = 0, capacity;
4    public MyByteBuf(int initialCapacity, int maxCapacity) {
5      this.array = new byte[initialCapacity];
6      this.capacity = maxCapacity;
7    }
8    public byte readByte() {
9      if (rPos>wPos) { throw new IndexOutOfBoundsException(); }
10     return array[rPos++];
11   }
12   public MyByteBuf writeByte(int value) {
13     if (wPos>capacity) { throw new IndexOutOfBoundsException(); }
14     array[wPos++] = (byte) value;
15     return this;
16   }
17   public byte getByte(int index) { return array[index]; }
18   public MyByteBuf setByte(int index, int value) {
19     array[index] = (byte) value;
20     return this;
21   }
22   public boolean isReadable() { return wPos > rPos; }
23   public boolean isWritable() { return capacity > wPos; }
24   public void clear() { rPos = wPos = 0; }
25   public void discardReadBytes() {
26     if (rPos != wPos) {
27       System.arraycopy(array, rPos, array, 0, wPos - rPos);
28       wPos -= rPos;
29       rPos = 0;
30   } }
31   public String toString() {
32     char[] cc = new String(array, new sun.nio.cs.UTF_8()).toCharArray();
33     return java.util.Arrays.toString(cc)+" rPos="+rPos+" wPos="+wPos+" c="+capacity;
34   }
```

- 第 3 行定义字节缓冲区内的关键成员变量，包括字节数组、读指针、写指针和容量参数。
- 第 8~11 行定义读数据方法 readByte()，当读指针小于写指针时允许读取 1 字节，并将读指针加 1。
- 第 12~16 行定义写数据方法 writeByte(...)，当写指针小于缓冲区容量时，允许写入 1 字节，并且写指针自动加 1，写入参数为 int 类型，在方法内进行了强制类型转换。因篇幅所限，此处不对字节数组的膨胀问题展开讨论。
- 第 17 行和第 18 行分别定义缓冲区直接读写方法 getByte(...)和 setByte(...)，两个方法针对索引参数位置执行读或写操作，不受读写指针位置的影响，执行完成后也不变动读写指针的值。
- 第 22 行和第 23 行定义判断缓冲区是否可读和是否可写的方法，判断逻辑相对简单。
- 第 25~30 行定义丢弃已读字节的方法 discardReadBytes()，将未读内容复制到缓冲区头部，重新设置读指针和写指针。
- 第 32 行的作用是将字节数组转换为字符数组，使主控台的输出效果更加直观。
- 第 33 行自定义 toString(...)方法的输出格式，包括字节缓冲区内容及读指针、写指针和容量信息。

为了验证 MyBytBuf 双指针操作的可靠性，体验双指针操作的便利性，本书给出【示例源码】5-24。【示例源码】5-24 是自定义 MyByteBuf 类的测试类，其中既用到了有指针参与的 readByte()方法和 writeByte(...)方法，也用到了无指针参与的 getByte(...)方法和 setByte(...)方法。

【示例源码】5-24　chap05.sect06.MyByteBufTest

```java
1  package chap05.sect06;
2  public class MyByteBufTest {
3    public static void main(String[] args) {
4      MyByteBuf buffer = new MyByteBuf(8, 10);
5      System.out.println("1: " + buffer);
6      buffer.writeByte('A').writeByte('B').writeByte('C').writeByte('D');
7      System.out.println("2: " + buffer);
8      buffer.readByte();
9      System.out.println("3:"+String.valueOf((char)buffer.readByte())+" " + buffer);
10     buffer.discardReadBytes();
11     System.out.println("4: " + buffer);
12     buffer.setByte(2, 'X').setByte(4, 'Y').setByte(6, 'Z');
13     System.out.println("5: " + buffer);
14     System.out.println("6:"+String.valueOf((char)buffer.getByte(4))+" " + buffer);
15     System.out.println("7:" + buffer.isWritable());
16   }
```

- 第 5 行输出空字节缓冲区，读指针和写指针都默认为 0。
- 第 6 行向缓冲区写入 "A" "B" "C" "D" 四个字节的低字节部分，并在 writeByte(...) 方法内进行强制类型转换。
- 第 8 行和第 9 行在缓冲区经过连续两次 readByte() 方法调用后，读指针将变更为 2。
- 第 10 行调用 discardReadBytes() 方法舍弃已读内容，缓冲区内数据将向前移动，读指针将变为 0，写指针将变更为当前可读长度 2。
- 第 12 行调用 setByte(...) 方法向缓冲区指定位置赋值，该方法不受写指针影响，也不影响写指针。
- 第 14 行调用 getByte(...) 方法从缓冲区指定位置读取内容，不影响缓冲区的读写指针。

程序执行结果显示如下，从第 4 行可以看到，discardReadBytes() 方法不会主动清除移动前的数据，但是因为读写指针的变化，readByte() 方法不再读取其中的内容。第 5 行的输出结果说明了 setByte(...) 方法的灵活性，它不受写指针的控制。第 6 行的输出结果说明了 getByte(...) 方法在读取时可以越过写指针的边界执行。

```
1:         [ , , , , , , ] rIdx:0 wIdx:0 max:10
2:         [A, B, C, D, , , ] rIdx:0 wIdx:4 max:10
3:B        [A, B, C, D, , , ] rIdx:2 wIdx:4 max:10
4:         [C, D, C, D, , , ] rIdx:0 wIdx:2 max:10
5:         [C, X, C, D, Y, , , Z] rIdx:0 wIdx:2 max:10
6:Y        [C, X, C, D, Y, , , Z] rIdx:0 wIdx:2 max:10
7:true
```

### 5.6.4　NIO 中的性能优化

Java I/O 的特性决定了其必定需要与操作系统底层及相关外设打交道，Java 语言本身没有办法做到"大一统"式的性能调优，需要面对不同的操作系统、不同的设备特性甚至不同的芯片技术进行专门的场景优化，不可一概而论。随着芯片技术、操作系统技术和算法的进一步发展，JDK 底层对 I/O 的优化同样与时俱进，通过 native 方法提供配套的解决方案。下面列举 I/O 性能优化常用的 Java 类和方法。

- **java.nio.channels.FileChannel 之 transferTo(...) 和 transferFrom(...) 方法**

transferTo(...) 和 transferFrom(...) 两个方法在 FileChannel 类中属于抽象方法，其作用是在两个通道之间使用直接的传输策略，具体实现受底层操作系统制约。基于 Linux 内核的底层 sendFile(...) 系统调用的支持，可以为通道间的数据传输减少上下文切换次数和用户空间的数据拷贝。

- **java.nio.ByteBuffer.allocateDirect(...) 与 java.nio.DirectByteBuffer**

allocateDirect(...) 方法用于申请 JVM 的堆外内存，在进行 I/O 操作时，堆外内存可以作为用户态和内核态共用的虚拟内存空间，当执行通道数据复制时可以有更高的效率。

- **java.nio.channels.FileChannel.map(...)与 java.nio.MappedByteBuffer**

map(...)方法可以将通道文件的特定区域直接映射到内存中，内存映射方法依赖于底层操作系统，Linux 内核的 mmap(...)方法通过用虚拟地址取代物理地址，使同一个物理地址可以被映射为多个不同的虚拟缓冲区，而虚拟缓冲区之间的拷贝成本是零。

- **java.nio.channels.ScatteringByteChannel.read(ByteBuffer[] dsts)和 java.nio.channels.GatheringByteChannel.write(ByteBuffer[] srcs)**

抽象类 FileChannel 实现了如上两个接口，对应 read(...)、write(...)方法的入参均为 ByteBuffer[]数组，扩展了文件通道对缓冲区数组的读写能力。顾名思义，Scatter 和 Gather 分别代表了分散读取和收集写入的操作能力，适合处理若干段固定长度和不固定长度的数据组合，如果操作系统底层具备 SG-DMA（Scatter Gather Direct Memory Access）技术加持，则可以让通道中部分段落减少无谓拷贝，为 I/O 操作带来部分段落精准的性能提升。

Netty、ZooKeeper、RocketMQ 等应用对 I/O 操作有着极限性能要求，针对各具特色的应用场景有着各具特色的优化解决方案，详细了解每种解决方案的优缺点，将对 Java NIO 底层原理形成更加深刻的见解。

## 5.7 本章小结

本章详细讲述了 Java I/O 知识体系的方方面面，只要理解其中的核心概念并结合示例稍加练习，相信读者必定能够自如地编写 Java I/O 程序，满足功能应用。当然，在工程实践中满足业务功能只是第一步，满足 Java I/O 的非功能要求和高可用要求或许要投入更大的人力物力。笔者曾经负责过一个单证扫描件切分、打包和传输的项目，平均一份影像件需要根据坐标信息切分出 200 个左右的图块，业务需求相对简单。当开发人员意气风发、一气呵成地完成初始版本编写后，开发团队需要让服务器通宵运行，才能切分出 100 份影像件，为下游测试团队提供数据。接下来，该项目到达客户现场与各路友商同台竞争，准备项目概念验证（Proof of Concept，POC）。经过持续不断的优化测试验证，该项目终于在 POC 正式比拼的前两天达到了一分钟切分 400 份影像件的能力，这其中既有文件 I/O 的优化，又有网络 I/O 的优化。

# 第 6 章
# 盘点线程、线程状态与线程池

与学习 Java I/O 时遭遇的庞大类库不同,与多线程编程相关的类大概一只手就能数过来,想要简单上手多线程,借助搜索引擎几分钟就可以很快完成。但是,如果想成为多线程编程领域的大师,仅仅掌握几个类的使用是远远不够的。假如把单线程编程看作二维平面世界,那么多线程编程就相当于三维立体世界,多线程之于单线程就是一种降维打击的存在,两者难度完全不在一个维度上。

在开发阶段,多线程调试是一件非常棘手的事情,相当于要把"单手敲木鱼"升级为"十指弹钢琴"。在压测阶段,多线程代码需要在不同的硬件组合条件下反复测试,并发线程数因应用场景而异,既不能太少也不能太多,需要反复摸索。在生产运行阶段,长时间高强度运行还可能出现偶发性程序异常。对于程序员来说,偶然的运行异常实则意味着必然的程序缺陷,捕获偶发性异常不但需要超高的技术水平,有时甚至还需要一点运气。

## 6.1 轻松入门多线程编程

多线程编程是多核计算时代的必备技能,是中高级程序员都无法回避的话题。Java 类库对多线程编程提供了很好的支持,其中 java.lang.Thread 类用于描述一个线程,该类提供了 9 个 native 方法实现了操作系统层面的线程控制,提供了 10 个构造方法用于创建线程实例。Thread 类实现了 java.lang.Runnable 接口,接口中的 run()方法代表了将由子线程完成的业务逻辑。两种最基本的多线程实现逻辑是继承和实现,用户可以通过继承 Thread 类并覆写 run()方法来应用多线程,也可以通过实现 Runnable 接口并利用线程类的 Thread(Runnable target)构造方法完成线程实例初始化。所有线程初始化方案在底层都离不开 Thread 类和 Runnable 接口。

### 6.1.1 三种线程初始化方法比较

【示例源码】6-1 用短短 19 行代码演示了三种常见的线程初始化方式。第一种方式就是在 MySimpleThread 类上继承 java.lang.Thread 类,并覆写其中的 run()方法,然后通过执行 Thread 类中的 start()方法启动线程。这种方法的好处是简洁明了,并且便于跟踪调试,不足之处在于 Java 的单继承规则限制了其业务扩展性。第二种方式是在 MySimpleRunnable 类上实现 Runnable 接口，然后通过 Thread 类的构造方法创建线程对象，这种方案具备更好的扩展性。第三种方式是使用 Lambda 表达式创建子线程，大大简化了线程创建工作。极限情况下，只需要一行代码就可以创建一个子线程。给出该示例代码的目的，在于让读者体验创建线程的简单性，其中既没有复杂的语法，也不涉及庞大的类库，有的只是普通的父类继承或接口实现。

【示例源码】6-1　chap06.sect01.SimpleThreadTest

```java
package chap06.sect01;
public class SimpleThreadTest {
  public static void main(String[] args) throws InterruptedException {
    new MySimpleThread().start();
    new Thread(new MySimpleRunnable()).start();
    new Thread(()->System.out.println(Thread.currentThread().getName()+":use Lambda.")).start();
    System.out.println("main Thread end.");
  }
}
class MySimpleThread extends Thread {
  public void run() {
    System.out.println(Thread.currentThread().getName() + ": extend Thread.");
  }
}
class MySimpleRunnable implements Runnable {
  public void run() {
    System.out.println(Thread.currentThread().getName() + ": implements runnable.");
  }
}
```

- 第 4 行演示了创建线程的第一种方式，新建 MySimpleThread 类的实例并调用其 start()方法启动线程。第 10 行定义了 MySimpleThread 类。
- 第 5 行演示了创建线程的第二种方式，通过新建 Thread 类的实例创建了一个新的线程对象，并且调用 start()方法启动线程。
- 第 6 行演示了创建线程的第三种方式，这里使用了 Lambda 表达式对第二种方法进行简化变形，省去了 Runnable 关键字和 run()方法名称等。
- 第 10 行定义了 MySimpleThread 类，继承于 java.lang.Thread。
- 第 11 行覆写了 run()方法，其中包含的逻辑为子线程执行逻辑。
- 第 15 行定义了 MySimpleRunnable 类，实现了 Runnable 接口。
- 第 16 行实现了接口中的 run()方法。

以下为【示例源码】6-1 执行后的主控台输出信息，其中包含了主线程 main 和 3 个子线程 Thread-0、Thread-1、Thread-2 中的输出内容。特别值得注意的是，如果多执行几次，下面的输出顺序可能会发生变化。这说明在多线程应用中，线程真正的执行顺序和在源码中的先后位置没有必然的关系，而是具有随机性。

```
1  Thread-0: extend Thread.
2  Thread-1: implements runnable.
3  main Thread end.
4  Thread-2:use Lambda.
```

线程执行顺序的不可捉摸，要求开发人员对线程的执行过程进行监控，对执行结果有预期。在【示例源码】6-1 的第 7、12、17 行添加行断点，在第 6 行添加 Lambda Entry 断点，启动调试模式后进入的页面如图 6-1 所示。其中一共展示了含主线程在内的 4 个线程，并且所有线程在当前都处于挂起（Suspended）状态。

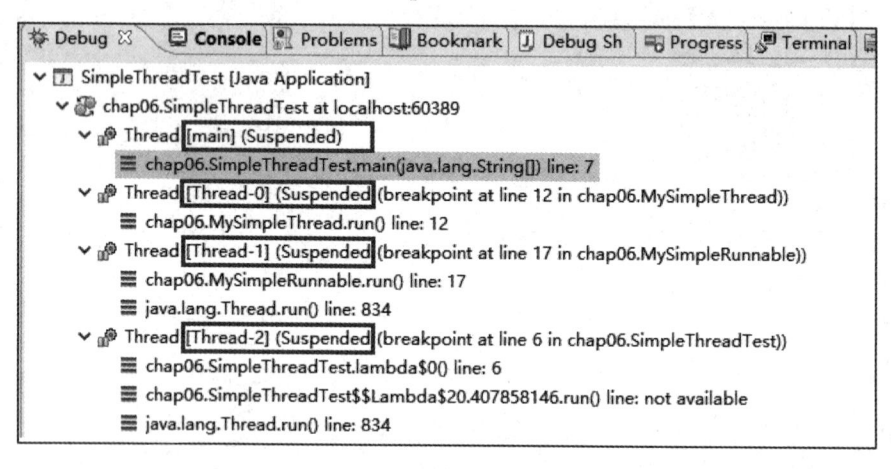

图 6-1 简单线程演示"Debug"窗口展示

在断点调试窗口中，可以人为控制线程执行的先后顺序。假如想要让"main"线程先执行，那么只需要通过鼠标单击该线程下最外层代码段，将焦点设置到编辑器窗口当前行后，执行单步调试（Step Over）即可。

### 6.1.2 返回式线程的回调与阻塞

在线程调用时，如果希望获取子线程执行完成之后的返回值，很明显 Runnable 接口中的 run()方法不具备返回数据的能力。在子线程的触发时点和实际执行时长都不可预测的情况下，想要通过全局变量这样的折中方案解决，也不具备可行性。自 JDK 5 开始，Java 自带了 FutureTask-Callable 的返回式线程编程模型，利用线程对象的回调方法，由子线程返回事件驱动执行。

【示例源码】6-2 实现了简单的返回式线程编程，主线程发起线程调用时获得线程句柄 task，task 通过 get(...)方法获取子线程的返回参数，并且 get(...)方法有无限等待和限时等待两个不同的重载方法。

【示例源码】6-2  chap06.sect01.SimpleCallableTest

```java
package chap06.sect01;
import java.util.*;
import java.util.concurrent.*;
public class SimpleCallableTest {
  public static void main(String[] args) throws Exception {
    FutureTask<Map<Integer,String>> task=new FutureTask<>(new MySimpleCallable());
    new Thread(task).start();
    Map<Integer, String> map = task.get(1000,TimeUnit.MILLISECONDS);
    System.out.println(map);
  }
}
class MySimpleCallable implements Callable<Map<Integer, String>> {
  @Override
  public Map<Integer, String> call() throws Exception {
    Map<Integer, String> map = new HashMap<Integer, String>();
    map.put(1, Thread.currentThread().getName());
    return map;
  }
}
```

- 第 6 行创建 FutureTask 类的实例 task，泛型 Map 表示线程返回值的数据类型，MySimpleCallable 类定义在第 12 行，该类实现了 Callable 接口。
- 第 7 行通过 Thread 类的构造方法创建一个线程实例，并启动线程。
- 第 8 行调用 get(...)方法，获取线程执行完成后的返回值，get(...)方法是一个阻塞方法，等待子线程执行结束或当前任务超时。
- 第 9 行将子线程返回的内容打印到主控台。
- 第 12 行定义 MySimpleCallable 类，并且实现 Callable 接口，Map 为返回参数类型。
- 第 14 行覆盖 Callable 接口中的唯一抽象方法 call()，该方法中的内容将交由子线程执行。
- 第 17 行向发起调用的主线程返回 map 对象。

上述示例程序执行后主控台输出信息如下，主线程从子线程正确获取到了返回值。

```
1 {1=Thread-0}
```

> **注意**
> 通过阅读 FutureTask 源码可以了解到其实现了 Runnable 接口，并且在覆写的 run()方法中调用 call()方法，保证了将 call()方法中的内容交由子线程执行。同时，FutureTask.get(...)方法中调用 for(;;)语句启动自旋逻辑，等待子线程任务完成时再返回。

### 6.1.3 源码解读之 java.lang.Thread 类

阅读 java.lang.Thread 类的源码是一种快速掌握多线程编程的好方法，Java 语言从 1.0 开始支持多线程，发展至今经历了漫长的演进，线程类中如 stop()、suspend()、resume()等方法出于安全考虑已经被废弃，而 getStackTrace()、getState()、getId()等方法则是在后期发展中逐步补充完善的。但是无论多线程技术怎么发展，应用程序中对简单线程、线程池和同步返回线程的实现仍然依赖最基础的 Thread 类，在代码调试时观察"Debug"窗口可以发现，Thread.run()方法总是排在调用栈的最底层。【源码】6-1 包含了 Thread 类定义的基础信息，含有成员变量的定义和构造方法的定义。

【源码】6-1　java.lang.Thread（一）

```java
1  package java.lang;
2  ……
3  public class Thread implements Runnable {
4    private Runnable target;
5    ……
6    public static native Thread currentThread();
7    public Thread() {
8      this(null, null, "Thread-" + nextThreadNum(), 0);
9    }
10   public Thread(Runnable target) {
11     this(null, target, "Thread-" + nextThreadNum(), 0);
12   }
13   private Thread(ThreadGroup g, Runnable target, String name, long stackSize,
                AccessControlContext acc, boolean inheritThreadLocals) {
14     ……
15     this.target = target;
16     ……
17   }
18   public void run() {
19     if (target != null) {
20       target.run();
21     }
22   }
23   private native void start0();
24   ……
```

- 第 3 行定义 Thread 类，实现了 Runnable 接口。Thread 类和 Runnable 接口是多线程编程底层的固定搭配。
- 第 4 行定义 Runnable 类型的成员变量 target，target 对象中的 run()方法将在子线程内执行。

- 第 6 行声明静态类型的 currentThread()方法，获取当前线程对象，该方法由 JVM 底层实现。
- 第 7 行定义无参构造方法，所有初始值皆以默认方式安排，如线程名称为"Thread-n"。
- 第 10 行定义入参为 Runnable 类型的构造方法，这是使用最为频繁的方法。
- 第 13 行定义私有的、囊括所有初始值的方法，是所有构造方法最终调用的方法。
- 第 15 行设置 target 成员变量，变量类型为 Runnable。
- 第 18 行定义 run()方法，方法执行分两种情况，如果是通过继承 Thread 方式定义的线程，则 run()方法将会被子类覆写；如果是通过实现 Runnable 接口方式定义的线程，则 target 成员变量已经被构造方法赋值，且 target 中的 run()方法已经在实现接口时被覆写。
- 第 23 行声明私有的 native 方法 start0()，在线程执行时被 start()方法调用。

> **注意**
> 在启动线程时，很容易手误调用 Thread 类中的 run()方法，而且调试时执行的结果可能和预期完全一致，非常具有迷惑性。通过分析源码可以看到，执行 run()方法实际上等于没有启用独立线程，而只是在当前线程中顺序执行。当然，不排除有些组件刻意利用 start()方法和 run()方法的差异，通过上下文判断是否启用多线程转入异步操作，这属于线程类的灵活运用。

## 6.2 枚举全部线程状态，探究状态跳转规则

厘清多线程在各种场景下的状态值，是对线程技术深度应用的必然要求。掌握不同线程状态之间的跳转规则，是应对高并发编程的必备技能。

### 6.2.1 枚举线程运行时的六种状态

如【源码】6-2 所示，java.lang.Thread 类中定义了 State 枚举类型，列举了全部六种线程状态。其中状态 NEW 是线程对象创建后尚未启动线程的状态，是线程状态的第一步；状态 TERMINATED 则是线程运行完成后的状态，属于线程状态的出口；状态 RUNNABLE 则表示线程处于可运行的状态，其实际运行与否取决于 CPU 中的时间片调度；状态 BLOCKED、WAITING、TIMED_WAITING 则表示线程处于暂停阶段。

【源码】6-2　java.lang.Thread（二）

```
1  public enum State {
2      NEW,
3      RUNNABLE,
4      BLOCKED,
5      WAITING,
```

```
6      TIMED_WAITING,
7      TERMINATED;
8  }
```

为了加深对线程状态的理解,【示例源码】6-3 用最简短的代码连续构造出六种不同的状态,明确线程在特定场景下的状态转换触发条件。为了让程序具备更好的可读性,将代码调整得更加紧凑,在部分地方将两行代码合并到一行书写,但是对实际的执行效果没有任何影响。

触发六种线程状态产生的难点在于控制两个线程运行的时间顺序,例如,TIMED_WAITING 状态的出现需要在线程执行 join(long millis)方法后等待若干毫秒,而 TERMINATED 状态的出现则发生于 join(long millis)方法达到超时条件之后。BLOCKED 状态的出现则依赖于前一个线程已经进入临界区,当前线程已经进入入口队列的情况。

【示例源码】6-3 chap06.sect02.ThreadStateTest

```java
1  package chap06.sect02;
2  public class ThreadStateTest {
3    public static int sleepTime = 100;
4    public static void main(String[] args) throws Exception {
5      class ThreadLoop extends Thread {
6        public void run() {
7          synchronized (ThreadStateTest.class) { for (;;) { }}
8      } }
9      ThreadLoop tLoop = new ThreadLoop();
10     tLoop.start();
11     class ThreadJoin extends Thread {
12       public void run() {
13         try { tLoop.join(sleepTime); } catch (Exception e) { e.printStackTrace(); }
14     } }
15     var t1=new ThreadJoin(); System.out.println("1 "+t1.getName()+":"+t1.getState());
16     t1.start();              System.out.println("2 "+t1.getName()+":"+t1.getState());
17     Thread.sleep(10);        System.out.println("3 "+t1.getName()+":"+t1.getState());
18     Thread.sleep(200);       System.out.println("4 "+t1.getName()+":"+t1.getState());
19     sleepTime = 0;
20     Thread t2 = new ThreadJoin();
21     t2.start();
22     Thread.sleep(100);       System.out.println("5 "+t2.getName()+":"+t2.getState());
23     ThreadLoop t3 = new ThreadLoop();
24     t3.start();
25     Thread.sleep(100);       System.out.println("6 "+t3.getName()+":"+t3.getState());
26     System.out.println("Hash:"+Integer.toHexString(ThreadStateTest.class.hashCode()));
27     System.out.println("tLoop Hash:"+Integer.toHexString(tLoop.hashCode()));
```

```
28    }
29 }
```

以下为示例代码执行后的主控台输出结果，每一行都对应一种线程状态。

```
1 Thread-1:NEW
2 Thread-1:RUNNABLE
3 Thread-1:TIMED_WAITING
4 Thread-1:TERMINATED
5 Thread-2:WAITING
6 Thread-3:BLOCKED
Hash:2d6eabae
tLoop Hash:48503868
```

- 第 5~8 行定义内部类 ThreadLoop，利用关键字 synchronized 实现线程同步机制，在临界区中无限循环，其他线程将一直处于等待状态。
- 第 9 行和第 10 行启动线程 tLoop，该线程启动后即永久锁定 ThreadStateTest.class 实例。
- 第 11~14 行定义 ThreadJoin 线程类，通过 tLoop.join(...)方法，等待子线程 tLoop 执行完成，为保证 tLoop 先初始化，执行 join(...)方法等待 100 毫秒。
- 第 15 行对类 ThreadJoin 创建线程对象 t1，观察线程状态，输出结果为"NEW"。
- 第 16 行执行 t1.start()方法，启动线程，观察线程状态，输出结果为"RUNNABLE"。
- 第 17 行在等待 10 毫秒后立即观察线程状态，输出结果为"TIMED_WAITING"，因为线程 t1 内部执行了 tloop.join(100)，在第 10 毫秒时，线程 t1 仍处于等待状态。
- 第 18 行在等待 200 毫秒后观察线程状态，输出结果为"TERMINATED"，因为线程 t1 等待超时后已经中断结束。
- 第 19 行设置 sleepTime 参数为 0，即 tLoop.join(...)将无限期等待。
- 第 20 行和第 21 行对类 ThreadJoin 创建新的线程对象 t2，并启动 t2 线程。
- 第 22 行在休眠 100 毫秒后，观察 t2 线程的状态为"WAITING"，因为 join(...)方法的等待没有限定时间。
- 第 23 行和第 24 行对类 ThreadLoop 创建新的线程对象 t3，并启动线程。
- 第 25 行在休眠 100 毫秒后，观察 t3 线程的状态为"BLOCKED"，因为线程 tLoop 还占用临界区。
- 第 26 行向主控台输出 ThreadStateTest 类加载后的 Hash 值。
- 第 27 行向主控台输出 tLoop 对象的 Hash 值。

为了更加深入地了解线程之间的依赖关系，可以打开 JDK 自带的 JConsole 工具，监控命令行应用程序。如图 6-2 所示，当前线程的状态为 RUNNABLE，表明线程处于可执行状态。另外，图 6-2 右下角显示"已锁定 java.lang.Class@2d6eabae"，表明线程中的 synchronized 语句锁定了某个实例 Hash 值为 2d6eabae 的类。

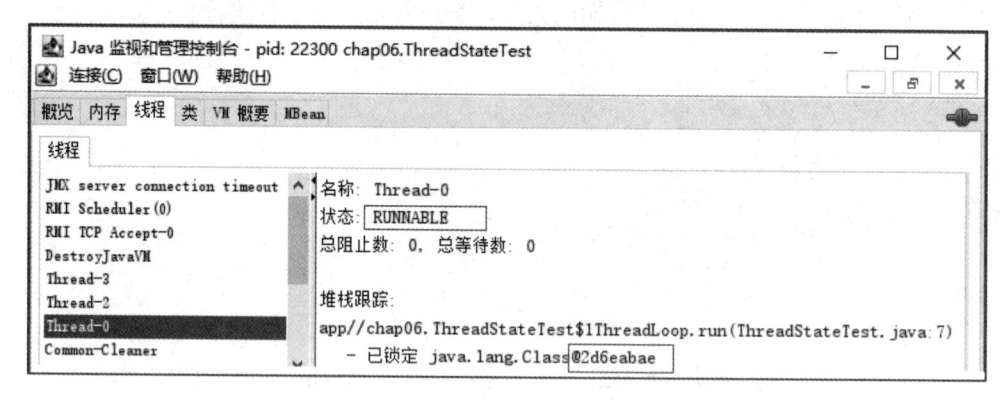

图 6-2　线程 tLoop 当前状态监控（无限循环状态）

如图 6-3 所示，t2 线程的当前状态为"WAITING"，它在等待 Hash 值为 48503868 的线程执行完成。如图 6-4 所示，t3 线程的当前状态为"BLOCKED"，它正在等待 Hash 值为 2d6eabae 的临界区资源被 Thread-0 持有。

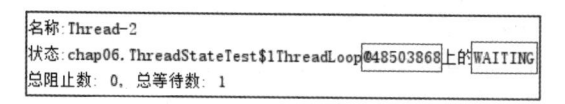

图 6-3　t2 线程当前状态监控 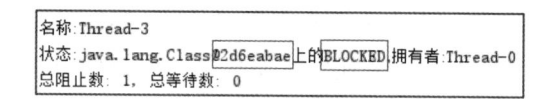　　　　图 6-4　t3 线程当前状态监控

### 6.2.2　区分 Thread 类中的 interrupt 关键字

java.lang.Thread 类中的 interrupt()方法和 isInterrupted()方法都是非静态方法，作用于其所属的线程对象，而 interrupted()方法则是静态方法，作用于上下文中的当前线程。运行某个线程实例的 interrupt()方法后，如果该线程实例处于正常运行状态，则不会停止或发生变化；如果线程处于暂时停止状态，则有可能抛出中断异常（InterruptedException）。【示例源码】6-4 演示了常规的线程中断处理逻辑，对其中的细节部分作了详细的说明。

【示例源码】6-4　chap06.sect02.InterruptAllMethod

```
1  package chap06.sect02;
2  public class InterruptAllMethod {
3    public static void main(String[] args) throws InterruptedException {
4      Thread.currentThread().interrupt();
5      System.out.println("step1 : " + Thread.currentThread().isInterrupted());
6      System.out.println("step2 : " + Thread.currentThread().isInterrupted());
7      System.out.println("step3 : " + Thread.interrupted());
8      System.out.println("step4 : " + Thread.interrupted());
9      Thread subThread = new Thread(() -> {
```

```
10        try {
11          Thread.sleep(99999);
12        } catch (InterruptedException e) { e.printStackTrace(); }
13    });
14    subThread.start();
15    subThread.interrupt();
16    System.out.println("step5 : " + subThread.isInterrupted());
17    Thread.sleep(100);
18    System.out.println("step6 : " + subThread.isInterrupted());
19  }
20 }
```

- 第 4 行执行当前线程的 interrupt() 方法，为当前线程打上中断标记。
- 第 5 行和第 6 行执行当前线程的 isInterrupted() 方法，判断线程的中断状态，两次判断结果保持一致。
- 第 7 行和第 8 行执行 Thread 类的静态方法 interrupted()，判断线程是否被中断。该方法在执行的同时将自动复位清除状态，所以两次执行将产生不一样的输出结果。
- 第 9～13 行创建新的线程 subThread，并将线程设置为长时间休眠状态。
- 第 14 行启动 subThread 线程。
- 第 15 行在主线程中向 subThread 线程对象发起线程中断申请。
- 第 16 行立即输出 subThread 线程的中断状态。
- 第 17 行休眠 100 毫秒，等待 subThread 抛出线程中断异常后再执行下一步。
- 第 18 行查询 subThread 线程的中断状态。

【示例源码】6-4 执行后的结果如图 6-5 所示，其中 step1 和 step2 均为 true，说明 isInterrupted() 方法只是查询状态，并不作状态清除。step3 和 step4 的执行结果分别为 true 和 false，说明 interrupted() 方法查询了当前线程状态，并清除了中断状态。step5 和 step6 的执行结果分别为 true 和 false，说明线程中断抛出异常后，线程状态同样发生了复位。

```
<terminated> InterruptAllMethod [Java Application] C:\Program Files\Java\jdk-11.0.2\bin\javaw.exe  (May 10, 2022
step1 : true
step2 : true
step3 : true
step4 : false
step5 : true
java.lang.InterruptedException: sleep interrupted
        at java.base/java.lang.Thread.sleep(Native Method)
        at chap06.InterruptAllMethod.lambda$0(InterruptAllMethod.java:14)
        at java.base/java.lang.Thread.run(Thread.java:834)
step6 : false
```

图 6-5  Thread 类中三个中断相关方法执行结果对比

为了对线程中断逻辑作进一步的研究,【源码】6-3 中贴出了 Thread 类中五个与中断相关的方法,通过对五个方法的详细比较及源码分析,可以更加直观地了解每个方法的底层技术细节。

【源码】6-3　java.lang.Thread(三)

```java
1   package java.lang;
2   public class Thread implements Runnable {
3     private volatile Interruptible blocker;
4     private final Object blockerLock = new Object();
5   
6     public void interrupt() {
7       if (this != Thread.currentThread()) {
8         checkAccess();
9         synchronized (blockerLock) {
10          Interruptible b = blocker;
11          if (b != null) {
12            interrupt0(); // set interrupt status
13            b.interrupt(this);
14            return;
15       } } }
16       interrupt0();
17     }
18     public static boolean interrupted() {
19       return currentThread().isInterrupted(true);
20     }
21     public boolean isInterrupted() {
22       return isInterrupted(false);
23     }
24     private native boolean isInterrupted(boolean ClearInterrupted);
25     private native void interrupt0();
```

- 第 6 行定义 interrupt()方法,向线程发出中断申请。
- 第 7 行判断发起中断命令的主体,如果对自身发出中断命令,则说明线程已经获得执行权,不需要担心资源被锁定的情况,直接跳转到 16 行设置线程中断状态。
- 第 12 行调用 JVM 内部方法,设置线程中断状态。
- 第 18～20 行定义静态方法 interrupted(),因为是静态方法,所以调用方不用指定作用于哪个线程,在方法体内部可以通过 currentThread()方法取得当前线程。
- 第 21～23 行定义 isInterrupted()方法,设置线程的中断状态,该方法不是静态方法,以调用方持有的线程实例对象为作用对象。
- 第 24 行声明 JVM 内部方法 isInterrupted(),方法的入参为布尔型,"true"表示执行一次后将清除中断状态,"false"表示执行后不改变中断状态,这也是第 19 行和第 22 行在调用时的区别。

1. 常见类中的 InterruptedException 异常

Thread.interrupt()方法可以对运行中的线程发出中断信号,还可以让部分处于暂停状态的线程抛出中断异常。如【源码】6-4 所示,在 java.lang.Object 类中,wait(...)方法定义的三种重载形式都抛出了 InterruptedException 异常。

【源码】6-4　java.lang.Object

```java
1 package java.lang;
2 public class Object {
3    ......
4    public final void wait() throws InterruptedException {......}
5    public final native void wait(long timeoutMillis) throws InterruptedException{......}
6    public final void wait(long timeoutMillis, int nanos) throws InterruptedException {......}
7 }
```

在 java.lang.Thread 类中搜索"InterruptedException"关键字,可以找到如【源码】6-5 所示的 5 个方法,这 5 个方法在线程中断时可以立即抛出线程中断异常,退出阻塞状态。

【源码】6-5　java.lang.Thread(四)

```java
1 public static native void sleep(long millis) throws InterruptedException{......}
2 public static void sleep(long millis, int nanos) throws InterruptedException {......}
3 public final synchronized void join(long millis) throws InterruptedException {......}
4 public final synchronized void join(long millis, int nanos) throws InterruptedException {......}
5 public final void join() throws InterruptedException {......}
```

2. 线程状态跳转

线程状态跳转关系与跳转逻辑如图 6-6 所示,将线程状态跳转关系总结如下。

(1)执行 new Thread(...)构造方法后,线程状态初始化为 NEW。

(2)对线程对象执行 start()方法后,线程状态从 NEW 变更为 RUNNABLE。

(3)根据执行语句的不同,状态 RUNNABLE 可以变更为另外四种状态。

(4)从 RUNNABLE 状态进入 BLOCKED 状态有两种情况,第一种是初始进入 synchronized 修饰的方法或代码块时,因为争抢不到资源直接进入 BLOCKED 状态;第二种是被执行 notify()或 notifyAll()方法通知的线程回到 RUNNABLE 状态后,没有获取到 CPU 资源的线程将重新转入 BLOCKED 状态,从底层逻辑来说,线程从等待队列(Wait Set)转入了入口队列(Entry Set)。

(5)进入 BLOCKED 状态的线程不能被 interrupt()方法打断。

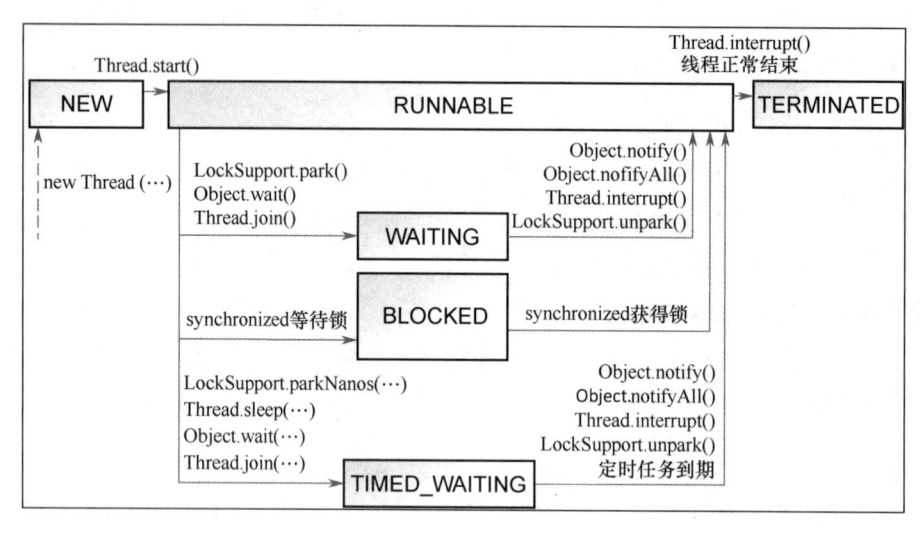

图 6-6　线程状态跳转关系与跳转逻辑

### 6.2.3　线程中断不能立即生效的例外情况

线程中断在高并发场景下使用较为频繁，对于线程中断能否立即响应是开发人员需要关注的细节问题。前两节演示了线程中断时立即响应的程序逻辑，【示例源码】6-5 和【示例源码】6-6 将讨论两种例外情况，即当向处于 BLOCKED 状态的线程发起中断请求时，线程能否立即响应。

【示例源码】6-5　chap06.sect02.InterruptVerify

```
1  package chap06.sect02;
2  import java.util.concurrent.locks.LockSupport;
3  public class InterruptVerify {
4    public static void main(String[] args) throws Exception {
5      new Thread(() -> {
6        synchronized (InterruptVerify.class) {
7          LockSupport.parkNanos(5000_000_000L);
8          System.out.println("t1 finished");
9      } }).start();
10     Thread t2 = new Thread(() ->{
11       synchronized (InterruptVerify.class) {
12         try {
13           System.out.println(Thread.currentThread().isInterrupted());
14           InterruptVerify.class.wait();
15         } catch (Exception e) { e.printStackTrace(); }
16         System.out.println("t2 finished");
17     } });
```

```
18      t2.start();
19      Thread.sleep(200);
20      t2.interrupt();
21  } }
```

- 第 5~9 行运行子线程并进入 synchronized 定义的临界区，暂停 5 秒后，继续执行后面的逻辑。
- 第 10~17 行定义 t2 线程，当 t2 线程启动后将进入阻塞状态，等待临界区资源的释放。t1 线程需要经过 5 秒后才能退出临界区。
- 第 20 行对 t2 线程发出中断信号，等待线程中断。

示例代码的执行结果如下所示，t1 线程退出临界区后，t2 线程触发了中断异常，t2 线程关闭退出。在 IDE 中调试运行时，主控台输出第一行的信息后将等待 5 秒钟，只有在线程处于非阻塞的状态下，线程中断才能立即响应。而在 t2 线程处于阻塞状态时，即使向其发出了中断信号，也不会立即抛出中断异常，退出程序逻辑。

```
1  t2 finished
2  java.lang.InterruptedException
3    at java.base/java.lang.Object.wait(Native Method)
4    at java.base/java.lang.Object.wait(Object.java:328)
5    at chap06.sect02.InterruptVerifyWait.lambda$0(InterruptVerifyWait.java:8)
6    at java.base/java.lang.Thread.run(Thread.java:834)
7  t1 finished
```

如果线程已经执行 wait()命令，释放临界区资源，这时候从外部发出终止该线程的信号，线程内部的逻辑是什么呢？【示例源码】6-6 说明了这种情况。

【示例源码】6-6　chap06.sect02.InterruptVerifyWait

```
1  package chap06.sect02;
2  import java.util.concurrent.locks.LockSupport;
3  public class InterruptVerifyWait {
4    public static void main(String[] args) throws Exception {
5      Thread t1 = new Thread(()-> {
6        synchronized (InterruptVerifyWait.class) {
7          try {
8            InterruptVerifyWait.class.wait();
9          } catch (Exception e) { e.printStackTrace(); }
10         System.out.println("t1 finished");
11     } } );
12     t1.start();
13     new Thread(()-> {
14       synchronized (InterruptVerifyWait.class) {
15         LockSupport.parkNanos(5000_000_000L);
```

```
16            System.out.println("t2 finished");
17        }})).start();
18        Thread.sleep(1000);
19        t1.interrupt();
20  }
```

- 第 5～11 行定义 t1 线程，第 12 行启动线程。
- 第 6 行获取临界区资源。
- 第 8 行通过 wait()方法释放临界区资源，进入等待队列。
- 第 13～17 行启动子线程，子线程获取临界区资源后暂停 5 秒。
- 第 19 行向进入等待队列的 t1 线程发出中断信息。

程序启动后，t1 线程执行第 8 行的 wait()方法后进入等待队列，第 13 行开启的匿名线程启动后获取到 t1 线程释放的临界区资源。当第 19 行向 t1 线程发起中断请求时，t1 线程的状态将由 WAITING 变更为 BLOCKED，t1 线程不再继续响应中断任务，而是等待临界区释放后才能进入中断异常。主控台在等待 5 秒钟后才开始输出如下内容。

```
1  t2 finished
2  java.lang.InterruptedException
3  ……
4  t1 finished
```

## 6.3 线程池与线程工厂应用

线程池是一种通过池化技术来管理和重用线程的机制，避免了线程资源的频繁创建和销毁，提高了线程的使用效率。J.U.C 包中的工具类 Executors 提供了常用的线程池初始化方法，而想实现更精细的线程池初始化策略则可以调用 J.U.C 包中的 ThreadPoolExecutor 类，其中最复杂的构造方法定义了 7 个输入参数。另外，如果想对线程的初始化进行精细化的控制，则可以使用 J.U.C 包中的 ThreadFactory 类，最常见的控制策略包括对线程名称的命名、线程统一异常处理策略等。

### 6.3.1 线程池中的单例多线程

下面的示例将验证三个方面的问题。第一个问题是初始线程数量对应用的影响，如果有 3 个线程任务需要执行，而初始化设定的线程数量为 2，程序执行效果如何呢？下面的代码将给出答案。第二个问题是对单例多线程的执行效果进行讨论，针对单例对象中的成员变量和局部变量，在多线程中的使用效果将产生不一样的影响。第三个问题讨论线程安全对象与非线程安全对象，通过【示例源码】6-7 可以测试两种类的执行效果。

【示例源码】6-7　chap06.sect03.SingleInstanceTest

```
1  package chap06.sect03;
```

```java
2   import java.util.Vector;
3   import java.util.concurrent.*;
4   public class SingleInstanceTest {
5     public static void main(String[] args) throws Exception {
6       SingleInstance singleInstance = new SingleInstance();
7       Runnable runnable = new Runnable() {
8         public void run() {
9           singleInstance.biz();
10        }
11      };
12      ExecutorService newFixedThreadPool = Executors.newFixedThreadPool(2);
13      newFixedThreadPool.execute(runnable);
14      newFixedThreadPool.execute(runnable);
15      newFixedThreadPool.execute(runnable);
16    }
17  }
18  class SingleInstance {
19    Vector<String> vector = new Vector<String>();
20    public void biz() {
21      vector.add(Thread.currentThread().getName() + ":" + this.hashCode());
22      System.out.println(vector);
23    }
}
```

- 第 6 行创建 SingleInstance 类的实例，在应用中只创建单个实例。
- 第 7 行定义线程类型的 runnable 对象，实现了 Runnable 接口。
- 第 9 行在线程中调用单例 singleInstance 的 biz()方法，打印输出调试信息。
- 第 12 行创建线程池，固定开启两个线程并行运行。
- 第 13～15 行启动三个线程任务，推送线程池执行。
- 第 18 行定义内部类 SingleInstance，程序中将以单例的形式访问调用。
- 第 19 行定义 Vector 类型的成员变量 vector，并完成初始化。
- 第 21 行向成员变量 vector 中写入当前线程的线程名称信息。
- 第 22 行向主控台打印成员变量 vector 中的所有信息。

以下为示例代码执行后的输出信息，从中可以看出，成员变量 vector 是所有线程都共用的对象，其中第 3 行表明线程名称为 pool-1-thread-1 的线程被使用两次，这是因为线程池固定初始化了两个工作线程，第三个任务需要等待前一个线程结束前一个任务后才能开始。

```
1  [pool-1-thread-1:1810215114, pool-1-thread-2:1810215114]
2  [pool-1-thread-1:1810215114, pool-1-thread-2:1810215114]
3  [pool-1-thread-1:1810215114, pool-1-thread-2:1810215114, pool-1-thread-1:1810215114]
```

如果将示例代码中的第 19 行和第 20 行互换位置，也就是将变量 vector 调整为局部变量，则程序运行后的结果如下所示。由此可知，当变量 vector 为局部变量时，输出内容中没有涵盖前一次线程的遗留信息，即使是在单例对象中，也不会跨线程共享。

```
1  [pool-1-thread-1:2018686859]
2  [pool-1-thread-2:2018686859]
3  [pool-1-thread-1:2018686859]
```

如果将示例代码中第 19 行的线程安全类 Vector 替换为非线程安全类 ArrayList，则程序的输出结果可能如下所示，最后一行仅仅显示两个线程名称。这证明 ArrayList 是非线程安全的，其中的内容可能会被覆盖。

```
1  [pool-1-thread-1:1810215114]
2  [pool-1-thread-1:1810215114]
3  [pool-1-thread-1:1810215114, pool-1-thread-2:1810215114]
```

### 6.3.2 静态变量无惧多线程干扰

前面的示例演示了在单例多线程的情况下，多个线程对同一个实例中的成员变量和局部变量具有不同的作用域，成员变量可以跨线程共享，局部变量则互不干扰。如果同一个类在不同的线程中均创建了不同的实例，在这种情况下成员变量是不是就不共享了呢？【示例源码】6-8 将分两种情况讨论。第一，在类中定义静态的成员变量，则该类无论创建多少个对象，静态成员变量仍然保证全局唯一。第二，在类中定义非静态成员变量，则不同线程中的实例成员变量互不干扰。

【示例源码】6-8　chap06.sect03.MultiInstanceTest

```java
1  package chap06.sect03;
2  import java.util.Vector;
3  import java.util.concurrent.*;
4  public class MultiInstanceTest {
5    public static void main(String[] args) throws Exception {
6      Runnable runnable = new Runnable() {
7        public void run() {
8          new MultiInstance().biz();
9        }
10     };
11     ExecutorService newFixedThreadPool = Executors.newFixedThreadPool(2);
12     newFixedThreadPool.execute(runnable);
13     newFixedThreadPool.execute(runnable);
14     newFixedThreadPool.execute(runnable);
15   }
16  }
17  class MultiInstance {
```

```
18    static Vector<String> vector = new Vector<String>();
19    public void biz() {
20      vector.add(Thread.currentThread().getName() + ":" + this.hashCode());
21      System.out.println(vector);
22    }  }
```

- 第 8 行创建 MultiInstance 类的实例，并执行 biz()方法，每当 runnable 实例在获得线程资源的时候，都将创建一个新的 MultiInstance 实例。
- 第 11~14 行创建固定线程数为 2 的线程池，并 3 次请求线程资源，执行 runnable 实例。
- 第 17 行定义 MultiInstance 内部类，在不同的线程对象内部被创建为不同的实例。
- 第 18 行定义 Vector 类型的静态成员变量 vector，成员变量 vector 全局唯一。
- 第 20 行向成员变量 vector 中添加当前线程名称及线程的 Hash 值。
- 第 21 行向主控台输出成员变量 vector 中保存的全部信息。

示例代码执行后输出结果如下，成员变量 vector 跨线程共用，而且没有发生线程之间的数据覆盖情况，保证了线程安全。

```
1  [pool-1-thread-1:1367983536]
2  [pool-1-thread-1:1367983536, pool-1-thread-2:830069885]
3  [pool-1-thread-1:1367983536, pool-1-thread-2:830069885, pool-1-thread-1:703126731]
```

将上述示例代码第 18 行的 static 关键字去掉，将成员变量 vector 变更为普通的成员变量，执行结果如下所示。从中可以看出成员变量 vector 在多个线程之间彼此独立，即使是线程池中的线程 "pool-1-thread-2" 两次被启用，也没有造成成员变量的混淆。

```
1  [pool-1-thread-2:170738523]
2  [pool-1-thread-2:13969451]
3  [pool-1-thread-1:579139120]
```

### 6.3.3 带返回参数的线程池应用

通过线程池调用可以发现，线程执行并接收返回值需要三个步骤。第一步是创建一个实现 Callable 接口的线程对象，并实现其中的抽象方法 call()，该方法的返回值即为主线程将要接收的返回参数类型。第二步是创建线程池，并通过线程池的 submit()方法执行线程，返回 Future 类型的对象。第三步是执行 Future 类型对象中的阻塞式回调方法 get()，等待子线程运行结束。

【示例源码】6-9 用固定长度为 1 的线程池先后运行了两个线程实例，通过 Future 类型中的 get()方法获取线程返回参数。与【示例源码】6-2 对比，将有助于理解普通线程调用和线程池调用的使用差异。

【示例源码】6-9   chap06.sect03.CallablePoolTest

```
1  package chap06.sect03;
```

```
2   import java.util.*;
3   import java.util.concurrent.*;
4   public class CallablePoolTest {
5     public static void main(String[] args) throws Exception {
6       ExecutorService newFixedThreadPool = Executors.newFixedThreadPool(1);
7       Future<List<String>> submit1 = newFixedThreadPool.submit(new CallablePool());
8       System.out.println(submit1.get());
9        Future<List<String>> submit2 = newFixedThreadPool.submit(new CallablePool());
10      System.out.println(submit2.get());
11    }
12  }
13  class CallablePool implements Callable<List<String>> {
14    public List<String> call() throws Exception {
15      List<String> list = new ArrayList<>();
16       list.add( Thread.currentThread().getName() + " " + this.hashCode());
17      return list;
18  } }
```

- 第 6 行创建线程池 newFixedThreadPool，固定启用一个实例。
- 第 7 行调用线程池的 submit(...)方法，入参为创建 CallablePool 类的实例，返回值为 Future 类型的对象，内部泛型类型 List<String>与第 14 行定义的返回值一致。
- 第 8 行向主控台输出线程执行完成后的返回结果。
- 第 13 行实现 Callable 接口，定义可返回线程类 CallablePool。
- 第 15 行和第 16 行定义 list 对象，并记录当前线程名称和 Callable 对象的 Hash 值。

以下为示例执行后的主控台输出信息，线程池的两次 submit(...)方法调用共用了同一个线程 pool-1-thread-1，同一线程的前后两次执行来自不同的 Callable 实例对象，有着不同的 Hash 值。

```
1   [pool-1-thread-1 1614930038]
2   [pool-1-thread-1 1790544646]
```

### 6.3.4　ThreadFactory 简单应用

J.U.C 包下的 ThreadFactory 接口仅仅定义了一个 Thread newThread(Runnable r)抽象方法，其作用是以工厂方法设计模式的形式对线程进行分类管理，在 newThread(...)方法内部可以添加一系列的分类标志，便于对一组线程执行相同的管理功能。在真实的应用场景中，少部分底层组件使用了 ThreadFactory 接口，【示例源码】6-10 演示了基础的功能，对其原理不作深入研究。

【示例源码】6-10　chap06.sect03.ThreadFactoryTest

```
1   package chap06.sect03;
2   import java.util.concurrent.Executors;
```

```
3  import java.util.concurrent.ThreadFactory;
4  public final class ThreadFactoryTest {
5    public static void main(String[] args) {
6      ThreadFactory defaultThreadFactory = Executors.defaultThreadFactory();
7      defaultThreadFactory.newThread(() -> {
8        System.out.println(Thread.currentThread().getName());
9      }).start();
10   }
11 }
```

- 第 6 行创建线程工厂 defaultThreadFactory。
- 第 7~9 行通过线程工厂创建一个新的线程，并且发起线程执行。在 newThread(...) 方法内部可以添加分类信息或控制信息等。

## 6.4 线程本地对象与线程安全

线程本地对象（ThreadLocal）在多线程编程中使用较为频繁。例如，在 SLF4J 中的映射诊断上下文（Mapped Diagnostic Contexts，MDC）功能，就使用了 ThreadLocal 在线程上下文内传递参数。在 LogBack 组件中，允许通过参数配置的方式，选择使用 ThreadLocal 类或者 InheritableThreadLocal 类以支持 MDC 功能。掌握 ThreadLocal 类，将加深对多线程编程中数据传递的理解。

### 6.4.1 ThreadLocal 类应用实例

下面将从简单示例入手，直观感受线程本地对象的执行效果，然后再结合源码分析，对线程本地对象的实现机制加以研究。

【示例源码】6-11 对 ThreadLocal 和 InheritableThreadLocal 进行了对比研究，在历经主线程、两个普通线程和两个线程池连续处理后，线程本地对象的变量值将被清楚地展示。

【示例源码】6-11　chap06.sect04.ThreadLocalTest

```
1  package chap06.sect04;
2  import java.util.*;
3  import java.util.concurrent.*;
4  public class ThreadLocalTest {
5    public static ThreadLocal<List<String>> myLocal = new InheritableThreadLocal<>();
6    //public static ThreadLocal<List<String>> myLocal = new ThreadLocal<>();
7    public static void main(String[] args) throws InterruptedException {
8      myLocal.set(new Vector<>());
9      List<String> list = myLocal.get();
10     list.add(Thread.currentThread().getName());
11     System.out.println(myLocal.get());
```

```
12      new Thread(new LocalRunnable()).start();
13      new Thread(new LocalRunnable()).start();
14      ExecutorService newFixedThreadPool = Executors.newFixedThreadPool(1);
15      newFixedThreadPool.execute(new LocalRunnable());
16      newFixedThreadPool.execute(new LocalRunnable());
17    }
18  }
19  class LocalRunnable implements Runnable {
20    public void run() {
21      if (ThreadLocalTest.myLocal.get() == null) {
22        ThreadLocalTest.myLocal.set(new Vector<>());
23      }
24      List<String> list = ThreadLocalTest.myLocal.get();
25      list.add(Thread.currentThread().getName());
26      System.out.println(list);
27    }
28  }
```

- 第 5 行创建 InheritableThreadLocal 类的实例 myLocal 作为静态成员变量。
- 第 8 行是对 myLocal 的第一次使用，设置空的集合对象为初始值。
- 第 9 行从 myLocal 中获取存放的变量，变量类型与第 5 行定义的泛型类型一致。
- 第 10 行向 list 集合中添加当前线程名称信息。
- 第 11 行向主控台输出线程本地变量 myLocal 中的内容。
- 第 12 行和第 13 行启动两个子线程。
- 第 14~16 行创建线程池，线程数量为 1，确保用同一个实际线程按顺序执行两次。
- 第 19 行以内部类的形式定义线程类 LocalRunnable。
- 第 21 行判断线程本地变量 myLocal 是否为空，如果为空，则赋值空的 Vector 对象进行初始化。
- 第 24 行重新获取 myLocal 存储的集合对象。
- 第 25 行向 list 集合中添加当前线程名称信息。
- 第 26 行向主控台输出线程本地变量 myLocal 中的内容。

以下为【示例源码】6-11 执行后的主控台输出信息，4 个子线程和主线程各输出一行。从第 3 行的输出内容可以看出，在每个线程中保存的信息都可以跨线程获取，InheritableThreadLocal 实例中存放的 myLocal 变量具有跨线程共享的效果。

```
1  [main]
2  [main, Thread-1, Thread-0]
3  [main, Thread-1, Thread-0]
4  [main, Thread-1, Thread-0, pool-1-thread-1]
```

```
5  [main, Thread-1, Thread-0, pool-1-thread-1, pool-1-thread-1]
```

如果注释掉【示例源码】6-11 的第 5 行，撤销第 6 行的注释，则主控台输出结果如下。在使用 ThreadLocal 作为线程本地对象的情况下，即使从不同线程中访问主线程中的静态成员变量 myLocal，每个线程的赋值和取值仍然是在相互独立的空间中操作。如果同一个线程先后执行两次，则前一次对 myLocal 的赋值内容可以在后一次线程访问时获取，如输出结果的第 4 行和第 5 行所示，两次运行都是在同一个线程中，而且查询到了前一次设置的内容。

```
1  [main]
2  [Thread-0]
3  [Thread-1]
4  [pool-1-thread-1]
5  [pool-1-thread-1, pool-1-thread-1]
```

> **注意**
> 线程本地对象的使用一定要明确使用场景，在不同的场景下使用不同类型的线程本地对象。在使用线程池的情况下，因为同一个线程会反复使用，是否需要对线程本地对象进行重置也需要特别关注。

通过 ThreadLocal 类及其子类在线程内部或线程之间传递数据是一个比较简单、安全且高效的方法。如果把 ThreadLocal 类理解为容器类，则用户需传递的数据对象可以理解为负载。当数据负载种类很多时，可以为每个数据负载创建一个容器。

### 6.4.2 从源码再认识 ThreadLocal

与线程本地对象相关的源码涉及三个类，包括 Thread 类、ThreadLocal 类及其子类 InheritableThreadLocal 类，ThreadLocal 类中又包含了内部类 ThreadLocalMap 和内部类的内部类 Entry。简单来说，ThreadLocal 类的实例用于标记应用数据，Thread 类中以成员变量的形式持有 ThreadLocalMap 对象，以单例形式而存在。ThreadLocalMap 是一个 K-V 形式的数据容器，K 指向 ThreadLocal 实例，V 则指向应用数据，在一个线程中可以按需创建多个 ThreadLocal 实例。【源码】6-6 是线程本地对象在线程创建时的处理逻辑，是跟踪分析 ThreadLocal 的源头。

【源码】6-6　java.lang.Thread（五）

```java
1  package java.lang;
2  public class Thread implements Runnable {
3      ThreadLocal.ThreadLocalMap threadLocals = null;
4      ThreadLocal.ThreadLocalMap inheritableThreadLocals = null;
5      private Thread(ThreadGroup g, Runnable target, String name, long stackSize,
                   AccessControlContext acc, boolean inheritThreadLocals) {
6          Thread parent = currentThread();
```

```
7      if (inheritThreadLocals && parent.inheritableThreadLocals != null)
8       this.inheritableThreadLocals=ThreadLocal.createInheritedMap(parent.
inheritableThreadLocals);
9      ……
10    }
11    private void exit() {
12      threadLocals = null;
13      inheritableThreadLocals = null;
14      ……
```

- 第 3 行定义默认访问权限的成员变量 threadLocals，用于保存 ThreadLocal 实例的集合。注意，这里的变量名没有定义为 threadLocal Map，而是 threadLocals，分析源码时容易被"带偏"。
- 第 4 行定义成员变量 inheritableThreadLocals，允许跨线程传递数据。
- 第 5 行定义 Thread 类的私有构造方法，其中最后一个参数为布尔类型，标记是否支持跨线程传递数据，默认允许跨线程传递。
- 第 7 行中如果父线程已经启用了可继承的线程传递，则从父线程获取应用数据并赋值给当前线程的 inheritableThreadLocals 对象。
- 第 12 行和第 13 行在线程退出时清空成员变量，便于垃圾回收。

ThreadLocal 类是真正与最终用户打交道的类，如【源码】6-7 所示，其中操作数据的方法包括 set(...)、get()、getMap(...)、remove() 等。从数据操作的底层逻辑来看，这些方法最终都指向了线程对象中的两个成员变量 threadLocals 或 inheritableThreadLocals。

【源码】6-7    java.lang.ThreadLocal（一）

```
1    package java.lang;
2    public class ThreadLocal<T> {
3     public T get() {
4       Thread t = Thread.currentThread();
5       ThreadLocalMap map = getMap(t);
6       if (map != null) {
7         ThreadLocalMap.Entry e = map.getEntry(this);
8         if (e != null) {
9           T result = (T) e.value;
10          return result;
11        }
12      }
13      return setInitialValue();
14    }
15    public void set(T value) {
16      Thread t = Thread.currentThread();
17      ThreadLocalMap map = getMap(t);
```

```
18      if (map != null) {
19        map.set(this, value);
20      } else {
21        createMap(t, value);
22      }
23    }
24    ThreadLocalMap getMap(Thread t) {
25      return t.threadLocals;
26    }
27    void createMap(Thread t, T firstValue) {
28      t.threadLocals = new ThreadLocalMap(this, firstValue);
29    }
30    static ThreadLocalMap createInheritedMap(ThreadLocalMap parentMap) {
31      return new ThreadLocalMap(parentMap);
32    }
33    T childValue(T parentValue) {
34      throw new UnsupportedOperationException();
35    }
```

- 第 2 行定义 ThreadLocal 类，其中泛型 T 表示待传递的用户数据类型。
- 第 3 行定义 get()方法，返回当前线程（ThreadLocal 实例或 InheritableThreadLocal 实例）对应的用户数据。
- 第 7 行调用 ThreadLocalMap. getEntry(...)方法，从 Entry 数组中对应的槽位提取数据负载。
- 第 15 行定义 set(...)方法，将用户数据最终添加到线程成员变量中。
- 第 19 行向线程本地变量中赋值，其中 this 是 ThreadLocal 类或者其子类的对象实例，也就是前面说到的槽位。
- 第 24 行获取当前线程中定义的容器 threadLocals 成员变量，在子类 InheritableThreadLocal 中重写了该方法，返回 Thread 成员变量 inheritableThreadLocals。
- 第 30 行定义了静态方法 createInheritedMap()，从【源码】6-6 的第 8 行可以看出，该方法被 Thread 类的构造方法调用。
- 第 31 行调用静态内部类 ThreadLocalMap 的私有构造方法，并复制父线程中的数据负载。
- 第 33~35 行定义 childValue(...)方法，方法体中的内容为直接抛出异常，在这里限定子类继承时，必须覆写此方法。

内部类 ThreadLocal.ThreadLocalMap 是 K-V 结构的数据容器，虽然没有实现 java.util.Map 接口，但其内部的操作逻辑与它有较多的相似之处。如【源码】6-8 所示，其内部以 Entry 数组为数据结构存储数据，以 nextIndex(...)方法处理哈希碰撞，以 resize(...)方法处理容器扩容等。与 java.util.HashMap 存在显著差异的是 Entry 类为弱引用（Weak Reference）类型，其 KEY 中关联的 ThreadLocal 实例为弱引用类型。

【源码】6-8　java.lang.ThreadLocal（二）

```java
static class ThreadLocalMap {
  static class Entry extends WeakReference<ThreadLocal<?>> {
    Object value;
    Entry(ThreadLocal<?> k, Object v) {
      super(k);
      value = v;
    } }
  private Entry[] table;
  ThreadLocalMap(ThreadLocal<?> firstKey, Object firstValue) {
    table = new Entry[INITIAL_CAPACITY];
    int i = firstKey.threadLocalHashCode & (INITIAL_CAPACITY - 1);
    table[i] = new Entry(firstKey, firstValue);
    size = 1;
    setThreshold(INITIAL_CAPACITY);
  }
  private ThreadLocalMap(ThreadLocalMap parentMap) {
    Entry[] parentTable = parentMap.table;
    ……
    for (Entry e : parentTable) {
      ……
    }
  private Entry getEntry(ThreadLocal<?> key) {
    int i = key.threadLocalHashCode & (table.length - 1);
    Entry e = table[i];
    if (e != null && e.get() == key)
      return e;
    else
      return getEntryAfterMiss(key, i, e);
  }
```

- 第 1 行在 ThreadLocal 类中定义静态内部类 ThreadLocalMap，用 static 修饰。
- 第 2 行定义的 Entry 类是静态内部类的静态内部类，它继承了 WeakReference 类。
- 第 4 行是 Entry 类的构造方法，传入参数分别为用户创建的 ThreadLocal 类型的对象以及通过 ThreadLocal.set(...)方法携带的用户数据对象。
- 第 5 行调用父类 WeakReference 中的构造方法，保存 ThreadLocal 对象的引用信息。
- 第 8 行定义 Entry 数组，保存多个用户创建的 ThreadLocal 类型的对象。

- 第 9 行定义 ThreadLocalMap 类的构造方法，传入参数分别为用户创建的 ThreadLocal 类型的对象以及通过 ThreadLocal.set(...)方法携带的用户数据对象。
- 第 10 行初始化 Entry 数组，初始默认长度为 16，后续扩展将按每次乘以 2 的方式处理。
- 第 11 行首先对主键求 Hash 值，再按照存储容量截取末尾的位数作为数组的下标。
- 第 16～21 行定义私有的构造方法 ThreadLocalMap(...)，其入参 parentMap 为父类中的可传递线程本地对象，在方法内通过循环迭代，将父线程中的数据对象转换为子线程对象。该方法 Thread 对象在初始化时，当对成员变量 inheritableThreadLocals 赋初值时被访问（见【源码】6-6）。
- 第 23 行根据传入的 key 的 Hash 值计算默认的数组下标。
- 第 25 行判断根据默认的下标获取的数据是否为目标数据，如果数据不一致，则说明数组下标存在哈希碰撞。
- 第 28 行调用 getEntryAfterMiss(...)方法，通过顺序查找的方式，处理哈希碰撞。

> **注意**
>
> 讨论 ThreadLocal 实例的垃圾回收需要明确两个前提。第一，已完成初始化的 ThreadLocal，即以 Entry 类中的 k 值绑定到了线程实例的成员变量，其生命周期与线程对象一致；第二，很多应用中的线程对象，特别是线程池中的线程对象生命周期贯穿应用始终，这类线程中 ThreadLocal 实例的释放支持两种不同的策略。第一种策略是主动调用 ThreadLocal.remove()方法，释放 ThreadLocalMap 中的 Entry 对象；第二种策略是利用弱引用的垃圾回收（Garbage Collecting，GC）特性，释放 Entry 中仅剩的弱引用的参数 k，当 ThreadLocal 对象再次执行 get()、set(...)等操作时，将移除 k 值已经被清理的 Entry，达到 ThreadLocal 对象和线程解绑的目的。

## 6.5 非侵入式多线程优化重构

在对单线程应用程序进行性能优化重构时，比较常用的手段是将原有的单线程循环执行逻辑改造为多线程并行执行。重构代码的过程不仅要考虑性能提升效果，还需要考虑重构任务的工作量，更重要的是必须保证重构代码的安全性。所以，要尽量选择对代码侵入性小的方式来完成代码重构。如果需要对接口进行大面积调整，或者对原有业务逻辑进行大量重写，不仅会增加测试工作量，而且容易形成新的安全隐患。鉴于大部分性能堵点产生于以循环方式处理 List 或 Map 集合中的数据元素，【示例源码】6-12 以一种无须修改任何业务逻辑的方式将单线程执行转换为多线程执行。

【示例源码】6-12　chap06.sect05.ThreadPoolApp

```
1  package chap06.sect05;
```

```java
 2  import java.util.*;
 3  import java.util.concurrent.*;
 4  import java.util.concurrent.atomic.AtomicInteger;
 5  public abstract class ThreadPoolApp<T, R> {
 6    private AtomicInteger curr = new AtomicInteger(0);
 7    private static AtomicInteger total = new AtomicInteger(0);
 8    protected abstract R bizCall(T obj);
 9    public List<R> poolExec(List<T> bizList, int ths) throws Exception {
10      ExecutorService service = null;
11      List<R> list = new ArrayList<>();
12      if ( bizList.size() == 1 ) {
13        R bizCall = bizCall(bizList.get(0));
14        list.add(bizCall);
15      } else {
16        ths = ( bizList.size() < ths ) ? bizList.size() :ths ;
17        try {
18          service = Executors.newFixedThreadPool(ths);
19          System.out.println("c:" + curr.addAndGet(ths) + "t:"+total.addAndGet(ths));
20          List<Future<R>> futureList = new ArrayList<>();
21          for (final T object : bizList) {
22            Future<R> future = service.submit(new Callable<R>() {
23              public R call() throws Exception {
24                return bizCall(object);
25              }
26            });
27            futureList.add(future);
28          }
29          for (Future<R> future : futureList) {
30            list.add(future.get());
31          }
32        } catch (Exception e) {
33          System.out.println("线程池调用失败" + e.getMessage());
34        } finally {
35          if (service != null) { service.shutdown(); }
36          System.out.println("c:"+curr.addAndGet(-1*ths)+"t:"+total.addAndGet(-1*ths));
37        } }
38      return list;
39  } }
```

- 第 5 行定义抽象工具类 ThreadPoolApp，泛型 T 表示待处理的实体数据类型，泛型 R 表示返回参数类型，T 和 R 都是基于业务规则定义，不需要在工具类中

- 第 6 行定义成员变量 curr，管理每个 ThreadPoolApp 实例的线程数，在单例多线程条件下，curr 代表了某一类业务实时使用的线程数量。
- 第 7 行定义静态成员变量 total，表示在整个 JVM 中通过工具类使用的所有线程数。
- 第 8 行定义抽象方法 bizCall(...)，编写在子线程中的业务逻辑，由应用部分以匿名内部类的形式实现，对重构处理非常友好。
- 第 9 行定义 poolExec(...)方法，由业务模块调用，该方法的第一个参数是用 List 包装的数据集合，集合内数据元素可以被不同的线程并行处理，第二个参数控制单次调用的最大并发数。
- 第 11 行准备返回参数，同样以 List 集合进行包装，每个线程返回信息对应集合中的一条记录。
- 第 12~14 行确定入参集合中只有一个数据元素时，不启用线程池，而是采用顺序执行逻辑。
- 第 16 行判断如果实际需要的线程数量小于允许使用上限，则下调初始化线程数量至实际需要数。
- 第 18 行初始化线程池。
- 第 19 行将本次使用的线程数累加到全局变量 total 和本实例级别的变量 curr 上。
- 第 21 行循环处理输入参数 List 类型的 bizList 集合中的数据元素。
- 第 22 行定义可返回式线程，并通过线程池的 submit(...)方法执行。
- 第 23~25 行实现 Callable 接口中的 call()方法，调用外部类中的 bizCall(...)抽象方法，运用了模板方法设计模式。
- 第 27 行将线程返回句柄存入集合 futureList 中，供循环外部逐个获取返回值。
- 第 29~31 行对返回句柄的集合进行循环，通过 future.get()方法逐个取出返回值，该方法为阻塞方法。
- 第 35 行关闭当前实例中的线程池。
- 第 36 行将本次使用的线程数从全局变量 total 和本实例级别的变量 curr 上扣减。

【示例源码】6-13 演示了线程池的使用，在示例代码中创建了一个 ThreadPoolApp 的静态成员变量，也就是说针对某个业务类型，通过单个实例进行控制，对上述代码通过简单的改造，可以使代码具备流量管理功能。

【示例源码】6-13　chap06.sect05.ThreadPoolTest

```
1  package chap06.sect05;
2  public class ThreadPoolTest {
3      static ThreadPoolApp<BizService,RetObject> poolApp=new ThreadPoolApp<>() {
```

```java
4       protected RetObject bizCall(BizService obj) {
5         RetObject retObject = obj.doSomething();
6         return retObject;
7       }
8     };
9     public static void main(String[] args) throws Exception {
10      var bizList = new java.util.ArrayList<BizService>();
11      bizList.add(new BizService());
12      bizList.add(new BizService());
13      bizList.add(new BizService());
14      java.util.List<RetObject> retObj = poolApp.poolExec(bizList, 2 );
15    } }
16  class BizService {
17    public RetObject doSomething() throws RuntimeException {
18      System.out.println("业务处理- " + Thread.currentThread().getName());
19      return new RetObject( new Object());
20  } }
21  class RetObject {
22    Object obj;
23    public RetObject(Object obj) {
24      this.obj = obj;
25  } }
```

- 第 3~8 行定义静态成员变量 poolApp，在匿名内部类中实现了 bizCall(...)抽象方法，其内部业务逻辑由应用端控制。
- 第 10~13 行新建 List 类型的 bizList 集合，并添加三组数据元素，通过优化后的并发控制处理逻辑，将对集合数据的串行处理改为并行处理。
- 第 14 行调用 poolApp.poolExec(...)，由线程池负责处理 bizList 中的数据元素，并且设定最大并发线程为 2。
- 第 16 行定义业务处理类 BizService，放入可以由单个线程独立完成的任务。
- 第 21 行定义返回值类 RetObject，演示对返回值的统一封装。

以下为示例代码执行后的结果展示，示例中启用了 2 个线程，总共执行了 3 次业务处理。其中第 1 行的输出内容对应【示例源码】6-12 的第 19 行，表示此类业务允许使用的线程数上限为 2，全部通过 ThreadPoolApp 类创建的线程数量同样等于 2。第 2~4 行输出了 3 笔业务处理任务，其中第 2 行和第 4 行由线程池中的同一个线程先后完成。第 5 行输出对应【示例源码】6-12 的第 36 行，代表任务结束后，资源全部释放。

```
1  c:2 t:2
2  业务处理- pool-1-thread-2
3  业务处理- pool-1-thread-1
```

```
4  业务处理- pool-1-thread-2
5  c:0 t:0
```

## 6.6　本章小结

　　本章详细介绍了多线程编程的基础知识，首先从线程方面介绍了普通线程的创建和运行、返回式线程的创建和运行，详细介绍了线程的六种状态，并对六种状态的流转方向和流转条件进行了分析。其次对比了线程池和线程工厂的使用场景，验证了单例多线程模式下的数据共享问题。最后从底层源码层面详细分析了 ThreadLocal 类如何实现线程之间的数据隔离。

# CHAPTER 7

# 第 7 章
# 挖掘 Java 高并发支撑体系

第 6 章讲述了线程、线程池的工作方式，讲述的是如何操控线程"单打独斗"。那么如何控制线程协同工作，既要让每个线程资源利用效率最大化，又要保证线程之间的配合默契度呢？Java 官方为高并发能力提供了体系化的解决方案。ZK 组件作为高并发应用的集大成之作，融合了 Java 高并发支撑体系内几乎全部的要素。本章从研究 ZK 工程中实际使用的组件出发，对各类组件的核心源码进行解读，了解组件的关键性能指标。再结合 ZK 的应用实战，对组件的应用场景加以说明，以实战案例的形式学以致用。本章将重点讲述：

（1）同步控制关键字：临界区资源保护关键字 synchronized、共享变量可见性控制关键字 volatile、定义不可变对象及其可见性的关键字 final。

（2）线程锁与 CAS：线程阻塞和唤醒操作 LockSupport 类、直接内存变量操作 VarHandler 类、可重入锁 ReentrantLock 类、读写分离式可重入读写锁 ReentrantReadWriteLock 类。

（3）变量的原子操作：乐观锁式原子整型 AtomicInteger 类、乐观锁式原子引用类型 AtomicReference 类、邮戳标记式原子引用类型 AtomicStampedReference 类。

（4）同步信号控制：资源许可式信号控制器 Semaphore 类、资源依赖控制器 CountDownLatch 类。

（5）并发集合：J.U.C 包中提供了一套线程安全的集合类，如支持读写分离的 CopyOnWriteArrayList 类、分段锁配合链表和红黑树的 ConcurrentHashMap 类等。

（6）并发队列：J.U.C 包中提供基于线程安全的队列，包括有界阻塞队列 ArrayBlockingQueue 类、无界阻塞队列 LinkedBlockingQueue 类、无锁无界队列 ConcurrentLinkedQueue 类等。

## 7.1 线程安全基础之 synchronized 关键字

在 Java 语言中，synchronized 关键字是一种基于管程（Monitor）编程模型所提供的并发编程能力，辅之以 Object 类上的 wait(...)、notify()、notifyAll()方法，控制线程之间以互斥的方式访问临界区中的资源。synchronized 关键字属于重量级的同步机制，JDK 底层对锁的获取和释放需要消耗较多的资源。随着 JDK 不断升级发展，锁的概念进一步扩展到了偏向锁、轻量级锁和适应性自旋锁等，针对不同场景，将锁资源的消耗降到最低。

### 7.1.1 synchronized 关键字锁定对象验证

【示例源码】7-1 中 synchronized 关键字一共出现了 6 次，从调用关系上来看，6 次调用之间是一种嵌套关系。它们锁定的对象是不是一样的呢？如果对象已经被锁住了，内部嵌套逻辑是否可以再次获取该锁呢？执行示例代码即可得到答案。

【示例源码】7-1　chap07.sect01.SynchronizedTest

```java
1  package chap07.sect01;
2  public class SynchronizedTest {
3    Object object = new Object();
4    public static synchronized void staticMethod() {
5      System.out.println("in static method");
6      synchronized (SynchronizedTest.class) {
7        System.out.println("in SynchronizedTest.class");
8    } }
9    public synchronized void nonStaticMethod() {
10     System.out.println("in nonStatic method");
11     synchronized (SynchronizedTest.class) {
12       System.out.println("in SynchronizedTest.class");
13       synchronized (this) {
14         System.out.println("in this");
15         synchronized (object) {
16           System.out.println("in object");
17           staticMethod();
18   } } } }
19   public static void main(String[] args) throws Exception {
20     SynchronizedTest sync = new SynchronizedTest();
21     sync.nonStaticMethod();
22   } }
```

- 第 3 行定义 object 对象，在第 15 行被 synchronized 关键字引用为锁对象。
- 第 4 行的 synchronized 关键字修饰静态方法，锁定 SynchronizedTest 类的 class 对象。
- 第 6 行的 synchronized 关键字显式锁定 SynchronizedTest 类的 class 对象。
- 第 9 行的 synchronized 关键字修饰非静态方法，其锁定内容为第 20 行定义的 sync 对象。
- 第 11 行显式锁定 SynchronizedTest 类的 class 对象，与第 6 行相同。
- 第 13 行显式锁定 this，也就是第 20 行定义的 sync 对象。
- 第 15 行显式锁定 object 对象，与 SynchronizedTest 类或 SynchronizedTest 实例无关。

为了研究 JVM 中对象锁定的动态效果，可以对【示例源码】7-1 以单步调试的方式逐行执行，每执行到一行 synchronized 关键字之处，"Debug"窗口中就可以看到锁定对象的增加。当程序执行到结尾处时，三个被锁定对象分别对应 Class 类、SynchronizedTest 类和 Object 类，如图 7-1 所示，恰好展现了 synchronized 关键字修饰位置不同时锁定对象的差异。

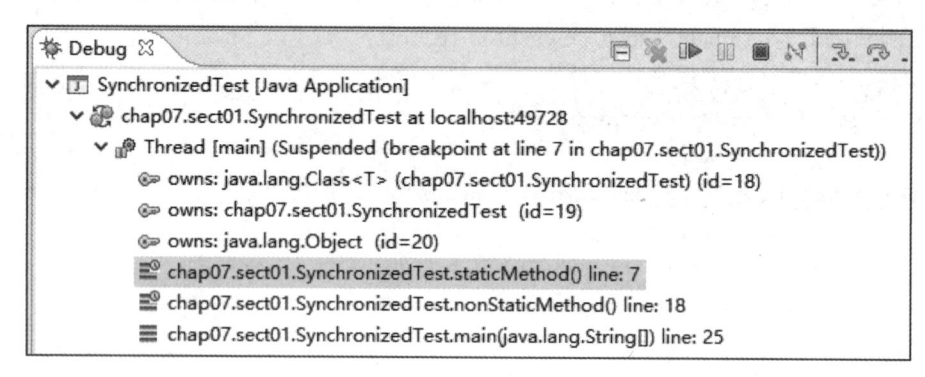

图 7-1　synchronized 关键字锁定对象分析

【示例源码】7-1 的运行轨迹如图 7-2 所示，该图截取自 JConsole 工具，同时显示了锁对象的 Hash 值。Hash 值为 ea1a8d5 的对象被锁定 3 次，Hash 值为 691fca84 的对象被锁定 2 次。据此可以推论 synchronized 关键字具有可重入性，而且重入功能不受其他锁对象的干扰。

图 7-2　synchronized 关键字与堆栈跟踪

## 7.1.2　线程通信与 wait、notify 和 notifyAll

通过 synchronized 关键字可以显式或隐式地为锁对象设定临界区，一个锁对象对应的临界区可以分散于多个方法或多个代码块。通常情况下，线程以排队的方式依次进入同一个锁对象的临界区内执行代码。在复杂场景下，进入临界区内的线程允许暂停程序执行，进入线程等待状态，此时在临界区外排队的线程被允许进入。在复杂场景中，线程的暂停和恢复涉及线程间的通信和协调，Java 语言通过基类 Object 中的 wait(...)、notify()、notifyAll()方法，让所有锁对象都可以向线程发出暂停或激活的信号。

【示例源码】7-2 演示了四个线程之间的协同工作能力。四个线程分别被编号为 0、1、2、3，每个线程内部有一个 for 循环，循环内对全局静态整型变量 step 执行自增操作。四个线程需按照编号以受控的方式顺序轮流执行临界区内的代码，而不是随机发生。

【示例源码】7-2　chap07.sect01.NotifyAllTest

```
1  package chap07.sect01;
2  public class NotifyAllTest {
3    public static Integer step = 0, threads = 4;
4    public static void main(String[] args) throws InterruptedException {
5      for (int threadNo = 0; threadNo < threads; threadNo++) {
6        new Thread(new WaitAndNotify(threadNo)).start();
7  } } }
8  class WaitAndNotify implements Runnable {
9    int threadNo;
10   public WaitAndNotify(int threadNo) { this.threadNo = threadNo; }
11   public void run() {
12     for (int i = 0; i < 5; i++) {
13       synchronized (NotifyAllTest.class) {
14         while (NotifyAllTest.step % NotifyAllTest.threads != threadNo) {
15           try {
16             NotifyAllTest.class.wait();
17           } catch (InterruptedException e) {   e.printStackTrace();   }
18         }
19         System.out.print(i * NotifyAllTest.threads + threadNo + " " );
20         NotifyAllTest.step++;
21         NotifyAllTest.class.notifyAll();
22 } } } }
```

- 第 3 行定义静态全局变量 step 默认值为 0，定义线程数量 threads 为 4，也可以尝试更大的数字。
- 第 5 行和第 6 行循环四次创建序号为 0~3 的四个线程。
- 第 9 行定义成员变量 threadNo 标记线程号，每个线程均唯一。
- 第 10 行定义构造方法，接受序号为成员变量。
- 第 12 行启动 for 循环，每个线程内各循环五次。
- 第 13 行通过 synchronized 关键字设置临界区。

- 第 14 行对 step 变量取模,如果余数不等于线程号,则活动线程不允许继续执行。
- 第 16 行执行被锁对象的 wait()方法,当前线程进入暂停状态,等待被唤醒。
- 第 19 行根据循环次数和线程号计算输出结果,正确结果应该是一行从 0 开始的有序数字,共 20 个。
- 第 20 行在临界区内对变量 step 执行自增操作,记录实际的执行次数。
- 第 21 行在当前线程退出临界区之前,唤醒所有其他进入暂停状态的线程。

以下输出结果显示 20 个数字按顺序输出,完全达到了设计要求。如果将【示例源码】7-2 中第 21 行的 notifyAll()方法修改为 notify(),再次执行后发现程序无法完整输出。这是因为 notify()发出的唤醒消息只通知到任意一个处于暂停状态的线程,随机的通知最终将导致所有线程进入 wait 状态。

```
0 1 2 3 4 5 6 7 8 9 10 11 12 13 14 15 16 17 18 19
```

## 7.2　Java 内存模型与高并发陷阱

　　Java 内存模型(Java Memory Model,JMM)是 Java 语言中用于描述多线程并发访问共享内存时各个线程之间内存可见性、执行顺序等总的行为规范。JMM 定义了一组规则和语义,确保程序在多线程环境下能够以预期的方式执行。在官方发布的 Java 8 语言规范中,第十七章"线程与锁"部分详细介绍了 Java 内存模型。作为跨平台的通用型语言,JMM 是一个高度抽象的统一内存模型,不依附于特定的软硬件平台。相比较而言,C 语言内存模型更加复杂和个性化,JMM 具有更多的灵活性。

　　JMM 中定义的主要规则包括原子性、有序性、可见性和 Happens-Before 原则等,本节将从程序员的视角出发,通过 Java 代码验证各项规则在高并发场景下的基本规律,在掌握规律的基础上将其应用于工程实践。

### 7.2.1　JMM 原子性检验及实现策略

　　原子性是 JMM 中的一个重要概念,它确保了某些操作在执行过程中不会被中断,从而保证了多线程环境下数据的一致性和正确性。JMM 原子性与数据库中的事务概念存在一定的共通性,两者都确保了一组操作要么全部成功,要么全部失败,并且不会造成数据不一致。两者都存在乐观锁和悲观锁的概念,适用于不同并发量的业务场景。

1. 用 i++语法检验 JMM 的原子性

【示例源码】7-3 以经典的 i++操作验证自增操作的原子性,体会高并发场景下程序执行的不确定性。

【示例源码】7-3　chap07.sect02.AtomicIntTest

```
1  package chap07.sect02;
```

```java
 2  import java.util.concurrent.atomic.AtomicInteger;
 3  public class AtomicIntTest {
 4    static Integer i = Integer.valueOf(0);
 5    static AtomicInteger atomicInt = new AtomicInteger(0);
 6    public static void main(String[] args) throws Exception {
 7      for (int threads = 0; threads < 2; threads++) {
 8        new Thread(() -> {
 9          for (int i = 0; i < 50000; i++) {
10            i++;
11            atomicInt.incrementAndGet();
12          }
13        }).start();
14      }
15      Thread.sleep(1000);
16      System.out.println("i=" + i + " atomicInt=" + atomicInt);
17  } }
```

- 第 4 行和第 5 行定义两种类型的整型变量，后面将对它们做累加 50000 次的操作。
- 第 7 行循环两次，创建两个子线程，同时执行累加操作。
- 第 9～11 行执行 50000 次 for 循环，对两个变量同时执行累加。
- 第 15～16 行等待子线程任务完成后，向主控台输出两个变量累加 100000 次后的最终结果。

反复运行程序多次后，随机截取某次的运行结果如下所示，整型变量 i 在两个线程同时执行自增操作时，其输出结果始终小于 10 万。以上示例简单证明了 Java 语言中的 i++ 操作不具有原子性。类似的不具有原子性的操作还包括对 64 位长度的 long 和 double 类型的赋值操作，Java 语言规范第十七章[①]对此进行了详细说明。因为不同的 JDK 实现可能允许把对 64 位的 long 和 double 类型的赋值操作拆分为高 32 位和低 32 位的两次赋值操作，在不保证操作不被分隔为两步走的情况下，多线程场景可能会导致读取数据不完整。

```
 1  i=63535  atomicInt=100000
```

【示例源码】7-3 中第 5 行定义的 AtomicInteger 类型变量执行结果输出正常，这是 JDK 自带的具有原子操作特性的整型类。在 j.u.c.atomic 包中共提供了 17 个具有原子操作特性的类，如原生数据类型中的布尔型、整型、长整型等都有对应的原子类，以满足高并发场景需求。

2. 普通对象的 CAS 操作及 ABA 问题

比较并交换（Compare And Swap，CAS）是一种用于实现多线程同步的原子操作指

---
① 在 Oracle 官方网站搜索 "jls/se11/html/jls-17.html" 关键字可以获取更多相关信息。

令。CAS 操作比较内存中的值与预期值是否相等，如果相等则将新值写入内存，否则不进行任何操作。这种操作在多线程环境下可以确保对共享变量的原子性更新，避免了传统锁机制带来的开销和性能问题。

以生活中的火车票购买为例，如果每个购票者在购票前都锁定余票数据库，查询余票数量后下单买票，最后再解锁，那么每个购票者都要通过锁来完成购票流程，这是一个非常低效的系统。如果通过 CAS 实现，则购票流程变为：先查询余票，假如有 1 张余票，则进入抢票的原子操作，即"比对余票是否仍然为 1，将 1 替换为 0"。原子操作成功，则说明购票成功。

而 CAS 中的 ABA 问题，即变量值从 A 变为 B 后又变回 A 的问题，在火车票购买中对应的场景是：购票者查询到有一张下铺的余票并准备购买，然后通过原子操作抢到了"余票"，但是这个"余票"可能是一张刚刚退回来的上铺票，而查询到的下铺票刚好被其他购票者抢走。

在电影《非诚勿扰》中，主人公发明了一款叫作"分歧终端机"的硬件设备，该设备用于解决石头、剪刀、布的原子性问题。现代的 CPU 在硬件侧同样内置了 CAS 原子操作的处理机制，用于高效处理 CAS 操作。

j.u.c.atomic 包不仅为原生数据类型的原子操作提供了相应的基础类，还同样为对象引用类型的 CAS 操作提供了解决方案。【示例源码】7-4 比较了三个原子类的典型用法。

（1）j.u.c.a.AtomicReference

原子引用类中的 compareAndSet(V, V)方法支持原子替换操作，第一个参数为用于比较的改前值，第二个参数为待替换的改后值。

（2）j.u.c.a.AtomicReferenceFieldUpdater

此类用于修改指定对象的成员变量，典型方法 compareAndSet(T, V, V)包含三个参数，第一个参数为待修改的对象，第二个参数为用于比较的成员变量的改前值，第三个参数为待替换的改后值。AtomicReferenceFieldUpdater 是一个抽象类，静态方法 newUpdater(...)用于创建待修改对象。

（3）j.u.c.a.AtomicStampedReference

此类是用于防止 ABA 交互现象的原子类，典型方法 compareAndSet(V, V, int, int)包含四个参数，前两个参数和 AtomicReference 类 compareAndSet(V, V)方法中参数的含义相同，后两个参数用于标记更新版本号。

【示例源码】7-4    chap07.sect02.AtomicReferenceTest

```
1  package chap07.sect02;
2  import java.util.concurrent.atomic.*;
3  public class AtomicReferenceTest {
4      public static void main(String[] args) {
5          User user1 = new User( "name_1");
```

```
6    User user2 = new User( "name_2");
7    var objectRef = new AtomicReference( user1);
8    var field=AtomicReferenceFieldUpdater.newUpdater(User.class,String.class,"name");
9    field.compareAndSet(user1, "name_1", "cas_name");
10   objectRef.compareAndSet(user1, user2);
11   System.out.println( user1 + " ; " + objectRef.get());
12   int i = 1;
13   var stamp = new AtomicStampedReference<>(user1, i);
14   stamp.compareAndSet(user1, user2, i++, i);
15   System.out.println( user1+"; "+stamp.getReference()+"; stamp="+stamp.getStamp());
16 } }
17 class User{
18   public volatile String name = "";
19   public User(String name) { this.name = name; }
20   public String toString() { return "User=" + name; }
21 }
```

- 第 5 行和第 6 行创建内部类 User 的两个对象 user1 和 user2，成员变量 name 被赋予不同的值。
- 第 7 行调用构造方法创建待修改的原子引用对象。
- 第 8 行调用 newUpdater(...)静态方法创建待修改对象，第三个参数 "name" 为待修改的成员变量名称。
- 第 9 行调用 compareAndSet(...)方法修改 user1 对象中的成员变量 name 的值，并指定了前值和新值。
- 第 10 行调用 compareAndSet(...)方法修改应用对象。
- 第 13 行调用构造方法创建带版本标记的待修改对象，修改对象 user1，并且约定修改标记等于 1。
- 第 14 行调用 compareAndSet(...)方法，将原有的 user1 对象的地址修改为 user2 对象的地址，并且指定了版本标记的前值和新值。
- 第 17～21 行创建内部类 User，定义成员变量、构造方法及覆写 toString()方法。

运行【示例源码】7-4 后输出如下结果，三次 CAS 操作均成功执行。需要特别强调的是【示例源码】7-4 第 9 行对成员变量的修改并不会影响第 10 行对 user1 对象的修改，因为 CAS 操作只关注对象的引用地址变化，而不考虑对象内容的变更。为了验证版本号对于修改操作的影响，可以将第 14 行的 i++替换为++i，重新编译运行后，输出结果将证明替换失败。

```
1 User=cas_name ; User=name_2
2 User=cas_name; User=name_2; stamp=2
```

### 7.2.2 JMM 可见性验证及应对策略

所谓可见性，是指一个线程修改共享变量后对另一个线程是否立即可见，立即可见是一种代价很高的执行策略。在大多数业务场景中，并不需要共享变量立即可见，而是允许通过更加精细化的控制策略，为线程端利用高速缓存、指令重排序等手段进行局部优化提供空间。

在 Java 语言中，控制变量的可见性有很多种方式。【示例源码】7-5 分三种场景验证了变量的可见性。一是在 Java 命令行中输入"-Xint"参数，强制程序使用解释模式执行，而不是对热点代码以即时编译方式执行，保障共享变量的可见性；二是直接用 volatile 关键字修饰共享变量，被修饰变量将具有可见性；三是在多个成员变量同时被读写的情况下，将任意一个变量用 volatile 关键字修饰，则所有成员变量都具有可见性。

【示例源码】7-5　chap07.sect02.VolatileTest1

```java
1  package chap07.sect02;
2  public class VolatileTest1 {
3    public static volatile boolean volatileFlag = false;
4    public static boolean completed = false;
5    public static void main(String[] args) throws Exception {
6      new Thread(() -> {
7        java.util.concurrent.locks.LockSupport.parkNanos(1000*1000*1000L);
8        volatileFlag = true;
9        completed = true;
10       System.out.println(Thread.currentThread().getName()+" - "+completed);
11     }).start();
12     while (!completed) {
13  //     Boolean v = volatileFlag;
14     }
15     System.out.println( Thread.currentThread().getName()+" - "+completed);
16  } }
```

- 第 3 行和第 4 行定义两个成员变量，用于验证有无 volatile 关键字修饰时的差异。
- 第 6~11 行启动子线程。
- 第 7 行暂停 1 秒钟，等待主线程中第 12 行代码先开始进入循环判断逻辑。
- 第 8 行和第 9 行对成员变量赋值。
- 第 12 行判断变量 completed，如果变量值为 true，则跳出循环。

运行【示例源码】7-5 可以发现，程序并没有如期执行第 15 行代码。这是因为变量 completed 在子线程中被修改后，主线程不能立即获取更新后的内容，所以导致 while 循环无法退出。如果将示例代码稍作调整，在第 4 行增加 volatile 关键字修饰，重新执行示例源码，主控台将立即打印输出如下内容，说明 completed 变量在线程间具有可见性。

```
1  Thread-0 - true
2  main - true
```

将【示例源码】7-5 还原为初始状态，再将第 13 行的注释解除，重新运行示例代码，主控台同样可以正常输出以上内容，说明其他成员变量的 volatile 属性可以影响 completed 变量的可见性，这里就涉及内存屏障的概念了。

1. synchronized 关键字与可见性

synchronized 语义确保了同一时刻在相同的临界区内只有一个线程具有执行权限，保证了共享资源在临界区内的原子性。同时，synchronized 关键字还可以影响共享变量的可见性，在线程获取同步锁时，主内存中的共享变量将被复制到线程本地缓存中。线程释放同步锁时，线程本地缓存中的共享变量数据将会立即与主存同步，即线程在交替进入临界区的时候，共享变量保持着可见性。

【示例源码】7-6 演示了 synchronized 关键字对可见性的影响，一共分为三种情况：一是当共享变量的读和写都在临界区内时，变量可见；二是当共享变量在临界区内写，在临界区外读时，变量不可见；三是当共享变量在临界区外写，在临界区内读时，变量不可见。

【示例源码】7-6　chap07.sect02.SyncVisibleTest

```java
1  package chap07.sect02;
2  public class SyncVisibleTest {
3    public static boolean completed = false;
4    public static void main(String[] args) throws Exception {
5      new Thread(() -> {
6        java.util.concurrent.locks.LockSupport.parkNanos(1000*1000*1000);
7        synchronized (SyncVisibleTest.class) {
8          completed = true;
9          SyncVisibleTest.class.notify();
10       }
11       System.out.println(Thread.currentThread().getName()+" - "+completed);
12     }).start();
13     long time = new java.util.Date().getTime();
14     synchronized (SyncVisibleTest.class) {
15       while (!completed) {
16         if( new java.util.Date().getTime() > (time + 2000)) {
17           SyncVisibleTest.class.wait();
18         }
19       }
20     }
```

```
21        System.out.println( Thread.currentThread().getName()+" - "+completed);
22    }  }
```

- 第 3 行定义成员变量 completed，初始值为 false。
- 第 5~12 行启动子线程。
- 第 6 行线程暂停 1 秒，等待主线程中第 15 行的 while 语句先执行循环判断逻辑。
- 第 8 行将成员变量赋值为 true。
- 第 9 行在同步代码块的底部释放锁资源，同时通知主线程可以获取锁。
- 第 14 行定义主线程中的同步代码块。
- 第 15 行循环逻辑，如果 completed 成员变量被设置为 true 则跳出循环。
- 第 16 行和第 17 行等待循环执行 2 秒后释放锁资源，允许主线程开始执行赋值操作。
- 第 21 行在主线程结尾处向主控台输出正常结束标记。

示例执行后输出结果如下，表明在 synchronized 关键字的作用下，对临界区内成员变量的读写具有可见性。

```
1  main - true
2  Thread-0 - true
```

再次对示例代码进行简单改造，将第 14 行和第 16~19 行进行注释，即主线程不考虑线程同步。重新运行示例程序，则主线程判断成员变量 completed 没有变为 true，无法正常完成退出。同理，如果去掉示例代码子线程部分的同步语句，注释其中的第 7 行、第 9 行和第 10 行，重新运行示例代码，主程序同样不能正常退出。

2. 内存屏障 LoadLoadFence 验证

内存屏障是一种 CPU 级别的控制指令，用于控制特定条件下的指令重排序和内存可见性。另外，内存屏障对编译器层面的指令重排序优化同样有效。【示例源码】7-7 以对比的方式验证内存屏障对共享变量可见性的影响，直观感受内存屏障对数据可见性的影响。

【示例源码】7-7　chap07.sect02.LLFenceTest

```
1  package chap07.sect02;
2  import java.lang.invoke.*;
3  public class LLFenceTest {
4     public static Boolean completed = false;
5     public static void main(String[] args) throws Exception {
6        new Thread(() -> {
7           java.util.concurrent.locks.LockSupport.parkNanos(1000 * 1000 * 1000L);
8           COMPLETED.set(true);
9           System.out.println(Thread.currentThread().getName()+" completed -"+completed);
```

```
10      }).start();
11      while ((Boolean) COMPLETED.get() != true) {
12  //      COMPLETED.loadLoadFence();
13      }
14      System.out.println(Thread.currentThread().getName()+" completed -"+completed);
15  }
16  private static final VarHandle COMPLETED;
17  static {
18      MethodHandles.Lookup l = MethodHandles.lookup();
19      try {
20          COMPLETED=l.findStaticVarHandle(LLFenceTest.class,"completed",Boolean.class);
21      } catch (Exception e) { throw new ExceptionInInitializerError(e);
22  } } }
```

- 第 4 行定义成员变量 completed，赋默认值为 false。
- 第 6~10 行启动子线程。
- 第 7 行子线程暂停 1 秒，等待主线程中第 11 行的代码先执行。
- 第 8 行设置成员变量 completed 的值为 true。
- 第 11 行主线程循环判断成员变量 completed 的值，如果变为 true 则退出循环。
- 第 14 行在程序的结尾处向主控台打印 completed 变量值。
- 第 16~21 行以反射方式构造 COMPLETED 私有静态引用，用于执行成员变量 completed 的赋值和取值操作。

在【示例源码】7-7 执行后，程序并没有按照预期正常退出，成员变量 completed 在子线程中的赋值对主线程不可见，程序进入了死循环。然后对示例进行微调，将第 12 行的注释移除，再次执行示例代码，主控台将输出以下内容，主线程正常退出。

```
1  Thread-0 completed -true
2  main completed -true
```

> **注意**
> 
> 互联网上关于 Java 内存屏障的概念比较杂乱，其实讨论内存屏障需要基于特定 JDK 版本、特定处理器、特定 JVM 实现，甚至要基于特定操作系统。内存屏障的底层原理不是并发编程的必备技能，只需要了解相关概念即可。VarHandle 类中定义了五个与内存屏障操作相关的方法，包括 fullFence()、acquireFence()、releaseFence()、loadLoadFence()、storeStoreFence()。与之相对，java.base 模块中的 jdk.internal.misc.Unsafe 类中提供了 loadFence()、storeFence()、fullFence() 三个相对应的 native 方法，至于 LoadStore 屏障和 StoreLoad 屏障则是在 JVM 内部与 C 语言内存模型相关的概念。想了解更多，可以参考 JDK 中 VarHandle 类和 Unsafe 类附带的 Javadoc 文档。

### 3. VarHandle 与变量可见性操控

JDK 9 之前,开发人员可以利用 JDK 中提供的两个 Unsafe 类控制普通变量的原子性、可见性和有序性。自 JDK 9 开始,Java 程序员不再需要像 C 语言中操作指针一样使用 Unsafe 类,JDK 底层通过对 Unsafe 类进行二次封装,推出了更加安全易用的 java.lang.invoke.VarHandle 类。

在 J.U.C 类库中,部分底层类库已经从调用 Unsafe 类改为调用 VarHandle 类,因此,深入了解 VarHandle 类有助于阅读与高并发相关的底层源码。【示例源码】7-8 中使用 VarHandle 类来验证 Java 内存模型的可见性,确认是否有与 volatile 关键字相同的效果。

【示例源码】7-8　chap07.sect02.VolatileTest2

```
1  package chap07.sect02;
2  import java.lang.invoke.*;
3  public class VolatileTest2 {
4    public static Boolean completed = false;
5    public static void main(String[] args) throws Exception {
6      new Thread(() -> {
7        java.util.concurrent.locks.LockSupport.parkNanos(1000 * 1000 * 1000L);
8        COMPLETED.setVolatile(true);
9        System.out.println(Thread.currentThread().getName()+" completed -"+completed);
10     }).start();
11     while( !(Boolean) COMPLETED.getVolatile()) { }
12     System.out.println(Thread.currentThread().getName()+" completed -"+completed);
13   }
14   private static final VarHandle COMPLETED;
15   static {
16     MethodHandles.Lookup l = MethodHandles.lookup();
17     try {
18       COMPLETED=l.findStaticVarHandle(VolatileTest2.class,"completed",Boolean.class);
19     } catch (Exception e) {
20       throw new ExceptionInInitializerError(e);
21   } } }
```

- 第 4 行定义静态成员变量 completed。
- 第 6~10 行启动子线程。
- 第 7 行子线程暂停 1 秒,等待主线程中第 11 行的代码先执行。
- 第 8 行调用 VarHandle 类定义的 setVolatile(...)方法,设置成员变量 completed 的值为 true。
- 第 11 行调用 VarHandle 类定义的 getVolatile()方法获取最新变量值,在 while 循环中进行判断,如果 completed 值为 true 则退出循环。

- 第 12 行向主控台输出 completed 变量值，只有退出循环时才会被执行。
- 第 14~20 行以反射方式构造 COMPLETED 私有静态引用，执行成员变量 completed 的赋值和取值操作。

> **注意**
> VarHandle 是一个变量的强类型引用，支持以不同模型访问变量，包括简单的 read、write 访问，volatile read、write 访问，以及 CAS 访问。在 JDK 9 中引入 VarHandle 类之后，J.U.C 包中对于变量的访问基本上都从 Unsafe 类改为 VarHandler 类了。

【示例源码】7-8 的执行结果如下所示，当变量的写和读成对使用 setVolatile(...)和 getVolatile()方法时，变量 completed 具备跨线程的可见性。

```
1  Thread-0 completed -true
2  main completed -true
```

另外，VarHandle 类中还定义了两组与 volatile 操作相比更加轻量级的方法 getOpaque(...)/setOpaque(...)和 getAcquire(...)/setRelease(...)，尝试在【示例源码】7-8 中使用这两对方法，运行结果仍保持不变。

> **注意**
> 在 JDK 包中内置的 VarHandle 类除了可以控制变量的可见性，还可以通过其中提供的 CAS 方法对变量进行原子操作。

### 7.2.3 用 JCStress 验证 JMM 的有序性

为了提高 Java 代码的执行效率，在保证 Java 语义正确的前提下，Java 代码实际执行时的顺序和源码的书写顺序并不总是保持一致，这就是指令重排序。从单线程角度看指令重排序，只需要保证被重排的指令之间不存在依赖关系，就不影响最终结果的一致性。在多线程场景下，为了保障最终结果符合预期，对指令重排序进行有效的干预必不可少。

#### 1. 指令重排序验证

下面的这段代码来自 JCStress Sample 开源组件包，JCStress[①]是 Open JDK 提供的一款高并发压力测试工具，用于验证多线程大并发场景下程序输出结果的正确性。通过模拟多线程环境下的各种可能的交错和竞态条件并执行这些测试，开发者可以更好地了解并发代码在不同条件下的行为，发现潜在的并发问题。

【示例源码】7-9 参考了 JCStress 官方关于 Java 指令重排序的验证，其中定义了两个成员变量 x 和 y，初始值默认都为 0。方法 actor1(...)和 actor2(...)则分别被两个不同的线程以随机顺序调用，r1 和 r2 的取值组合存在四种可能性。

---

① 在 GitHub 网站查找 "openjdk/jcstress" 关键字，可以获取 jcstress 测试源码及更多详细介绍。

**【示例源码】7-9　chap07.sect02.JMMOrderTest**

```java
1   package chap07.sect02;
2   import org.openjdk.jcstress.annotations.*;
3   import org.openjdk.jcstress.infra.results.II_Result;
4   @JCStressTest
5   @State
6   public class JMMOrderTest {
7     int x;
8     int y;
9     @Actor
10    public void actor1(II_Result r) {
11      x = 1;
12      r.r2 = y;
13    }
14    @Actor
15    public void actor2(II_Result r) {
16      y = 2;
17      r.r1 = x;
18  } }
```

- 第 4 行的@JCStressTest 注解用于标记这是一个基于 JCStress 工具编写的测试案例，类似于 JUnit 中的@Test 注解。
- 第 5 行的@State 用于标识对象在多线程中的共享状态，此例为单实例被多个线程共享。
- 第 7 行和第 8 行定义成员变量 x 和 y，其默认初始值为 0。
- 第 9 行和第 14 行的@Actor 注解表示被修饰的方法由单独的线程调用。
- 第 10 行中的 II_Result 位于 JCStress 工具包中，标记变量 r 中有 r1 和 r2 两个观察值。

为了运行测试用例，在工程 POM 文件中引入以下依赖包，其中 jcstress-samples 包自动导入其依赖的 jcstress-core 包。

```xml
1   <dependency>
2       <groupId>org.openjdk.jcstress</groupId>
3       <artifactId>jcstress-samples</artifactId>
4       <version>0.11</version>
5   </dependency>
6       ……
7       <plugin>
8           <artifactId>maven-compiler-plugin</artifactId>
```

```
9                <version>3.2</version>
10               <configuration>
11                   <source>11</source>
12                   <target>11</target>
13                   <includes><include>**/chap07/sect02/*</include></includes>
14               </configuration>
15           </plugin>
```

通过 JCStress 工具运行【示例源码】7-9 中的验证代码，可以在 IDE 工具中配置命令脚本。JCStress 工具的 Main class 在 Eclipse 上的配置信息如图 7-3 所示，其 Main class 指向 jcstress-core-0.11.jar 文件中的 org.openjdk.jcstress.Main 类。配置 JCStress 工具的命令行参数如图 7-4 所示，其中-t 参数用于指定待验证案例的包名或类名，-v 参数用于指定显式输出结果。

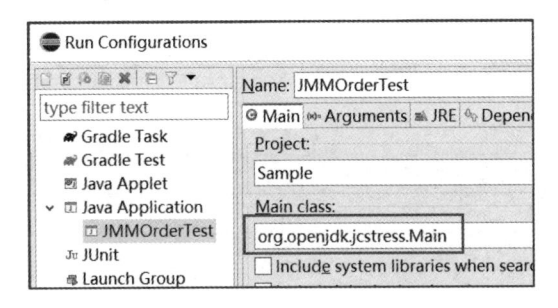

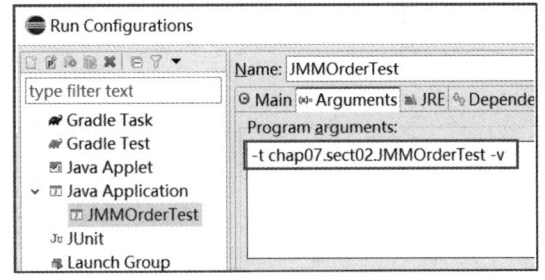

图 7-3　配置 JCStress 工具的 Main class　　图 7-4　配置 JCStress 工具的命令行参数

正确运行 jcstress 还需要注意以下几点：

（1）先运行 IDE 工具中 Maven 插件的编译（Compile）命令，即执行 pom.xml 文件中配置的 Compiler 插件；如果修改代码后再次执行，必须先执行 Clean 操作。

（2）执行 Compile 命令后，目标工程的 classes\META-INF 目录下将生成案例清单文件 TestList。

（3）在 IDE 环境中必须以 Run 模式运行 JCStress，不能使用 Debug 模式，切记！

随机选取 JCStress 任意一次的执行结果，如图 7-5 所示，r.r1 和 r.r2 出现了四种运行结果的组合，其中"0，2"出现的次数最多，"1，2"出现的次数最少。

```
Observed state   Occurrences   Expectation   Interpretation
         0, 0       210,307    FORBIDDEN     No default case provided, assume FORBIDDEN
         0, 2    43,347,827    FORBIDDEN     No default case provided, assume FORBIDDEN
         1, 0     9,185,545    FORBIDDEN     No default case provided, assume FORBIDDEN
         1, 2            59    FORBIDDEN     No default case provided, assume FORBIDDEN
```

图 7-5　JMMOrderTest 压测输出结果

> 注意
>
> 本例没有在程序中对执行结果设置@Outcome 期望值，所有输出的组合结果全部归类为"FORBIDDEN"类型。

表 7-1 对上述四组输出结果进行了代码层面的分析，由于整型变量 x 和 y 的默认初始值为 0，表中第 2 列"0，2"和第 3 列"1，0"出现的原因在于代表 actor1 和 actor2 的两个线程执行的先后顺序不同，但是没有发生指令交错和重排。第 4 列"1，2"出现的原因在于两个线程之间发生了指令交错，除了如表 7-1 所示的顺序之外，读者还可以试着推断其他的交错方式。第 5 列"0，0"出现的原因是发生了指令重排序，表 7-1 中列出了其中一种重排的情况。

表 7-1 JMMOrderTest 指令排序组合分析

| 预期结果 | 0, 2 | | 1, 0 | | 1, 2 | | 0, 0 | |
| --- | --- | --- | --- | --- | --- | --- | --- | --- |
| 方法（线程） | actor1 | actor2 | actor1 | actor2 | actor1 | actor2 | actor1 | actor2 |
| 第一步 | | y = 2;① | ①x = 1; | | ①x = 1; | | | ②r.r2 = y; |
| 第二步 | | r.r1 = x;② | | ②r.r2 = y; | | y = 2;① | | r.r1 = x;② |
| 第三步 | ①x = 1; | | | y = 2;① | | ②r.r2 = y; | ①x = 1; | |
| 第四步 | ②r.r2 = y; | | | r.r1 = x;② | | r.r1 = x;② | | y = 2;① |

#### 2. volatile 关键字限制指令重排

限制 Java 语言的指令重排序，除了重量级的 synchronized 关键字以外，还可以使用 volatile 关键字来实现。如【示例源码】7-10 所示，当成员变量 x、y 都采用 volatile 关键字修饰的时候，程序的输出结果只会因线程先后顺序或交错执行出现差异，而不会出现指令重排序时的情况。

【示例源码】7-10　chap07.sect02.TotalOrderTest

```
1  package chap07.sect02;
2  import org.openjdk.jcstress.annotations.*;
3  import org.openjdk.jcstress.infra.results.II_Result;
4  @JCStressTest
5  @State
6  public class TotalOrderTest {
7      volatile int x;
8      volatile int y;
9      @Actor
10     public void actor1() {
11         x = 1;
12         y = 2;
13     }
14     @Actor
```

```
15    public void actor2(II_Result r) {
16        r.r2 = y;
17        r.r1 = x;
18    }
19 }
```

- 第 4 行的@JCStressTest 注解用于标记这是一个测试案例，类似于 JUnit 中的@Test 注解。
- 第 5 行的@State 用于标识对象在多线程中的共享状态，此例为单实例被多个线程共享。
- 第 7 行和第 8 行定义成员变量，默认初始值为 0，用 volatile 关键字修饰。
- 第 9、14 行用@Actor 注解标记这两个方法由独立的子线程运行。
- 第 15 行中的 II_Result 为 JCStress 工具包中的类表示，表示返回结果中有两个参数，最多表示 8 个返回参数的类为 IIIIIIII_Result。

【示例源码】7-10 的代码按照 actor1(...)方法和 actor2(...)方法上的@Actor 注解标记分属两个线程，共四行代码。按照理论假设，线程内代码允许重排序，线程间代码允许交错执行或颠倒执行，则可以排列组合出四种输出结果。表 7-2 给出了代码执行的预期结果，其中第 1 列和第 2 列是线程间交替产生的不同结果，如果 actor1 后执行，则 r1 和 r2 获取的是 x、y 的初始值 0。第 3 列表示线程的交错执行，但是没有重排序发生。第 4 列执行结果为"0，2"，线程内发生了指令重排序。

表 7-2  代码执行预期结果分析

| 预期结果 | 0, 0 | | 1, 2 | | 1, 0 | | 0, 2 | |
| --- | --- | --- | --- | --- | --- | --- | --- | --- |
| 方法（线程） | actor1 | actor2 | actor1 | actor2 | actor1 | actor2 | actor1 | actor2 |
| 第一步 | | r.r2 = y;① | ①x = 1; | | ①x = 1; | | ②y = 2; | |
| 第二步 | | r.r1 = x;② | ②y = 2; | | | r.r2 = y;① | | r.r1 = x;② |
| 第三步 | ①x = 1; | | | r.r2 = y;① | ②y = 2; | | ①x = 1; | |
| 第四步 | ②y = 2; | | | r.r1 = x;② | | r.r1 = x;② | | r.r2 = y;① |

对【示例源码】7-10 代码反复执行若干次压测，在多种参数组合的情况下，输出结果中都没有出现"0，2"组合，也就是说【示例源码】7-10 第 7 行和第 8 行的 volatile 关键字禁止了指令重排序。任意选取某次的输出结果如下所示，其中线程间指令交错执行的概率低两个数量级。

```
1  Observed state   Occurrences   Expectation Interpretation
2         0, 0      48,277,423    FORBIDDEN No default case provided, assume FORBIDDEN
3         1, 0         191,831    FORBIDDEN No default case provided, assume FORBIDDEN
4         1, 2      43,328,685    FORBIDDEN No default case provided, assume FORBIDDEN
```

在【示例源码】7-10 的基础上作进一步分析，去掉第 7 行对变量 x 的 volatile 关键字修饰，保留第 8 行中的 volatile 关键字，再次执行压测，输出结果中仍然没有出现指令重排序的现象。反之，去掉第 8 行的 volatile 关键字修饰，保留第 7 行的 volatile 关键字，再次执行压测，指令重排序现象出现了。摘取任意一次的输出结果如下所示，其中包含了"0, 2"的组合。

```
1              0, 2        27,299    FORBIDDEN No default case provided, assume FORBIDDEN
```

> **注意**
>
> 从表 7-2 的第 2 列可以看出，第二步、第三步的位置固定后，决定了 r1=0，未发生指令重排序时，第一步必定在第四步之前运行，则 r2 取值固定为 0。因此可以判断出第 5 列的结果只有在指令重排序时才能产生。

### 7.2.4 final 关键字语义分析

在 Java 内存模型定义中，final 关键字有着特殊的语义逻辑。当类的成员变量中存在 final 关键字修饰的成员变量时，则对象在构造完成之前对其他线程不可见。针对 Java 语言规范中对此所作的抽象描述，【示例源码】7-11 通过 JCStress 工具对比展示了 final 关键字的作用效果，有助于深刻理解 final 关键字。

【示例源码】7-11  chap07.sect02.MyFinalTest

```java
1  package chap07.sect02;
2  import org.openjdk.jcstress.annotations.*;
3  import org.openjdk.jcstress.infra.results.I_Result;
4  @JCStressTest
5  @State
6  public class MyFinalTest {
7      int n = 1;
8      MyObject o;
9      @Actor
10     public void actor1() {
11         o = new MyObject(n);
12     }
13     @Actor
14     public void actor2(I_Result r) {
15         MyObject m = this.o;
16         if (m != null) {
17             r.r1 = m.x8 + m.x7 + m.x6 + m.x5 + m.x4 + m.x3 + m.x2 + m.x1;
18         } else {
19             r.r1 = -1;
```

```
20    } }
21    public static class MyObject {
22  //    static final int y = 1;
23      int x1, x2, x3, x4;
24      int x5, x6, x7, x8;
25      public MyObject(int v) {
26        x1 = v; x2 = v; x3 = v; x4 = v; x5 = v; x6 = v; x7 = v; x8 = v;
27    } } }
```

- 第 4 行的@JCStressTest 注解表示当前类启用 JCStress 压力测试工具，类似于 Junit 中的@Test 注解。
- 第 5 行用@State 注解表示被修饰的类为有状态类。
- 第 8 行声明内部类 MyObject 类型的成员变量 o，变量 o 的初始化构造和读取将被两个不同的线程同时触发。
- 第 9、13 两行的@Actor 注解表示被修饰的方法将被子线程调用。
- 第 11 行执行 MyObject 类的构造方法并复制给对象 o。
- 第 15 行将成员变量 o 赋值给局部变量 m。
- 第 16 行判断如果 m 已经初始化完成，则将 m 对象中的 8 个成员变量相加，理论上应该是 8 个 1 相加。
- 第 21 行定义内部类 MyObject，在内部类中定义了 8 个整型变量 x1~x8。
- 第 26 行在构造方法中对 8 个变量赋值，本例中全部赋初值为 1。

为了验证 final 关键字对构造方法的影响，需要将测试类先打成 MyStress.jar 包，然后以命令行的方式执行 Jar 包中的 MyFinalTest.class 压测案例。

```
1 java -jar MyStress.jar -t MyFinalTest -m stress -v
```

随机选取【示例源码】7-11 执行后的输出结果如下所示，其中第一列的值除了包含预期内的-1 和 8 两种情况外，还出现了成员变量 x1~x8 相加后等于 6 或 7 的情况，这种情况说明当类中没有 final 类型的成员变量时，对象的引用赋值并不依赖于构造方法的实际结束。

```
1 Observed state   Occurrences    Expectation  Interpretation
2       -1         902 787 765    FORBIDDEN No default case provided, assume FORBIDDEN
3        6               2 483    FORBIDDEN No default case provided, assume FORBIDDEN
4        7               4 579    FORBIDDEN No default case provided, assume FORBIDDEN
5        8          39 751 542    FORBIDDEN No default case provided, assume FORBIDDEN
```

打开【示例源码】7-11 中第 22 行的注释，重新打包生成 MyStress.jar 文件，再次执行压力测试。在不同参数组合下，仍然会有-1 和 8 之外的输出结果存在，验证了 static 类型的 final 成员变量仍然会出现构造方法不完整的情况。最后将【示例代码】7-11 第 22 行置换为以下代码，经过多个轮次的压力测试，输出结果全部为-1 和 8，验证了 final

成员变量可以保证构造方法执行的完整性，而且输出结果与 final 修饰语句所在位置不相关。

```
1  static final int y = 1;
```

**注意**

笔者在 Eclipse 环境中以 Java Application 方式执行【示例源码】7-11 极难复现不完整构造的情况，后来采用对 Sample 工程打 Jar 包的方式，在命令行中以 java -jar 命令运行，经过多轮验证可以稳定复现。在工程 pom.xml 文件的<plugins>节点下新增如下内容，然后执行 Maven 中的 clean、package 命令即可。

```
1  <plugin>
2    <groupId>org.apache.maven.plugins</groupId>
3    <artifactId>maven-shade-plugin</artifactId>
4    <version>3.2.1</version>
5    <executions>
6      <execution>
7        <id>main</id>
8        <phase>package</phase>
9        <goals> <goal>shade</goal> </goals>
10       <configuration>
11         <finalName>MyStress</finalName>
12         <transformers>
13           <transformer implementation="org.apache.maven.plugins.shade.resource.ManifestResourceTransformer">
14             <mainClass>org.openjdk.jcstress.Main</mainClass>
15           </transformer>
16           <transformer implementation="org.apache.maven.plugins.shade.resource.AppendingTransformer">
17             <resource>META-INF/TestList</resource>
18           </transformer>
19         </transformers>
20       </configuration>
21     </execution>
22   </executions>
23 </plugin>
```

## 7.3  ZK 组件之高并发 Lock 应用

自 JDK 5 开始，Java 语言提供了一套基于 Java 基础类的线程控制原语，这套控制逻辑以线程为视角，在当前线程上下文中执行 LockSupport.park(...)静态方法挂起线程，在非挂起线程中执行 LockSupport.unpark(Thread thread)方法唤醒指定线程。

### 7.3.1 LockSupport 功能演示

LockSupport 类控制线程的最大特点就是可以将线程的挂起和唤醒作用于指定的线程，【示例源码】7-12 演示了这种特性，代码中创建了 4 个线程并分别编号为 1、2、3、4，在 LockSupport 类中 park(...)和 unpark(Thread thread)方法的控制下，线程的执行顺序按线程编号标记为"1>2>3>4>1>2>3>4>1>..."，最终的打印结果是一串按顺序排列的数字。

【示例源码】7-12　chap07.sect03.LockSuppTest

```
1  package chap07.sect03;
2  import java.util.concurrent.locks.LockSupport;
3  public class LockSuppTest {
4    public static Thread[] threads = new Thread[4];
5    public static void main(String[] args) {
6      for (int threadNo = 1; threadNo <= threads.length; threadNo++ ) {
7        threads[threadNo - 1] = new LockSup(threadNo );
8        threads[threadNo - 1].start();
9      }
10     LockSupport.unpark(Thread.currentThread());
11     LockSupport.parkNanos(5000*1000*1000L);
12     threads[0].interrupt();
13   }
14 }
15 class LockSup extends Thread {
16   int threadNo;
17   public LockSup(int threadNo) { this.threadNo = threadNo; }
18   public void run() {
19     for (int countPerThread = 0; countPerThread < 3; countPerThread++) {
20       LockSupport.park();
21       System.out.print((countPerThread*LockSuppTest.threads.length+threadNo+" "));
22       LockSupport.unpark(LockSuppTest.threads[threadNo%LockSuppTest.threads.length]);
23       Thread.currentThread().interrupted();
24 } } }
```

- 第 4 行定义线程数组，演示 4 个线程之间的协同合作。
- 第 6~9 行循环 4 次，创建 4 个 LockSup 线程，并且指定各自的 threadNo 成员变量值为 1~4。
- 第 10 行对主线程执行 unpark(...)操作，因为主线程不在等待状态，没有立即响应 unpark 操作，而是获得了一个许可。

- 第 11 行执行 parkNanos(...)方法，当主线程已持有许可时，直接向下执行，不进入等待状态。
- 第 12 行向 1 号线程发出中断信号，被第 20 行的 park()方法置为 WAITING 状态的线程继续向下执行，这里没有采用抛出异常的方式触发线程执行，但是可以通过线程对象获取中断消息。
- 第 15 行创建 LockSup 类扩展 Thread 类。
- 第 16 行和第 17 行定义成员变量 threadNo，线程号编号从 1 开始。
- 第 18 行覆写线程类中的 run()方法。
- 第 19 行在每个线程内部循环 3 次。
- 第 20 行挂起线程。
- 第 21 行向主控台输出数字，1 号线程输出 1、5、9，2 号线程输出 2、6、10 等。
- 第 22 行唤醒下一个线程，根据当前线程编号求出下一个线程在线程数组中的下标值。

下面是程序执行后的输出效果，数字 1~12 有序输出，说明线程的顺序唤醒逻辑处于受控状态，没有发生顺序错乱，每个线程中的 for 循环语句执行一个轮次即进入 WAITING 状态，等待被唤醒。

1 2 3 **4** 5 6 7 8 9 10 11 12

如果注释掉【示例源码】7-12 中的第 20 行，程序输出的顺序将是随机生成的。下面截取单次乱序输出结果：

1 5 9 **4** 2 6 10 3 7 11 8 12

阅读【示例源码】7-12，可以加深对 park(...)和 unpark(...)方法的理解，运行该示例，则可以获得一手的使用经验，直观地体会 LockSupport 类的相关特性：

（1）LockSupport 中的 park(...)和 unpark(...)方法是直接面向线程的。

（2）LockSupport 允许对线程通过先执行 unpark(...)操作授予许可，然后执行 park(...)操作。如果注释掉程序中的第 10 行，则主控台输出需要等待 5 秒。许可可以被理解为一种"有"和"无"的开关状态，不能累加。

（3）LockSupport 中的 park(...)方法不抛出受查（checked）异常，从第 20 行和第 22 行代码没有被 try-catch 语句包裹便可以获知。

（4）LockSupport 中的 parkNanos(...)方法允许将线程状态置为 TIMED_WAITING，如果在指定纳秒数内没有获得许可，程序恢复正常运行。

（5）被 park(...)方法转入等待状态的线程可以被 interrupt()方法中断，如果注释掉示例代码中的第 12 行，则程序将一直处于等待状态，主控台无输出。

### 7.3.2 重入锁 ReentrantLock 详细解读

始发于 JDK 5 版本的 java.util.concurrent.locks.ReentrantLock 类被称之为重入锁类，它是 synchronized 关键字的高级"平替"。ReentrantLock 类及 J.U.C 包中大部分的并发工具类都依赖于底层的 AbstractQueuedSynchronizer 抽象类，简称为 AQS。【示例源码】7-13 基于 AQS 模拟了一个简化版的重入锁，只实现了申请锁和释放锁两个功能，对于初次学习 AQS 和重入锁可以达到直奔主题的效果。

【示例源码】7-13　chap07.sect03.AQSTest

```java
package chap07.sect03;
public class AQSTest extends java.util.concurrent.locks.AbstractQueuedSynchronizer{
  protected final boolean tryAcquire(int acquires) {
    final Thread current = Thread.currentThread();
    int c = getState();
    if (c == 0) {
      if (!hasQueuedPredecessors() && compareAndSetState(0, acquires)) {
        setExclusiveOwnerThread(current);
        return true;
      }
    }
    else if (current == getExclusiveOwnerThread()) {
      int nextc = c + acquires;
      if (nextc < 0)
        throw new Error("Maximum lock count exceeded");
      setState(nextc);
      return true;
    }
    return false;
  }
  protected final boolean tryRelease(int releases) {
    int c = getState() - releases;
    if (Thread.currentThread() != getExclusiveOwnerThread())
      throw new IllegalMonitorStateException();
    boolean free = false;
    if (c == 0) {
      free = true;
      setExclusiveOwnerThread(null);
    }
    setState(c);
    return free;
```

```
31      }
32      static Integer count = Integer.valueOf(0);
33      public static void main(String[] args) throws InterruptedException {
34          AQSTest aqs = new AQSTest();
35          for (int i = 0; i < 1000; i++) {
36              new Thread(() -> {
37                  aqs.acquire(1);
38                  try {
39                      count++;
40                  } finally { aqs.release(1); }
41              }).start();
42          }
43          Thread.sleep(2000);
44          System.out.println("累加计数=" + count);
45      } }
```

- 第 2 行自定义 AQSTest 类继承于 AQS 类。
- 第 3 行覆盖父类中的 tryAcquire(...)方法，代码摘自 ReentrantLock 类中的公平锁内部类 FairSync.tryAcquire(...)。
- 第 5 行调用 AQS 类中的 getState()方法，获取代表锁止状态的 state 变量，等于 0 则表示没有被加锁。
- 第 7 行的 if 判断包含两段逻辑，左半段 "!hasQueuedPredecessors()" 语句用于判断当前线程是否在等待队列中有前驱节点，如果其条件为 false，则将不会进入右半段的 CAS 操作。
- 第 8 行标记当前拥有独占锁的线程对象。
- 第 9 行返回 true，表示加锁成功。
- 第 11 行的前置隐含条件是 c!=0，说明锁被占用，如果当前线程持有，则追加锁的重入次数。
- 第 20~31 行覆盖父类中的 tryRelease(...)方法，此方法中的代码摘自 ReentrantLock 类中的抽象内部类 Sync.tryRelease(...)，这部分逻辑在公平锁和非公平锁是共用的，在 tryRelease(...)方法内的逻辑只需要考虑当前线程是否持有锁，不需要考虑并发性，代码实现很简单。
- 第 32 行定义成员变量 count，在多线程强竞争的情况下执行自增操作。
- 第 33 行 main(...)方法中启动了 1000 个并发线程，在线程内通过 aqs.acquire(1)语句加锁，通过 aqs.release(1)语句释放锁，保证了每个线程内部成员变量 count 自增操作的原子性。
- 第 44 行输出 "累加计数=1000" 则说明自定义锁保证了线程安全。

### 7.3.3 AQS 底层的原子性与可见性

Java 程序员如果想了解并发技术的底层细节，可以不必纠结于无法看懂 synchronized 关键字的底层 C 语言实现。自 JDK 5 开始，J.U.C 包提供了一套功能更加强大、使用更加灵活，并且基于 Java 语言实现的并发工具包，其底层都依赖于抽象队列同步器（AbstractQueuedSynchronizer，即 AQS）。虽然其名称中带有抽象二字，但实际上 AQS 中没有任何抽象方法，而是在其中的五个基础方法体内直接抛出异常，如 tryAcquire(...)、tryRelease(...)等方法。

AQS 的核心技术思想是在内部维护一个用 volatile 关键字修饰的成员变量 state 来表示锁的状态或数量，并发线程通过对成员变量 state 进行 CAS 操作申请锁或释放锁，AQS 通过入口队列来管理没有抢占到资源的线程。同时，类似于 synchronized 关键字中使用 wait(...)方法，AQS 通过内部类 ConditionObject 来维护等待队列。

【源码】7-1 中第一部分是 AQS 中对状态变量 state 的操作逻辑，包括 volatile 属性和 CAS 操作。第二部分定义了获取锁的方法 acquire(...)，该方法内调用的 tryAcquire(...)方法必定由子类实现。第三部分 acquireQueued(...)方法是等待队列的详细实现。

【源码】7-1　java.util.concurrent.locks.AbstractQueuedSynchronizer（一）

```java
1   package java.util.concurrent.locks;
2   public abstract class AbstractQueuedSynchronizer
3       extends AbstractOwnableSynchronizer implements java.io.Serializable {
4       private transient volatile Node head;
5       private transient volatile Node tail;
6       private volatile int state;
7       protected final int getState() {        return state;        }
8       protected final void setState(int newState) {    state = newState;    }
9       protected final boolean compareAndSetState(int expect, int update) {
10          return STATE.compareAndSet(this, expect, update);
11      }
12      public final void acquire(int arg) {
13          if (!tryAcquire(arg) && acquireQueued(addWaiter(Node.EXCLUSIVE), arg))
14              selfInterrupt();
15      }
16      private Node addWaiter(Node mode) {
17          Node node = new Node(mode);
18          for (;;) {
19              Node oldTail = tail;
20              if (oldTail != null) {
21                  node.setPrevRelaxed(oldTail);
22                  if (compareAndSetTail(oldTail, node)) {
```

```
23                    oldTail.next = node;
24                    return node;
25                }
26            } else {
27                initializeSyncQueue();
28        } } }
29    final boolean acquireQueued(final Node node, int arg) {
30        boolean interrupted = false;
31        try {
32            for (;;) {
33                final Node p = node.predecessor();
34                if (p == head && tryAcquire(arg)) {
35                    setHead(node);
36                    p.next = null; // help GC
37                    return interrupted;
38                }
39                if (shouldParkAfterFailedAcquire(p, node))
40                    interrupted |= parkAndCheckInterrupt();
41            }
42            ……
```

- 第 6~8 行定义了 volatile 类型的整型成员变量 state 及其赋值和取值方法，该变量标记了锁的状态或重入次数。
- 第 9~11 行定义了对 state 变量的 CAS 操作方法，该方法调用了 VarHandle 类来实现。
- 第 12 行定义 acquire(...)方法，申请独占模式。
- 第 13 行的 if 判断由 "&&" 运算符组合了两段分支逻辑，如果第一段的 "!tryAcquire(...)" 语句上锁成功（语句逻辑为 false），则跳出 if 语句块；如果上锁失败，则先执行第二段语句内部的 addWaiter(...)方法，以自旋方式构建 CLH 变体形式的队列，并返回包装当前线程队列中的节点对象，然后执行第二段语句的 acquireQueued(...)方法，等待当前节点换位至头节点，直至出队。
- 第 14 行代码被执行，则意味着 acquireQueued(...)方法拦截了 interrupt 消息并返回 true，selfInterrupt()方法内部调用当前线程的 interrupt()方法，将被捕获的 interrupt 消息重新向外部传递。
- 第 17 行创建新的节点对象，mode 参数可表示为独占锁或共享锁等模式。
- 第 18 行 for(;;)语句为自旋逻辑，追加队尾成功后才退出自旋。
- 第 20 行判断 tail 节点如果已经初始化，则准备将 tail 节点置为当前节点的前驱节点。

- 第 22 行判断如果 CAS 操作成功，则说明当前节点成功抢占为新的尾节点，否则继续 for 循环。
- 第 27 行执行等待队列的初始化工作，初始化方法内创建空节点，并设置尾节点等于头节点。
- 第 29 行定义 acquireQueued(...)方法，为已经入队的节点申请锁，第一个参数 node 即为当前上下文中的线程所拥有的节点。
- 第 32 行 for(;;)语句进入自旋等待获取锁的逻辑，当前线程获取锁成功后才退出自旋。
- 第 34 行判断如果当前节点的前驱节点为头节点（head），说明轮到本节点开始获取了，开始尝试执行子类中覆写的 tryAcquire(...)方法获取锁。
- 第 39 行执行表明获取锁操作失败，调用 shouldParkAfterFailedAcquire(...)方法判断是否需要阻塞。方法内部考虑了前驱节点退出时是否设置了通知本节点的消息、前驱节点是否已被取消等情况。
- 第 40 行控制线程进入阻塞状态，当线程退出阻塞时，同时会返回是否因中断消息而退出。

【源码】7-2 分析了锁释放方法 release(...)，其内部调用的 tryRelease(...)方法由子类实现，unparkSuccessor(...)方法用于释放锁。

【源码】7-2　java.util.concurrent.locks.AbstractQueuedSynchronizer（二）

```java
1      private final boolean parkAndCheckInterrupt() {
2          LockSupport.park(this);
3          return Thread.interrupted();
4      }
5      public final boolean release(int arg) {
6          if (tryRelease(arg)) {
7              Node h = head;
8              if (h != null && h.waitStatus != 0)
9                  unparkSuccessor(h);
10             return true;
11         }
12         return false;
13     }
14     private void unparkSuccessor(Node node) {
15         int ws = node.waitStatus;
16         if (ws < 0)
17             node.compareAndSetWaitStatus(ws, 0);
18         Node s = node.next;
19         if (s == null || s.waitStatus > 0) {
20             s = null;
```

```
21            for (Node p = tail; p != node && p != null; p = p.prev)
22                if (p.waitStatus <= 0)
23                    s = p;
24        }
25        if (s != null)
26            LockSupport.unpark(s.thread);
27    }
```

- 第 1 行定义阻塞方法 parkAndCheckInterrupt()，被所有需要进入阻塞状态的线程调用。
- 第 3 行判断退出阻塞的原因，Thread.interrupted()方法访问一次后，标记将被重置，详见 6.2.2 节的【示例源码】6-6。
- 第 5 行定义释放锁方法 release(...)，参数 arg 代表一次释放锁的数量，对于重入锁，如果运行过程中因为条件不满足让出执行权，需要减去重入次数。
- 第 6 行中调用 tryRelease(...)方法释放锁，在 AQS 中仅有一条抛出异常的语句，要求子类必须覆写。
- 第 9 行调用第 14 行定义的 unparkSuccessor(...)方法，通知后继节点开始工作。
- 第 14 行定义 unparkSuccessor(...)方法，输入参数为头节点。
- 第 16 行根据等待状态值判断是否需要通知后继节点。
- 第 17 行通过 CAS 操作将通知状态复位，如果 CAS 操作失败，方法将返回 false。
- 第 19 行判断如果没有明确的后继节点或者后继节点已取消，则进入 if 条件。
- 第 21 行以递归的方式从队列尾部开始查找有效的头节点。
- 第 26 行唤醒有效的后继节点。

### 7.3.4 读写分离与 ReentrantReadWriteLock

读者写者问题是计算机领域三大经典同步问题之一，它是一种对共享资源并发访问的问题。对于读读操作，允许多个线程共享访问；对于写写操作，则只允许一个写线程独占操作；对于读写操作，除了互斥关系外，还需要考虑锁降级的例外情况。纯手工实现一段读者写者代码逻辑具有一定的难度。幸运的是，J.U.C 包中内置了可重入读写锁 ReentrantReadWriteLock 类，通过控制其内部类 ReadLock 和 WriteLock，可以轻松完成对共享资源加锁、解锁、排队等待加锁等操作，而且排队方式可以选择公平锁或非公平锁。ReentrantReadWriteLock 类的底层实现同样依赖 AQS 类。

【源码】7-3 展示了重入读写锁的构造方法，包括公平锁的创建和非公平锁的创建，还包括了读锁对象（readerLock）和写锁对象（writerLock）的定义及初始化。

【源码】7-3 java.util.concurrent.locks.ReentrantReadWriteLock

```
1  package java.util.concurrent.locks;
2  ……
```

```
3   public class ReentrantReadWriteLock
4           implements ReadWriteLock, java.io.Serializable {
5       private static final long serialVersionUID = -6992448646407690164L;
6       private final ReentrantReadWriteLock.ReadLock readerLock;
7       private final ReentrantReadWriteLock.WriteLock writerLock;
8       final Sync sync;
9       public ReentrantReadWriteLock() {
10          this(false);
11      }
12      public ReentrantReadWriteLock(boolean fair) {
13          sync = fair ? new FairSync() : new NonfairSync();
14          readerLock = new ReadLock(this);
15          writerLock = new WriteLock(this);
16      }
```

- 第 6 行定义 readerLock 成员变量，实现了 Lock 接口中的 lock()、unlock()等方法，是一种共享锁，允许多个线程同时访问共享资源。
- 第 7 行定义 writerLock 成员变量，同样实现了 Lock 接口中的 lock()、unlock()等方法，是一种独占锁逻辑。
- 第 8 行定义 Sync 类的成员变量，Sync 类是 AQS 类的一个子类，其内部由 volatile 关键字修饰的 state 成员变量描述了锁类型及锁状态。在 ReentrantReadWriteLock 类中，读锁和写锁对同一个 AQS 进行包装，当申请读锁时，将 state 整型变量的高 16 位加 1，当申请写锁时，对 state 整型变量的低 16 位加 1。
- 第 13 行根据 fair 参数初始化为公平锁或非公平锁，控制等待队列为顺序访问或随机访问逻辑。

## 7.4 ZK 组件之高并发同步工具应用

CountDownLatch、CyclicBarrier 和 Semaphore 是 J.U.C 包中最常用的三个同步工具类，它们用于控制线程之间的协同工作。这里给出三个例子。第一，在线程优雅关闭策略中，当子线程数量降为零时，通知主线程最后打扫战场；第二，如果计划用 100 个虚拟用户（Virtual User，VU）执行高并发压测，当代表第 100 个 VU 的子线程发出初始化完成的信号后，100 个线程将同时接收信号并行进入工作状态；第三，在服务器端做简单的线程数限流策略时，设置并发线程数的许可上限。

### 7.4.1 ZK 应用之 CountDownLatch

j.u.c.CountDownLatch 是一种比较常用的同步工具，CountDownLatch 的英文直译为向下计数门闩。假如大门插了三把门闩，则需要将三把门闩一一移除才能开门。同理，

CountDownLatch 类的构造方法可以设定初始门闩数量，每执行一次 countDown()方法表示移除一把门闩，当门闩数量变为 0 时，CountDownLatch.await(...)阻塞方法所在线程将接收到线程继续执行的通知。

在 ZK 3.4.14 工程中，对服务器的优雅关闭使用了 CountDownLatch 类。以集群模式启动的 ZK 工程使用了多种类型的监听线程，不同场景下的状态转换都有可能触发服务器关闭或非正常宕机，CountDownLatch 类保证了集群服务器间数据在服务器关闭前的更新同步。【源码】7-4 摘自 ZK 3.4.14 工程，完整呈现了 CountDownLatch 类的典型应用，在 runFromConfig(...)方法的开始阶段创建 CountDownLatch 类的对象，在该方法的底部执行 await()方法，等待继续执行的通知。

【源码】7-4　org.apache.zookeeper.server.ZooKeeperServerMain

```
1  package org.apache.zookeeper.server;
2  import java.util.concurrent.CountDownLatch;
3     ……
4     public void runFromConfig(ServerConfig config) throws IOException {
5        try {
6           final ZooKeeperServer zkServer = new ZooKeeperServer();
7           final CountDownLatch shutdownLatch = new CountDownLatch(1);
8           zkServer.registerServerShutdownHandler(
                  new ZooKeeperServerShutdownHandler(shutdownLatch));
9           ……
10          cnxnFactory.startup(zkServer);
11          shutdownLatch.await();
12          shutdown();
13          cnxnFactory.join();
```

- 第 7 行创建 CountDownLatch 类的实例，初始化计数器为 1。
- 第 8 行将 shutdownLatch 对象封装到一个专门负责停机的处理器中，并注册到 zkServer。
- 第 10 行为 ZK 应用开启任务线程和网络监听等。
- 第 11 行执行 shutdownLatch.await()方法，使主线程进入等待状态。
- 第 12 行执行优雅关闭。
- 第 13 行等待子线程 cnxnFactory 结束执行。

考虑到 ZK 应用的复杂性，ZK 工程中没有将服务器 shutdown 逻辑的判断语句分散到代码的各个角落，而是通过命令模式对外提供统一的方法入口。如【源码】7-5 所示，handle(...)方法接收服务器的状态参数，在方法内部根据状态决定是否执行 countDown()方法。封装后的代码不但提高了复用性，而且具有更高的扩展性。

【源码】7-5　o.a.z.s.ZooKeeperServerShutdownHandler

```
1  package org.apache.zookeeper.server;
```

```
2  import java.util.concurrent.CountDownLatch;
3  import org.apache.zookeeper.server.ZooKeeperServer.State;
4  class ZooKeeperServerShutdownHandler {
5      private final CountDownLatch shutdownLatch;
6      ZooKeeperServerShutdownHandler(CountDownLatch shutdownLatch) {
7          this.shutdownLatch = shutdownLatch;
8      }
9      void handle(State state) {
10         if (state == State.ERROR || state == State.SHUTDOWN) {
11             shutdownLatch.countDown();
12  } } }
```

- 第 5 行定义 CountDownLatch 类型的成员变量。
- 第 9 行定义 handle(...)方法，根据 state 状态来决定是否执行 countDown()操作。

### 7.4.2 CountDownLatch 源码解析

从【源码】7-6 可以看出，内部类 Sync 继承于 AQS，利用对其中的状态值 state 进行 CAS 操作，并且将 Sync 类的构造方法传入 count 参数，设置了状态变量的初始门闩数量。CountDownLatch 类中最重要的两个方法都委托调用了同步器 Sync 中的方法，await(...)方法阻塞等待同步器中的状态值变为 0，countDown()方法每调用 1 次则将同步器 Sync 中的状态值（state）以 CAS 方式减 1。

【源码】7-6   j.u.c.CountDownLatch

```
1   package java.util.concurrent;
2   import java.util.concurrent.locks.AbstractQueuedSynchronizer;
3   public class CountDownLatch {
4       private static final class Sync extends AbstractQueuedSynchronizer {
5           Sync(int count) {
6               setState(count);
7           }
8           protected int tryAcquireShared(int acquires) {
9               return (getState() == 0) ? 1 : -1;
10          }
11          protected boolean tryReleaseShared(int releases) {
12              for (;;) {
13                  int c = getState();
14                  if (c == 0)
15                      return false;
16                  int nextc = c - 1;
17                  if (compareAndSetState(c, nextc))
18                      return nextc == 0;
19          } } }
```

```
20      ......
21      private final Sync sync;
22      public void await() throws InterruptedException {
23          sync.acquireSharedInterruptibly(1);
24      }
25      public void countDown() {
26          sync.releaseShared(1);
27      }
28      ......
```

- 第 4 行定义内部类 Sync 继承于 AQS 类。
- 第 5~7 行定义构造方法，设定 AQS 的成员变量 state 初始值。
- 第 8~10 行覆写父类中的获取共享锁方法 tryAcquireShared(...)，判断成员变量 state 是否等于 0。
- 第 11 行实现 AQS 中的空方法 tryReleaseShared(...)。
- 第 12 行定义自旋循环。
- 第 16 行计算将要替换的目标值。
- 第 17 行执行 AQS 中的 compareAndSetState(...)方法，如果执行成功，则退出循环，否则继续循环 CAS 操作。
- 第 18 行通过 "==" 符号比较变量是否相等，返回布尔类型的值。
- 第 22~24 行定义 await()方法，底层首先调用第 8 行定义的方法判断同步器 Sync 中的状态值是否归零，如果没有归零，则进入等待队列后执行 LockSupport.unpark(...)方法。
- 第 25~27 行定义 countDown()方法，底层调用第 11 行定义的方法，每调用一次对同步器 Sync 中的状态值减 1，同时判断如果归零，则通过 LockSupport.unpark(...)方法唤醒等待队列中的阻塞线程。

## 7.5 ZK 组件之高性能 List、Set 和 Map

在单线程场景下，ArrayList、HashMap 等常用集合类使用广泛，其应用也不需要关注其中的并发冲突、读写效率等问题。在多线程场景下，java.util 包中自带了 HashTable、Vector 等线程安全的集合类，但性能一般。随着高并发应用的进一步发展，JDK 5 中推出了适应高并发的 CopyOnWriteArrayList、ConcurrentHashMap 等类。

### 7.5.1 ArrayList 线程不安全分析

【示例源码】7-14 验证了 java.util.ArrayList 类的线程不安全性，当两个线程向同一个 List 集合同时写入数据时，ArrayList 类内部对于数组下标的管理将出现混乱。

**【示例源码】** 7-14　chap07.sect05.ArrayListTest

```java
1  package chap07.sect01;
2  import java.util.ArrayList;
3  public class ArrayListTest {
4    public static void main(String[] args) {
5      ArrayList<Integer> list = new ArrayList<>(1);
6      Runnable runnable = () -> {
7        for (int i = 0; i < 10000000; i++ ) {
8          list.add(1);
9        }
10       System.out.println(Thread.currentThread().getName()+ " end!");
11     };
12     new Thread(runnable).start();
13     new Thread(runnable).start();
14   }
15 }
```

- 第 5 行创建一个 ArrayList 类型的对象，并且设置数组的初始长度为 1，该对象将被两个线程共同操作，同时向其中连续添加数据。
- 第 6~11 行创建线程内部类，循环向 list 对象中添加数据。
- 第 10 行在循环结束后，打印结束标志。
- 第 12 行和第 13 行启动线程。

反复执行示例代码若干次后，应用程序可以偶然出现异常中断现象，如图 7-6 所示。图 7-6 中程序报错的位置为 ArrayList 类 add(...)方法的第 486 行，如下文【源码】7-7 所示，在数组赋值操作时，下标长度 s 超出了数组 elementData 的实际长度。其原因在于 ArrayList 是非线程安全的类，两个线程的扩容顺序发生了读写指令的交叉现象，逐级扩容的操作变成了两个线程之间的先扩容后缩容。

```
<terminated> ArrayListTest [Java Application] C:\Program Files\Java\jdk-11.0.2\bin\javaw.exe (Jun 19, 2022, 9:38:52 AM – 9:38:58 AM)
Thread-1 end!
Exception in thread "Thread-0" java.lang.ArrayIndexOutOfBoundsException: Index 200 out of bounds for length 141
    at java.base/java.util.ArrayList.add(ArrayList.java:486)
    at java.base/java.util.ArrayList.add(ArrayList.java:498)
    at chap07.sect01.ArrayListTest.lambda$0(ArrayListTest.java:8)
    at java.base/java.lang.Thread.run(Thread.java:834)
```

图 7-6　抛出异常中断信息

1. ArrayList 源码分析

在上文中，根据异常信息跟踪，确认产生异常的位置为【源码】7-21 的第 486 行。结合对 ArrayIndexOutOfBoundsException 异常的原理分析可以知道，此处产生异常的原因是两个线程在交叉访问 elementData 数组时出现并发冲突，当第一个线程因为执行进度较慢，在执行数组扩容方法 grow(...)时，覆盖了原本已经被第二个线程扩容多次的数组，将其数组重新缩小了，当第二个线程对被另外的线程缩小的数组再次进行赋值操作时，则产生了数组越界异常。需要说明的是，源码中的行号与 JDK 11 中的 ArrayList 源码保持一致，以方便后续的断点调试说明。

【源码】7-7　java.util.ArrayList（一）

```
26   package java.util;
     ......
108  public class ArrayList<E> extends AbstractList<E>
109          implements List<E>, RandomAccess, Cloneable, java.io.Serializable{
116      private static final int DEFAULT_CAPACITY = 10;
121      private static final Object[] EMPTY_ELEMENTDATA = {};
136      transient Object[] elementData; //non-private to simplify nested class access
143      private int size;
152      public ArrayList(int initialCapacity) {
153          if (initialCapacity > 0) {
154              this.elementData = new Object[initialCapacity];
155          } else if (initialCapacity == 0) {
             ......
161          }
483      private void add(E e, Object[] elementData, int s) {
484          if (s == elementData.length)
485              elementData = grow();
486          elementData[s] = e;
487          size = s + 1;
488      }
496      public boolean add(E e) {
497          modCount++;
498          add(e, elementData, size);
499          return true;
500      }
```

- 第 483 行定义 private 类型的 add(...)方法，其中第一个参数为外部应用待插入数据，第二个参数为 list 对象中实际用于保存数据的数组对象，第三个参数表示待插入数组中的下标位置。
- 第 484 行判断数组长度是否满足当前的插入要求，如果该条件成立，则说明需要对数组进行扩容。
- 第 485 行调用 grow()方法，执行扩容任务。
- 第 487 行更新 ArrayList 类型实例的 size 大小。
- 第 496 行定义 public 修饰的 add(...)方法供外部应用调用，向其中添加数据。
- 第 498 行调用含 3 个入参的 add(...)方法，即指向第 483 行定义的 add(...)方法。

【源码】7-8 中摘录了与 ArrayList 扩容相关的三个方法，其核心在于容量值的计算逻辑。通常情况下，ArrayList 每次扩容的容量按 1.5 倍增长。

【源码】7-8　java.util.ArrayList（二）

```
236     private Object[] grow(int minCapacity) {
237         return elementData = Arrays.copyOf(elementData,
238                                 newCapacity(minCapacity));
239     }
241     private Object[] grow() {
242         return grow(size + 1);
243     }
254     private int newCapacity(int minCapacity) {
255         // overflow-conscious code
256         int oldCapacity = elementData.length;
257         int newCapacity = oldCapacity + (oldCapacity >> 1);
            ......
268     }
```

- 第 236 行定义包含 1 个入参的 grow(...)方法，参数 minCapacity 只表示当前需要扩容的最小值，并不是实际扩容后的长度。
- 第 237 行和第 238 行调用 Arrays 工具类中的 copyOf(...)方法，在生成一个新的数组的同时，将原数组 elementData 中的数据复制到新数组的起始位置。其中第二个参数为 newCapacity(...)方法的返回值。
- 第 241 行定义无入参的 grow()方法，提供对 elementData[]数组的扩容功能。
- 第 254 行定义 newCapacity(...)方法，计算数组扩容的实际长度值。
- 第 257 行中的右移 1 位约等于除以 2。

2. ArrayList 数组越界异常重现

为了重现数组越界异常，需要在 Java 代码中设置三个断点。第一个断点设置于【示例源码】7-14 的第 5 行，即在应用程序入口处触发。第二个断点设置于【源码】7-7 的第 486 行，即当应用程序准备向 ArrayList 中插入数据时暂停。第三个断点设置于【源码】7-8 的第 257 行，即当程序计算出新的扩容参数后暂停。

在断点设置完成后，还需要对断点进行修饰。如图 7-7 所示，在断点信息窗口中选择第三个断点，在定义窗口勾选"Trigger Point"与"Conditional"复选框，并且在脚本输入框中输入如图 7-7 所示的挂起进入逻辑。

若需要复现多线程情况下的程序异常，仅仅知道在何处设置断点是不够的，还需要精心控制两个线程中的代码执行步骤，下面以 Eclipse 环境为例，说明源码复现异常的关键步骤：

（1）以调试模式启动应用程序，线程 Thread-0 和 Thread-1 都将挂起在第 257 行。

图 7-7　断点信息窗口

（2）在"Debug"窗口中选中线程 Thread-0，按 F8 键（Resume）运行至断点所在的第 486 行，然后继续在线程 Thread-0 上按两次 F8 键，数组 elementData 的长度将从 1 变为 4。

（3）在"Debug"窗口中选中线程 Thread-1，线程中的 oldCapacity 值为 1，而没有按照最新的数组长度更新为 4。在该线程上连续按两次 F7 键（Step Return），则数组 elementData 的长度将缩减为 2。

（4）在"Debug"窗口中重新选择 Thread-0，按 F8 键后，在源码窗口可以观察到数组长度为 2，而待写入的下标 s=4，下标越界。

当数组越界异常即将发生时，"Debug"窗口信息如图 7-8 所示。图 7-8 中"Debug"窗口标记了两个线程的挂起位置，Thread-0 停留在第 486 行，Thread-1 停留在第 242 行。源程序窗口展示了 Thread-0 挂起位置的代码行，当前即将通过下标对数组执行赋值操作。"Variables"窗口中显示了 elementData 数组的长度有[0]和[1]两组数据，而变量 s 的值为"4[0x4]"，很明显离异常发生仅仅一步之遥。

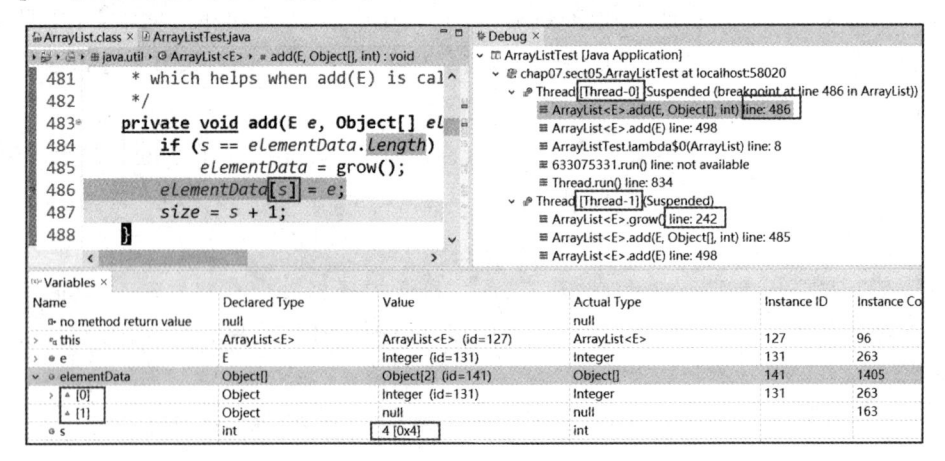

图 7-8　ArrayList 数组越界异常重现

## 7.5.2 线程安全的 List 实现及 Vector 类解析

Vector 类发布于 JDK 1.0 版本中，具有线程安全的特性，而非线程安全的 ArrayList 则发布于 JDK 1.2 版本，这说明 JDK 官方为了提高单线程场景下的运行效率，推出了无须保障线程同步操作的版本。【源码】7-9 中选取了 Vector 类的初始化相关逻辑，包括该类的初始化构造方法、数据添加方法、数据设置方法、数据移除方法和数据扩容方法等。

【源码】7-9　java.util.Vector

```
1   package java.util;
2   public class Vector<E> extends AbstractList<E>
3       implements List<E>, RandomAccess, Cloneable, java.io.Serializable{
4   protected Object[] elementData;
5   protected int elementCount;
6   public Vector(int initialCapacity) {
7       this(initialCapacity, 0);
8   }
9   private Object[] grow(int minCapacity) {
10      return elementData = Arrays.copyOf(elementData, newCapacity (minCapacity));
11  }
12  private Object[] grow() {
13      return grow(elementCount + 1);
14  }
15  public synchronized E get(int index) { …… }
16  public synchronized E set(int index, E element) { …… }
17  public synchronized boolean add(E e) { …… }
18  public synchronized E remove(int index) { …… }
19  ……
```

- 第 2 行和第 3 行定义 Vector 类，实现了 java.util.List 接口。
- 第 4 行定义数组 elementData，与 ArrayList 类中的名称及功能一致。
- 第 6 行定义构造方法，可以设置初始长度。
- 第 9~14 行定义动态扩容方法 grow(...)，虽然扩容方法本身没有被 synchronized 关键字修饰，但是其外层方法已经保证了扩容操作位于临界区内。
- 第 15~18 行定义的四个方法全部被 synchronized 关键字修饰，包括读取数据的 get(...)方法。

## 7.5.3　读多写少之 CopyOnWriteArrayList

本书 7.3.4 节详细分析了重入读写锁的原理，其中在读锁和写锁之间还隐藏了第三把锁，以约束读操作和写操作的互斥关系。在特定的业务场景中，当读取频繁且允许读取数据具有弱一致性时，可以通过读写分离的技术实现更高的并发吞吐能力。在 CopyOnWriteArrayList 类中，对于读取操作无须加锁，对于数据维护操作则是在复制出的全量副本上进行排它写入操作，最后再将副本转为正本。【源码】7-10 中包含了 CopyOnWriteArrayList 类的典型业务逻辑，其 add(...)方法通过复制数组的方式添加新数据。

【源码】7-10　java.util.concurrent.CopyOnWriteArrayList

```java
1   package java.util.concurrent;
2   ......
3   public class CopyOnWriteArrayList<E>
4       implements List<E>, RandomAccess, Cloneable, java.io.Serializable {
5       final transient Object lock = new Object();
6       private transient volatile Object[] array;
7       final Object[] getArray() {
8           return array;
9       }
10      final void setArray(Object[] a) {
11          array = a;
12      }
13      ......
14      public boolean add(E e) {
15          synchronized (lock) {
16              Object[] es = getArray();
17              int len = es.length;
18              es = Arrays.copyOf(es, len + 1);
19              es[len] = e;
20              setArray(es);
21              return true;
22          } }
23      public E get(int index) {
24          return elementAt(getArray(), index);
25      }
26      static <E> E elementAt(Object[] a, int index) {
27          return (E) a[index];
28      }
```

- 第 5 行创建成员变量 lock，应用于 synchronized(lock)语句中。
- 第 6 行定义数组型数据存储对象 array，并且通过用 volatile 关键字修饰表示即时可见性。
- 第 7～9 行定义 getArray()方法，获取储存数据的 array 对象。
- 第 10～12 行定义 setArray(...)方法，将储存数据的副本替换为新的正本。

- 第 14 行定义 add(...)方法，向数组末尾加入新元素。
- 第 15 行定义临界区，对元素的添加、设置、删除和对数组的清除、排序、查找等操作均需排队等待。
- 第 16 行以局部变量方式操作数据存储对象 array。
- 第 18 行执行 Arrays.copyOf(...)方法，生成一个长度加一的新数组，修改数据时使用数组的 clone()方法复制等长的副本数组。
- 第 20 行执行 setArray(...)方法，将副本替换为正本。
- 第 23~25 行定义获取指定位置元素的 get(...)方法，直接对正本数组执行下标操作，不需要加 synchronized 同步操作。

ZK 组件中的 ClientCnxn 类使用了 CopyOnWriteArraySet 集合保存授权信息，授权信息在客户端登录时创建，并且每个客户端只需要维护一条数据，但是在后续连接的时候会频繁读取，所以 CopyOnWriteArraySet 是最佳选择。

## 7.6 ZK 组件之高并发 Queue 应用

消息队列是一种先进先出的数据结构，JDK 中的 java.util.Queue 接口为队列操作定义了 6 个常用方法，包括元素的增加、获取和移除等操作。J.U.C 包中提供了 9 个消息队列 Queue 接口的直接或间接实现，为满足高并发场景中各类个性化的数据传递要求提供服务。在实际使用消息队列前，需要仔细甄别应用场景的业务特点及技术要求，按照阻塞/非阻塞、有界/无界、单锁/双锁/无锁等条件进行选型。本节重点介绍 3 个在 ZK 工程中用到的队列，通过实际案例应用，分析不同队列的技术特性及适用场景。

### 7.6.1 单锁数组队列 ArrayBlockingQueue

j.u.c.ArrayBlockingQueue 类是一种基于数组结构存储的阻塞队列，数组长度由构造方法在创建时指定，而后固定不变，属于一种有界队列。当数组填满后，新的添加线程将阻塞等待，直到有旧的数据被取走；当数组为空时，新的获取线程将阻塞等待，直到有新的数据加入。

【示例源码】7-15 通过一段简短的代码演示了 ArrayBlockingQueue 类中的阻塞写和阻塞读方法。队列的初始化长度为 2，在同时开启 5 个子线程向队列中写入数据的情况下，队列因为数据元素移除不及时而形成阻塞。

【示例源码】7-15　chap07.sect06.BlockingQueueTest

```
1  package chap07.sect06;
2  public class BlockingQueueTest {
3    public static void main(String[] args) throws InterruptedException {
4      var queue = new java.util.concurrent.ArrayBlockingQueue<String>(2);
```

```
5       java.util.stream.IntStream.range(0, 4).forEach( i -> new Thread(() -> {
6         try {
7           queue.put(Thread.currentThread().getName());
8           System.out.print("\nput : " + Thread.currentThread().getName());
9         } catch (Exception e) { e.printStackTrace(); }
10      }, String.valueOf( i )).start());
11      for (;;) {
12        Thread.sleep(100);
13        System.out.print(" take -- " + queue.take());
14  } } }
```

- 第 4 行定义队列并初始化队列长度为 2。
- 第 5 行启动 5 个线程，并在第 10 行将线程名称设置为序号 i。
- 第 7 行调用阻塞方法 put(...)向队列中写入数据，如果队列已满，则等待队列中的数据被移出。
- 第 11 行进入无限循环。
- 第 13 行调用阻塞方法 take()从队列中获取数据。

下面是【示例源码】7-15 执行后的输出信息，从中可以看出，队列在接受了两次 put 操作后，随即进入等待状态。伴随着 take 读取操作从队列中移出数据，put 操作重新开始工作，因此验证了 put(...)方法为阻塞方法。take 操作完成四次数据读取后没有继续无限循环输出，则说明 take()方法进入了阻塞状态。如果将第 7 行中的 put(...)方法换成 add(...)或 offer(...)方法，则可以从主控台观察到非阻塞写方法的执行效果。如果将第 13 行的 take()方法换成 remove(...)或 poll(...)方法，则同样可以体会出三个读取方法之间的细微差别。

```
1   put : 1
2   put : 3
3   put : 0 take -- 1 take -- 3
4   put : 2 take -- 0 take -- 2
```

1. ArrayBlockingQueue 源码解读

ArrayBlockingQueue 是高并发场景下使用最为广泛的队列之一，其实现源码没有特别复杂的算法或设计模式，简短易读，是研究阻塞队列实现方法的最佳案例。ArrayBlockingQueue 使用固定大小的数组来暂存数据，不需要在使用过程中考虑扩容和缩容的问题，为写操作的性能提升带来较好的效果。ArrayBlockingQueue 仅仅使用一把重入锁来管理队列的读和写，用两个条件对象来跟踪队列的满和空两种状态。

【源码】7-11 中包含了 ArrayBlockingQueue 类中与数据存储和访问控制相关的成员变量及其构造方法。

【源码】7-11　j.u.c.ArrayBlockingQueue（一）

```
1   package java.util.concurrent;
2   ……
```

```
3   public class ArrayBlockingQueue<E> extends AbstractQueue<E>
4           implements BlockingQueue<E>, java.io.Serializable {
5       final Object[] items;
6       int takeIndex;
7       int putIndex;
8       int count;
9       final ReentrantLock lock;
10      private final Condition notEmpty;
11      private final Condition notFull;
12      public ArrayBlockingQueue(int capacity, boolean fair) {
13          this.items = new Object[capacity];
14          lock = new ReentrantLock(fair);
15          notEmpty = lock.newCondition();
16          notFull = lock.newCondition();
17      }
```

- 第 3 行和第 4 行定义 ArrayBlockingQueue 类，底层实现了 java.util.Queue 接口和 j.u.c.BlockingQueue 接口，其中既包含了普通队列具有的 add(...)、offer(...)、poll(...) 等非阻塞性方法，还包括了 put(...)和 take()等阻塞方法。
- 第 5 行定义 items 数组，用于存储队列数据，数组大小在初始化时指定。
- 第 6 行和第 7 行定义 takeIndex 和 putIndex 参数，用于指定队列中当前可以获取数据的位置和当前可以存放数据的位置。
- 第 9 行申明了重入锁 lock，当通过 put(...)方法向队列中写入或通过 take()方法从队列中读取数据时，都必须经由唯一的 lock 上锁。
- 第 12 行定义构造方法，其中第一个参数设定队列的长度，第二个参数指定队列为公平或非公平锁模式。
- 第 15 行定义锁定条件 notEmpty，当有数据入队时，notEmpty.signal()方法通知一个线程可以从队列中获取数据。
- 第 16 行定义锁定条件 notFull，当有数据出队时，notFull.signal()方法通知可能的等待线程可以向队列写入数据。

【源码】7-12 摘取了 ArrayBlockingQueue 类中的两个典型的阻塞方法进行解读，即数据写入的 put(...)方法和数据读取的 take()方法，主要是为了说明阻塞逻辑的实现。实际上在 ArrayBlockingQueue 类中，需要加锁的方法还有 size()、contains(...)等，这些方法在使用的时候需要警惕，它们在某些特殊场景下可能会带来性能陷阱。

【源码】7-12　j.u.c.ArrayBlockingQueue（二）

```
1   public void put(E e) throws InterruptedException {
2       Objects.requireNonNull(e);
3       final ReentrantLock lock = this.lock;
4       lock.lockInterruptibly();
```

```
5           try {
6               while (count == items.length)
7                   notFull.await();
8               enqueue(e);
9           } finally {
10              lock.unlock();
11          }
12      public E take() throws InterruptedException {
13          final ReentrantLock lock = this.lock;
14          lock.lockInterruptibly();
15          try {
16              while (count == 0)
17                  notEmpty.await();
18              return dequeue();
19          } finally {
20              lock.unlock();
21          }
```

- 第 1 行定义阻塞方法 put(...)，其中的 throws InterruptedException 语句表明在阻塞阶段允许运行指定线程的 interrupt() 方法退出等待。
- 第 2 行限定队列传递的数据不允许为 null。因为在通过 poll(...) 非阻塞方法获取队列数据时，如果队列返回空值，则断定队列长度为 0。
- 第 4 行执行可重入锁的 lock.lockInterruptibly() 方法，表明线程可中断。
- 第 6 行和第 7 行循环判断队列是否已满，当队列已满时，当前线程休眠等待，while 循环的作用是每次唤醒后会再次判断队列是否已满，在多线程场景下，被唤醒的线程仍然需要重新抢锁。
- 第 8 行开始执行，说明队列满信号已解除。调用 enqueue(...) 方法向队列中写入数据，在 enqueue(...) 方法的末尾处执行 notEmpty.signal() 方法，通知出队线程。
- 第 12 行定义阻塞方法 take()，从队列中获取数据。
- 第 14 行与第 4 行一样，请求同一把重入锁。
- 第 16 行和第 17 行循环判断队列是否为空，如果没有数据，则当前线程休眠等待。
- 第 18 行调用 dequeue() 方法出队，在 dequeue() 方法末尾调用 notFull.signal() 方法，通知等待入队的线程可以开始工作。

2. ZK 组件中的 ArrayBlockingQueue 应用

在 ZK 组件的 QuorumCnxManager 类中，当涉及 Leader 选举时，有两处使用了 ArrayBlockingQueue。第一处是 Leader 选举的消息接收队列，其默认长度为 100。当接收工作线程（RecvWorker）从集群节点中获取到与 Leader 选举相关的消息后，程序并没有直接开始处理，而是将收取的 ByteBuffer 对象和发送方节点 ID 封装后放入接收队列中，当队列数据充满时，调用队列的 remove()方法，舍弃已经过时的投票信息。

第二处是向集群节点发送投票信息时，使用了默认长度为 1 的 ArrayBlockingQueue。在发送投票信息时，如果队列中的消息尚未被发送，则直接用新的投票信息覆盖上次未发送的消息。ZK 组件利用了 ArrayBlockingQueue 的有界特性，当数据超过预定的长度时，对其中的过时数据进行舍弃处理。

### 7.6.2 双锁链表队列 LinkedBlockingQueue

LinkedBlockingQueue 与 ArrayBlockingQueue 具有相同的继承体系，两者实现了相同的数据读写方法，具有一致的操作逻辑。对 7.6.1 节的【示例源码】7-15 进行微调，将第 4 行的队列初始化换成 LinkedBlockingQueue，程序运行效果完全一致。

与 ArrayBlockingQueue 相比，LinkedBlockingQueue 的不同之处在于其内部数据存储采用的是链表结构，可以很方便地处理新增数据和移出数据。在默认不指定链表长度的情况下，LinkedBlockingQueue 可以被认定为无界队列。

#### 1. LinkedBlockingQueue 源码解读

研究 LinkedBlockingQueue 源码的重点在于观察其写入锁（putLock）和读取锁（takeLock）的配合逻辑。当数据队列为空时，分析 putLock 如何触发被阻塞的读操作；当队列满时，分析 takeLock 如何触发被阻塞的写操作。【源码】7-13 给出了 LinkedBlockingQueue 类中成员变量定义和构造方法初始化的逻辑，定义了承载数据的链表数据结构和控制并发的两把重入锁。

【源码】7-13　j.u.c.LinkedBlockingQueue（一）

```java
package java.util.concurrent;
......
public class LinkedBlockingQueue<E> extends AbstractQueue<E>
        implements BlockingQueue<E>, java.io.Serializable {
    static class Node<E> {
        E item;
        Node<E> next;
        Node(E x) { item = x; }
    }
    private final int capacity;
    private final AtomicInteger count = new AtomicInteger();
    transient Node<E> head;
    private transient Node<E> last;
    private final ReentrantLock takeLock = new ReentrantLock();
    private final Condition notEmpty = takeLock.newCondition();
    private final ReentrantLock putLock = new ReentrantLock();
    private final Condition notFull = putLock.newCondition();
```

```
18      public LinkedBlockingQueue() {
19          this(Integer.MAX_VALUE);
20      }
```

- 第 3 行定义 LinkedBlockingQueue 队列，同样实现了 java.util.Queue 接口和 j.u.c. BlockingQueue 接口。
- 第 5~9 行定义 Node 内部类作为链表的节点，包含了需要传递的数据 item 和后继节点 next。
- 第 11 行定义原子整型变量 count，入队时加 1，出队时减 1，在多线程情况下满足线程安全。
- 第 14 行和第 16 行分别定义 takeLock、putLock 两把重入锁，分别控制出队线程和入队线程。
- 第 18~20 行定义构造方法，当未指定初始容量时，默认大小为 Integer.MAX_VALUE。

【源码】7-14 重点分析了 LinkedBlockingQueue 类中的 remove(...)方法，其特殊之处是在移出操作前必须先同时获得 putLock 和 takeLock，然后再从链表头部遍历，查找符合条件的数据元素。在高并发场景下，这类会引起双向阻塞的查找操作需要谨慎使用。

【源码】7-14 java.util.concurrent.LinkedBlockingQueue（二）

```
1   public boolean remove(Object o) {
2       if (o == null) return false;
3       fullyLock();
4       try {
5           for (Node<E> pred =head, p =pred.next;p != null; pred =p, p =p.next){
6               if (o.equals(p.item)) {
7                   unlink(p, pred);
8                   return true;
9               }
10          return false;
11      } finally {
12          fullyUnlock();
13      }
14      ……
15      void fullyLock() {
16          putLock.lock();
17          takeLock.lock();
18      }
```

- 第 1 行定义 remove(...)方法，从链表中删除一个对象 o 的实例。
- 第 3 行调用 fullyLock()方法，从第 15 行的方法定义可以看出，remove(...)操作必须同时获得入队和出队两把锁。

- 第 5 行进入 for 循环，从 head 节点开始遍历链表，当 p != null 时，说明链表有后继节点。
- 第 6~8 行当找到待移出对象所在节点时，将节点从链表中释放，并返回 true 表示有数据移出。

2. ZK 工程中的 LinkedBlockingQueue 应用

在 ZK 工程中搜索 "new LinkedBlockingQueue" 关键字，可以发现 13 处应用。对于该队列的使用并不局限于 put(...)/take()阻塞方法的应用，需要根据实际的业务场景灵活掌握。ZK 工程中的 SyncRequestProcessor 类负责从请求队列中将事务请求持久化到本地磁盘，其中涉及队列的阻塞方法和非阻塞方法的灵活转换。当等待 I/O 刷新的数据不为空时，调用非阻塞的 poll(...)方法，继续从请求队列中获取下一条，当请求队列为空时则刷新到磁盘；当等待 I/O 刷新的数据为空时，调用队列的 take()阻塞方法，此时如果请求队列为空，则线程阻塞，即减少了自旋空转。

### 7.6.3 无锁无界队列 ConcurrentLinkedQueue

j.u.c.ConncurrentLinkedQueue 类是一个基于链表的无界线程安全队列实现，该队列以"先进先出"规则处理数据的入队和出队。当大量的线程共享对公共集合的访问时，ConcurrentLinkedQueue 是一个合适的选择。与其他大多数并发集合实现一样，此类不允许使用 null 元素。

该实现采用了一种高效的非阻塞算法，由 Maged M.Michael 和 Michael L.Scott 提出，是一种高效的无锁定（Lock-free）算法。

ConncurrentLinkedQueue 属于非阻塞式队列，其入队方法为 offer(...)/add(...)，出队方法为 poll()。另外，Queue 接口中的 remove(...)、peek()方法也可以操纵队列中的元素。

1. ConcurrentLinkedQueue 源码解读

【源码】7-15 中定义了 ConcurrentLinkedQueue 类中的相关成员变量，包括链表的头节点、尾节点、下一节点等信息，并且以内部类的形式定义了数据元素的结构。当 ConcurrentLinkedQueue 类首次加载时，在其静态代码块中初始化了 HEAD、TAIL、ITEM、NEXT 等四个 VarHandle 变量，分别用于对队列实例中的元素进行 CAS 操作。

【源码】7-15　j.u.c.ConcurrentLinkedQueue（一）

```
1  package java.util.concurrent;
2  ……
3  public class ConcurrentLinkedQueue<E> extends AbstractQueue<E>
4          implements Queue<E>, java.io.Serializable {
5      static final class Node<E> {
6          volatile E item;
7          volatile Node<E> next;
```

```
8          ……
9      }
10     transient volatile Node<E> head;
11     private transient volatile Node<E> tail;
12     ……
13     private static final VarHandle HEAD;
14     private static final VarHandle TAIL;
15     static final VarHandle ITEM;
16     static final VarHandle NEXT;
17     static {
18         try {
19             MethodHandles.Lookup l = MethodHandles.lookup();
20             HEAD = l.findVarHandle(ConcurrentLinkedQueue.class,"head", Node.class);
21             TAIL = l.findVarHandle(ConcurrentLinkedQueue.class,"tail", Node.class);
22             ITEM = l.findVarHandle(Node.class, "item", Object.class);
23             NEXT = l.findVarHandle(Node.class, "next", Node.class);
24         } catch (ReflectiveOperationException e) {
25             throw new ExceptionInInitializerError(e);
26         }
```

- 第 5~9 行的内部类 Node 用于构成链表的节点，其中用 volatile 关键字修饰的 item 和 next 分别代表节点数据和链表的后继节点。
- 第 10 行定义头节点 head，它是一个哨兵节点（Dummy Node），不保存实体数据。

> **注意**
>
> 哨兵节点是一种在链表、树、队列等结构中用于简化实现的方式，其核心思想是使用一个特殊的节点来标记数据结构的边界或起点。这种节点通常不存储实际数据，它的存在主要是为了简化边界条件的处理和算法的实现。将哨兵节点运用在二叉树中可以避免递归或迭代时额外的空指针检查；将哨兵节点在红黑树中用作叶子节点，可以表示树的边界，并保持红黑树的性质。

研究 ConcurrentLinkedQueue 类的源码重点在于了解 Lock-free 算法的使用，而要考察 Lock-free 算法如何实现，详细分析其 offer(...)方法即可。【源码】7-16 是 offer(...)方法的全部源码，虽寥寥数行，但其中的逻辑判断及执行的先后顺序仍需仔细斟酌。

【源码】7-16　java.util.concurrent.ConcurrentLinkedQueue（二）

```
1  public boolean offer(E e) {
2      final Node<E> newNode = new Node<E>(Objects.requireNonNull(e));
3      for (Node<E> t = tail, p = t;;) {
4          Node<E> q = p.next;
5          if (q == null) {
6              if (NEXT.compareAndSet(p, null, newNode)) {
```

```
7                        if (p != t)
8                            TAIL.weakCompareAndSet(this, t, newNode);
9                        return true;
10                   } }
11               else if (p == q)
12                   p = (t != (t = tail)) ? t : head;
13               else
14                   p = (p != t && t != (t = tail)) ? t : q;
15        } }
```

- 第 1 行定义 offer(...)方法，以 CAS 算法向队列尾部添加新的节点，ConcurrentLinkedQueue 为无界队列，所以该方法永远不会返回 false。
- 第 2 行要求入队数据不允许为空。
- 第 3 行开启 for 循环，先将尾节点 tail 赋值给变量 t，再将变量 t 赋值给中间变量 p。
- 第 5 行中如果 q==null，则说明 q 为尾节点。
- 第 6 行执行 CAS 原子操作，将尾节点的后继节点更新为待入队的新节点 newNode，如果 CAS 操作失败，则重新开始 for 循环。
- 第 7 行中假如 p==t，则不会执行 CAS 操作将 tail 指向最新的节点，也就是说尾节点更新一次最少跳两个节点，减少对尾节点的 CAS 操作，而代之以多次遍历 next 节点，提高并发效率。
- 第 11 行中如果 p==q，也就是说 p=p.next，则说明 p 已经出队了。
- 第 12 行实际是在判断本轮循环中 tail 节点是否发生了变更，如果没有变更，则尾节点也可能同时不在链表上了，所以将 p 节点指向 head，从头再次遍历到尾节点，否则 p 节点指向新的尾节点。
- 第 14 行先判断 p!=t，如果为 false，则直接设定 p=q，继续循环，否则继续判断逻辑与运算符后面的条件，即判断 tail 节点在循环期间是否发生变更。

2. ZK 工程中的 ConcurrentLinkedQueue 应用

鉴于 ConcurrentLinkedQueue 具有高并发及无界的特性，其在 ZK 工程中有多处使用。例如，ZK 工程 Leader 类中的 toBeApplied 成员变量，就利用了 ConcurrentLinkedQueue 队列弱一致性迭代器实现，在循环遍历元素时不影响出队和入队操作。另外，ZK 工程还利用队列的 peek()方法获取头元素，当判断头元素是当前需要处理的元素时，再对其做 remove(...)操作。

## 7.7 本章小结

本章概述了 Java 高并发支撑体系的核心内容，并详细讲解了多个关键技术点。首先，本章通过 synchronized 关键字介绍了线程安全的基本概念，并讨论了线程通信机制，包括

wait、notify 和 notifyAll 的使用方法。然后深入探讨了 Java 内存模型（JMM）的原子性、可见性和有序性，并通过工具 JCStress 验证了这些特性，还分析了 final 关键字的语义。

随后，本章详细解读了 LockSupport 类的功能、可重入锁 ReentrantLock 以及基于 AQS 的原子性和可见性原理，还讨论了读写分离技术以及 ReentrantReadWriteLock 的实现。

同步工具方面，本章讨论了 CountDownLatch 在 ZK 中的应用和源码解析，分析了高性能 List、Set 和 Map 的实现，特别讨论了线程不安全的 ArrayList 与线程安全的 Vector，以及 CopyOnWriteArrayList 的读多写少场景。

最后，本章介绍了高并发队列的实现，包括单锁数组队列 ArrayBlockingQueue、双锁链表队列 LinkedBlockingQueue 和无锁无界队列 ConcurrentLinkedQueue，并总结了它们在不同场景下的适用性。

# CHAPTER 8

# 第 8 章
# 探索网络原理与网络应用的边界

学习网络编程的起手式不应该也不可能是鸿篇巨制《TCP/IP 详解》的 I、II、III 卷,而学习网络编程的尽头也不尽然是《TCP/IP 详解》的 I、II、III 卷。学习网络编程的根本目的是学以致用,以用促学,而不是纠结于底层的理论范式。在阅读 ZK 工程源码的时候可以发现,作为一个重度网络应用的高可用系统,其对网络资源关闭的 close() 方法的调用并不拘泥于理论,而是根据工程实践灵活运用。Java 网络编程领域历经了多次版本迭代和发展,从早期的阻塞式编程到非阻塞式编程,再到最新的异步非阻塞式编程,每个版本都尽可能对底层系统接口进行了完善的封装和抽象,让网络编程可以被轻松驾驭。

在正式进入 Java 网络编程领域之前,需要先做好 Java I/O 和 Java NIO 相应的知识储备,掌握 InputStream、OutputStream、Channel、ByteBuffer 等 JDK 内置工具类的相关知识,在此基础上,学习 Java 网络编程也就水到渠成了。如果跳过本书前面的章节直接学习网络编程,则将直面大量陌生的概念和知识点,学习难度必将陡然上升。

本章将以应用为目标导向详细讲解 Java 网络编程,网络编程的基本原则就是通过 ServerSocket 类监听客户端连接请求,并通过 Socket 类建立客户端与服务器端的双向连接,并且管控好连接的各种状态。此外,网络编程还需要学会应对各种场景的解决方案。

## 8.1 阻塞式网络编程模型

以 Debug 模式运行【示例源码】8-1,在未添加任何断点的情况下,程序中的主线程仍会持续处于"Running"状态而不会退出。如果对 Eclipse 的"Debug"窗口中的应用程序执行挂起(suspend)操作(IDEA 中为 pause program),则可以观察到程序挂起于 ServerSocket 类的 accept() 方法处,而其底层则指向了 JVM 内部的 accept0() 方法,等待网络连接请求,这就是传统的阻塞式网络编程模式。当服务器端接受连接请求后,跳转到执行 SocketInputStream.read(...) 方法处,程序依然处于阻塞模式,而且在全双工模式下,客户端的数据读取同样处于阻塞模式。

阻塞式网络编程组件虽然在 Java 1.0 版本就已同步发布,属于元老级的组件,但从应用角度来看,它仍有适用的业务场景。例如,在少量连接且大数据量传输的应用中,阻塞模式完全可以满足要求。

网络应用挂起时阻塞模式下的连接请求等待如图 8-1 所示，在 main 线程进入"Suspended"状态后，展示了应用的调用轨迹，最里层是 JDK 提供的 native 方法，其次为 JDK 提供的阻塞式网络模块。

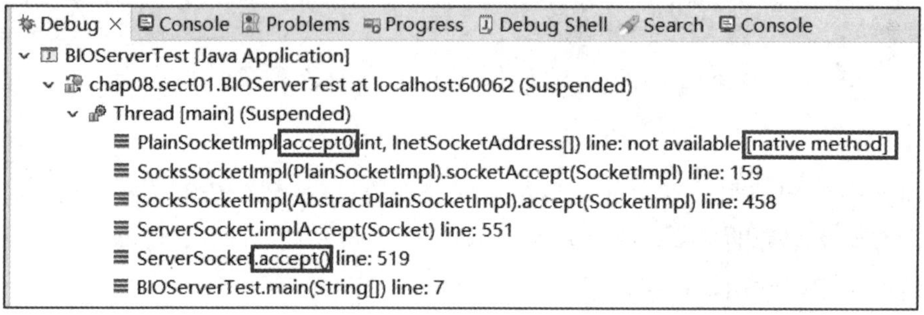

图 8-1　阻塞模式下的连接请求等待

### 8.1.1　Java 阻塞式网络编程

TCP/IP 网络编程以一种 Client/Server 结构的形式存在，在服务器端首先启动网络监听，在客户端发起连接请求。【示例源码】8-1 和【示例源码】8-2 分别模拟了服务器端和客户端，从客户端发送问候信息"hello server"给服务器。

【示例源码】8-1　chap08.sect01.BIOServerTest

```java
package chap08sect.sect01;
import java.net.ServerSocket;
import java.net.Socket;
public class BIOServerTest {
  public static void main(String[] args) throws Exception {
    ServerSocket serverSocket = new ServerSocket(5000);
    Socket socket = serverSocket.accept();
    byte[] bytes = new byte[100];
    socket.getInputStream().read(bytes);
    System.out.println(new String(bytes));
    socket.getOutputStream().write("hello client".getBytes());
  }
}
```

- 第 6 行创建 ServerSocket 类型的对象，并且设定监听端口为 5000。
- 第 7 行开启服务器端监听，进入阻塞状态，在 IDE 中以调试模式运行时，可以观察到程序阻塞于 java.net.PlainSocketImpl 类中的 native accept0(...)方法上。如果调用 serverSocket.setSoTimeout(...)方法，则可以超时并抛出异常。
- 第 9 行从 socket 获取输入流，并且阻塞于 java.net.SocketInputStream 类的 native

socketRead0(...)方法，该方法最后一个参数为 timeout，可以设置等待时间，这个等待时间在很多应用包中都是非常重要的优化参数，如果调用 socket.setSoTimeout(...)方法，程序可以超时退出。
- 第 10 行在主控台输出客户端发送过来的消息"hello server"，这里不考虑消息超长的问题。
- 第 11 行向客户端发送应答消息"hello client"。

实现基于 Java I/O 阻塞模式的客户端编程只需要简单的三步。

第一步，向指定 IP 和端口的服务器端建立网络连接，返回一个实例化的 socket 对象。

第二步，从 socket 对象中获取与之绑定的输出流，并以字节数组的形式向服务器端发送消息。

第三步，从 socket 对象中获取与之绑定的输入流，通过输入流将服务器端发送过来的消息转换为字节数组。

在进一步完善的案例中，可以将输入流和输出流分配到不同的线程处理，以全双工模式来保障消息的双向传递、互不干扰。【示例源码】8-2 演示了客户端通过 Socket 类向本机的 5000 端口发起连接，并向服务器端发送"hello Server"消息，然后将服务器端返回的消息输出到主控台。

【示例源码】8-2　chap08.sect01.BIOClientTest

```java
package chap08.sect01;
import java.net.Socket;
public class BIOClientTest {
  public static void main(String[] args) throws Exception{
    Socket socket = new Socket("127.0.0.1", 5000);
    socket.getOutputStream().write("hello server".getBytes());
    byte[] bytes = new byte[100];
    socket.getInputStream().read(bytes);
    System.out.println(new String(bytes));
    System.in.read();
} }
```

- 第 5 行调用 Socket 类的构造方法，传入服务器名和端口号，创建与服务器之间的网络连接。
- 第 6 行从 socket 中获取输出流，调用 write(...)方法，向服务器端发送"hello server"消息。
- 第 8 行从 socket 中获取输入流，调用 read(...)方法，读取服务器端反馈的消息，这里不考虑消息超长的问题。

【示例源码】8-1 中第 6 行创建了一个 ServerSocket 类的对象，并且指定端口为 5000。第 7 行启动服务端监听程序，接受客户端的访问，在客户端发起连接之前，服务端处于持续等待的阻塞状态。当客户端连接建立之后，服务器端从输入流中获取一段字节数组，并且转换为字符串后在主控台输出。【示例源码】8-2 中第 5 行创建了一个 Socket 类型的对象，并且指定连接到本地主机的 5000 端口，连接发起后再通过输出流写入字符串"hello server"。

> **注意**
>
> 限于篇幅，本章示例代码都没有附带完整的 Socket 关闭流程，在实际的应用中必须完整处理，而且需要区分客户端主动调用 socket.close() 方法和程序异常关闭等情况。

### 8.1.2 基于 BIO 的双向简易聊天室实现

下面用一段略微复杂的代码演示一个基本的双向聊天软件，这段程序应用了阻塞模式的网络组件，再配合多线程技术，将消息的接收和发送分配给两个独立的线程分别负责读和写。发送线程阻塞于标准输入，随时接收键盘输入；输入线程则与主线程共用，将网络的输入流通过 transferTo(...) 方法重定向到标准输出流，且网络输入流处于阻塞状态，等待来自网络的消息。下面的【示例源码】8-3 用 Java 语言实现了迷你版的双向聊天工具的服务器端。

【示例源码】8-3　chap08.sect01.ChatServer

```java
package chap08.sect01;
import java.net.ServerSocket;
import java.net.Socket;
import java.util.Scanner;
public class ChatServer {
  public static void main(String[] args) throws Exception {
    ServerSocket serverSocket = new ServerSocket(5000);
    Socket socket = serverSocket.accept();
    new Thread(() -> {
      try {
        while (true) {
          String nextLine = new Scanner(System.in).nextLine();
          socket.getOutputStream().write(nextLine.getBytes());
        }
      } catch (Exception e) { e.printStackTrace(); }
    }).start();

    socket.getInputStream().transferTo(System.err);
  }
}
```

- 第 9 行创建子线程，并且在第 16 行通过 start() 方法启动线程。

- 第 12 行将标准输入包装为 Scanner 对象，按行读取键盘输入内容。
- 第 13 行调用 socket 输出流的 write(...)方法，将标准输入发送给客户端。
- 第 18 行调用 socket 输入流的 transferTo(...)方法，将输入流转向输出流。

聊天软件的客户端同样基于阻塞模式实现，采用了两个线程分别负责消息的读和写，当网络连接建立后，先创建一个新的线程负责接收键盘输入，然后将输入的消息转换为输出流，发送给服务器端。而主线程则担负起从网络接收消息的任务，并且将消息输出到主控台。【示例源码】8-4 用 Java 语言实现了迷你聊天工具的客户端。

【示例源码】8-4　chap08.sect01.ChatClient

```java
1  package chap08.sect01;
2  import java.io.*;
3  import java.net.Socket;
4  public class ChatClient {
5    public static void main(String[] args) throws Exception {
6      Socket socket = new Socket("localhost", 5000);
7      new Thread(() -> {
8        try {
9          while (true) {
10           var reader = new BufferedReader(new InputStreamReader( System.in ));
11           socket.getOutputStream().write( reader.readLine().getBytes());
12         }
13        } catch (Exception e) { e.printStackTrace(); }
14     }).start();
15
16     InputStream inputStream = socket.getInputStream();
17     byte[] bs = new byte[1024];
18     while (inputStream.read( bs ) > 0 ) {
19       System.err.println(new String(bs));
20  } } }
```

- 第 7 行创建线程，并且在第 14 行通过 start()方法启动线程。
- 第 10 行将标准输入流进行两层包装。
- 第 11 行从字符流中按行读取信息，发送至服务器端。
- 第 16 行从 socket 对象中获取输入流。
- 第 18 行基于阻塞模式读取服务器端发送过来的信息，并将信息存放到字节数组中。
- 第 19 行将字节数组以默认字符编码转换为字符串，并输出到主控台。

在具体实现方式上，客户端和服务器端分别使用了 Scanner、InputStreamReader、BufferedReader 等不同的输入流。

### 8.1.3 基于 NIO 的阻塞式网络编程模型

在学习 BIO 阻塞式网络编程时,可以通过设置超时时间的方式跳出阻塞,保证程序可以跳出假死状态。而 JDK 1.4 推出的 NIO 网络编程组件在默认状态下也是阻塞模式。阻塞模式下的 NIO 网络编程与 BIO 网络编程效果基本类似,不同之处在于 BIO 在建立网络连接后,需要从 Socket 中获取输入流和输出流,通过字节数组来进行消息的读写。在 NIO 模式下,对于网络消息的读写则通过网络通道(SocketChannel)来处理,消息的中转则通过字节缓冲区(ByteBuffer)来实现。

【示例源码】8-5 演示了非主流的 NIO 阻塞式服务器端网络编程,其中服务器端接收请求的 accept()方法和从通道中读取数据的 read(...)方法都将阻塞程序,等待客户端发送连接请求或传递数据。

【示例源码】8-5　chap08.sect01.NIOBlockServer

```
1  package chap08.sect01;
2  import java.net.InetSocketAddress;
3  import java.nio.ByteBuffer;
4  import java.nio.channels.ServerSocketChannel;
5  import java.nio.channels.SocketChannel;
6  public class NIOBlockServer {
7    public static void main(String[] args) throws Exception {
8      ServerSocketChannel ssc = ServerSocketChannel.open();
9      ssc.bind(new InetSocketAddress(5000));
10     SocketChannel sc = ssc.accept();
11     ByteBuffer buffer = ByteBuffer.allocate(100);
12     sc.read(buffer);
13     System.out.println(new String(buffer.array()));
14     sc.write(ByteBuffer.wrap("hello client".getBytes()));
15     System.in.read();
16   }
17 }
```

- 第 8 行通过 ServerSocketChannel 类的 open()方法创建服务端连接通道 ssc,而该类提供的构造方法为 protected 类型,不允许外部应用直接访问。
- 第 9 行设置监听端口号为 5000。
- 第 10 行启用服务器端监听功能,接收客户端连接请求。
- 第 11 行创建字节缓冲区对象,与【示例源码】8-1 中使用字节数组的方式有着非常明显的区别,另外 ByteBuffer.allocateDirect(...)方法可以申请访问堆外内存。
- 第 12 行调用 SocketChannel.read(...)方法读取客户端发送过来的消息,不与 I/O 类直接交互。

- 第 14 行向客户端返回消息，ByteBuffer 类中的 wrap(...)方法可以将字节数组转换为字节缓冲区对象。

阻塞式 NIO 的客户端连接程序从 SocketChannel 出发，通过其 open()方法创建一个网络连接通道，然后通过 connect(...)方法为通道建立面向服务器 IP 和端口的连接。连接建立之后，就可以通过 ByteBuffer 来完成对单个通道的读写操作。为了验证客户端网络通道被阻塞的现象并确认被阻塞的位置，可以在服务器端以单步调试的形式运行，然后在客户端观察网络程序挂起的位置。

【示例源码】8-6 演示了非主流的 NIO 阻塞式客户端网络编程，其中请求连接的 connect(...)方法和从通道读取数据的 read(...)方法都属于阻塞方法。

【示例源码】8-6　chap08.sect01.NIOBlockClient

```java
package chap08.sect01;
import java.net.InetSocketAddress;
import java.nio.ByteBuffer;
import java.nio.channels.SocketChannel;
public class NIOBlockClient {
  public static void main(String[] args) throws Exception {
    SocketChannel sc = SocketChannel.open();
    sc.connect(new InetSocketAddress("127.0.0.1",5000));
    sc.write( java.nio.ByteBuffer.wrap("hello server".getBytes()));
    ByteBuffer buffer = ByteBuffer.allocateDirect(100);
    int read = sc.read(buffer);
    byte[] bytes = new byte[read];
    buffer.flip().get(bytes);
    System.out.println(new String(bytes));
    System.in.read();
  }
}
```

- 第 7 行调用 SocketChannel.open()方法初始化网络连接对象。
- 第 8 行设置服务器端 IP 和端口，连接到服务器。
- 第 9 行向服务器端发送消息"hello server"。字符串先转换为字节数组，然后被转换为字节缓冲区对象。
- 第 10 行申请 100 字节长度的直接内存缓冲区。
- 第 11 行从网络通道中获取返回信息。
- 第 13 行先对 buffer 执行 flip()方法切换读写操作模式，然后将缓冲区中的内容输出到字节数组中。
- 第 14 行向主控台输出服务器端反馈的消息。

## 8.2　非阻塞、多路复用和异步网络编程模型

非阻塞式网络编程主要应用于并发编程领域，当线程在等待某些操作完成时不需要暂停挂起，而是通过轮询或异步回调的方式来实现等待的过程。在 Java 网络编程中，选择器 Selector 实现了非阻塞式的 I/O 操作，通过单个线程管理多个通道，提高了系统的并发性能。自 JDK 8 开始，CompletableFuture 类提供了完善的异步编程框架，其中定义了数量众多的回调方法用于处理异步任务，部分方法还能串联多个异步任务。

### 8.2.1　基于 NIO 的非阻塞式网络编程模型

用 Java NIO 实现最简单的非阻塞式网络编程只需要在【示例源码】8-5 的基础上略加改动即可。由于服务器端连接通道和客户端连接通道在创建时都默认处于阻塞模式，因此需要在程序中主动调用其通道的 configureBlocking(false)方法，将属性设置为非阻塞。

为了验证程序在非阻塞模式下运行的形态，代表服务器端的【示例源码】8-7 使用了两个 while 循环。在第一个循环中，尽管没有收到来自客户端的连接请求，但程序并不阻塞于 accept()方法处，而是调用后立即返回，从程序运行的效果来看则是每隔两秒向主控台输出一次时间戳，没有任何阻塞。第二个循环则是处理与客户端建立连接以后的情况，程序调用网络通道的 read(...)方法获取客户端发送的消息，该方法同样没有阻塞，每次读取不论有无结果都立即返回，实际程序在运行时将每隔两秒向主控台输出一次时间戳。

【示例源码】8-7　chap08.sect02.NIONonBlockServer

```
1  package chap08.sect02;
2  import java.nio.ByteBuffer;
3  import java.nio.channels.*;
4  public class NIONonBlockServer {
5    public static void main(String[] args) throws Exception {
6      ServerSocketChannel ssc = ServerSocketChannel.open();
7      ssc.configureBlocking(false);
8      ssc.bind(new java.net.InetSocketAddress(5000));
9      SocketChannel sc;
10     while (( sc = ssc.accept()) == null) {
11       System.out.println("accepting:" + new java.util.Date());
12       Thread.sleep(2000);
13     }
14     sc.configureBlocking(false);
15
16     ByteBuffer buffer = ByteBuffer.allocate(100);
17     while ( true ) {
```

```
18      if( sc.read(buffer) > 0 ) {
19        System.err.println(new String(buffer.array()));
20        sc.write(ByteBuffer.wrap("hello client".getBytes()));
21      }
22      System.out.println( "reading:" + new java.util.Date());
23      Thread.sleep(2000);
24 } } }
```

- 第 7 行设置 ssc 为非阻塞模式。
- 第 10 行调用 ssc.accept()方法，监听客户端的连接请求。
- 第 11 行用于验证 ssc 处于阻塞模式与非阻塞模式的差异，将第 7 行设置为 true 或 false 对比运行，可以直观感觉到阻塞模式与非阻塞模式的区别。
- 第 14 行设置 sc 为非阻塞模式。
- 第 18 行通过 sc.read(...)方法读取客户端发送过来的消息，非阻塞模式下，程序不会在 read(...)方法处挂起。
- 第 19 行在主控台打印客户端发送过来的消息。
- 第 20 行向客户端反馈消息。
- 第 22 行用于验证 sc 处于阻塞模式与非阻塞模式的差异，将第 14 行设置为 true 或 false 对比运行，同样可以直观感觉到阻塞模式与非阻塞模式的区别。

在用 NIO 来实现非阻塞模式的网络客户端代码中，只需要对网络通道进行非阻塞模式设置即可。不过对于 configureBlocking(false)方法执行的位置还是有讲究的，如果在网络通道连接前设置非阻塞模式，则 connect(...)方法无须等待，直接返回连接成功与否的状态。后续可以通过调用通道的 finishConnect()方法持续检查连接是否已成功。连接成功后，网络通道继续以非阻塞模式运行。

【示例源码】8-8 演示了非阻塞模式的客户端连接，需要先启动服务器端程序，然后再开始客户端的跟踪调试。

【示例源码】8-8    chap08.sect02.NIONonBlockClient

```
1  package chap08.sect02;
2  import java.nio.ByteBuffer;
3  import java.nio.channels.SocketChannel;
4
5  public class NIONonBlockClient {
6    public static void main(String[] args) throws Exception {
7      SocketChannel sc = SocketChannel.open();
8      var inetSocketAddress = new java.net.InetSocketAddress("127.0.0.1", 5000);
9      sc.configureBlocking(false);
10     boolean connect = sc.connect(inetSocketAddress);
11     while ( !sc.finishConnect() ) {
12       System.out.println( "connecting: " + new java.util.Date());
```

```
13        Thread.currentThread().sleep(1000);
14      }
15
16      sc.write(ByteBuffer.wrap("hello server".getBytes()));
17      ByteBuffer buffer = ByteBuffer.allocate(100);
18      while( sc.read(buffer) <= 0 ) {
19        System.out.println( "reading:" + new java.util.Date());
20        Thread.sleep(3000);
21      }
22      System.err.println(new String(buffer.array()));
23      System.in.read();
24    }
25 }
```

- 第 7 行调用 SocketChannel.open()方法初始化网络连接对象。
- 第 8 行设置服务器端 IP 和端口，连接到服务器。
- 第 9 行设置网络连接通道为非阻塞模式。
- 第 11 行调用非阻塞的 finishConnect()方法，检查网络连接是否准备完毕。
- 第 12 行和第 13 行从连续输出时间戳信息验证非阻塞模式的效果。
- 第 16 行向服务器端发送消息。
- 第 17 行申请 100 字节长度的直接内存缓冲。
- 第 18 行从网络通道中获取信息。
- 第 19 行和第 20 行从连续输出的时间戳来验证 sc.read(...)方法的非阻塞特性，将第 9 行设置为 true 或 false 并对比运行，可以直观感觉到阻塞模式与非阻塞模式的区别。
- 第 22 行向主控台输出服务器端反馈的消息。

对调【示例源码】8-8 中的第 9 行和第 10 行代码，在单独启动客户端网络程序的情况下，后台抛出异常的位置和报错信息都有所不同。这说明非阻塞生效的位置受程序中设置阻塞模式的时点影响。

### 8.2.2 基于 Selector 的多路复用网络编程模型

Java NIO 阻塞模式下的网络编程不能适应高并发场景，Java NIO 的非阻塞模式必须要搭配选择器（Selector）才可以充分发挥出非阻塞模式的高并发威力。选择器作为网络通道中读、写、连接、监听等事件的调度管理者，可以极大地节省系统资源并提高网络带宽的利用效率。在选择器参与的模式下，网络通道的读和写不再需要以无限循环的方式去轮询，而是通过选择器提供的 6 个重载的 select(...)方法，达到同时管理不同网络通道、不同事件的处理请求，在大量网络连接的场景下，还可以对客户端进行合理分类，使用若干个选择器可以进一步提高响应效率。

【示例源码】8-9 是在服务器端应用选择器的典型案例，是一种标准化的程序写法。熟练其固定套路将有利于优秀源码的阅读，应多多练习，细细体会，最好能牢牢掌握。

【示例源码】8-9　chap08.sect02.NIOSelectorServerTest

```java
package chap08.sect02;
import java.nio.ByteBuffer;
import java.nio.channels.*;
public class NIOSelectorServerTest {
  public static void main(String[] args) throws Exception {
    ServerSocketChannel ssc = ServerSocketChannel.open();
    ssc.bind(new java.net.InetSocketAddress("127.0.0.1",5000));
    ssc.configureBlocking(false);
    Selector selector = Selector.open();
    ssc.register(selector, SelectionKey.OP_ACCEPT);

    while(true) {
      selector.select();
      java.util.Iterator<SelectionKey> iterator=selector.selectedKeys().iterator();
      while (iterator.hasNext()) {
        SelectionKey selectionKey = (SelectionKey) iterator.next();
        if( selectionKey.isAcceptable()) {
          ServerSocketChannel channel = (ServerSocketChannel)selectionKey.channel();
          SocketChannel sc = channel.accept();
          sc.configureBlocking(false);
          sc.register(selector, selectionKey.OP_READ);
        }
        if( selectionKey.isReadable()) {
          SocketChannel channel = (SocketChannel)selectionKey.channel();
          ByteBuffer buffer = ByteBuffer.allocate(1024);
          channel.read(buffer);
          System.out.println(new String(buffer.array()));
          channel.write(ByteBuffer.wrap("hello client".getBytes()));
        }
      }
      iterator.remove();
} } }
```

- 第 9 行通过 Selector 抽象类的静态 open()方法获取 Selector 类的实例。
- 第 10 行从字面理解就是在 ssc 上注册 selector 的 OP_ACCEPT 事件，通过底层源码分析有助于进一步理解其本质。底层操作可以分为三步。第一步，创建一个 SelectionKeyImpl 对象，内含 selector 和 channel（此处为 ssc）等成员变量；第二步，将该对象保存在 selector 的 Set 集合中；第三步，调用该对象的 interestOps(...)

方法绑定事件，此处为 OP_ACCEPT 事件。
- 第 13 行执行 select()方法，查找当前已经被触发的事件，这是一个阻塞方法；另外，Selector 类中还提供了 select(long)、selectNow(...)等非阻塞方法。如果需要唤醒处于阻塞状态的 selector 对象，可以调用其 wakeup()方法。
- 第 14 行获取被触发事件列表的迭代器。
- 第 17~22 行处理 OP_ACCEPT 事件被触发时的逻辑，即客户端连接请求事件。
- 第 18 行获取当前 channel 对象，实际上只有 ServerSocketChannel 对象会触发 OP_ACCEPT 事件，所以在此处进行了强制转换。
- 第 19 行执行 accept()方法，建立与客户端的实际连接通道 sc。
- 第 21 行在已经建立双向连接的基础上，注册 sc 的 OP_READ 事件。
- 第 23~29 行处理 OP_READ 事件被触发的逻辑。
- 第 24 行从 selectionKey 中获取 channel，直接强制转换为 SocketChannel。
- 第 25~27 行通过 ByteBuffer 从 channel 中获取客户端发送过来的消息，并输出到主控台。
- 第 28 行向客户端反馈消息。
- 第 31 行重置迭代器，开启下一轮次的事件响应。

对于多路复用的学习，不必拘泥于教科书中的理论，结合 JDK 中 Selector 类的源码，分析其在注册、调用时所关联的对象，会有更加直观的感受。

向网络通道中写消息是主动发起的操作，在前面的示例中都采用了直接写入的方式，而不需要通过注册 SelectionKey.OP_WRITE 事件来发起，那么在什么场景下会用到该事件呢？【示例源码】8-10 演示了大数据量发送的应用场景。在非阻塞模式下，大数据量输出将被 SocketChannel.write(...)方法拆分为多个包发送，并且每次发送的数据量并不固定。

在通道中注册 OP_WRITE 事件后，只要符合写入条件，选择器都将获取到该事件。当不再需要继续写入时，应该移除该事件，防止不必要的持续通知。

【示例源码】8-10　chap08.sect02.NIOWritableTest

```
1  package chap08.sect02;
2  import java.nio.ByteBuffer;
3  import java.nio.channels.*;
4  public class NIOWritableTest {
5    public static void main(String[] args) throws Exception {
6      SocketChannel sc = SocketChannel.open();
7      sc.connect(new java.net.InetSocketAddress("127.0.0.1", 5000));
8      sc.configureBlocking(false);
9      Selector selector = Selector.open();
10     sc.register(selector, SelectionKey.OP_WRITE);
```

```java
11    StringBuilder sb = new StringBuilder();
12    for (int i = 1; i <= 500 * 1000; i++) {
13      sb.append(" - " + i);
14    }
15    ByteBuffer buffer = ByteBuffer.wrap(sb.toString().getBytes());
16    while (true) {
17      selector.select(1);
18      java.util.Set<SelectionKey> keys = selector.selectedKeys();
19      if ( !keys.isEmpty() && keys.iterator().next().isWritable()) {
20        if (buffer.hasRemaining()) {
21          System.out.println("remaining:" + buffer.remaining());
22        }
23        sc.write(buffer);
24      }
25      keys.clear();
26  } } }
```

- 第 8 行设置连接通道 sc 为非阻塞模式。
- 第 10 行在 sc 上注册 selector 并监听 OP_WRITE 事件。
- 第 11~14 行通过循环拼接一个超长的字符串。
- 第 15 行将字符串转换为字节数组,并设置到字节缓冲对象 buffer 中。
- 第 17 行从选择器中获取被触发事件。
- 第 19 行判断被触发事件是否为 OP_WRITE 事件。
- 第 20 行判断字节缓冲区中是否仍有剩余字节。
- 第 21 行打印当前剩余待发送的字节数。
- 第 23 行向服务器端发送消息。
- 第 25 行清空 keys 集合,这条语句很容易遗漏,而报错信息又很难定位,切记。

示例执行后的主控台输出如图 8-2 所示,其分为四个批次执行并向服务器端发送数据,而不是一次全部写完。

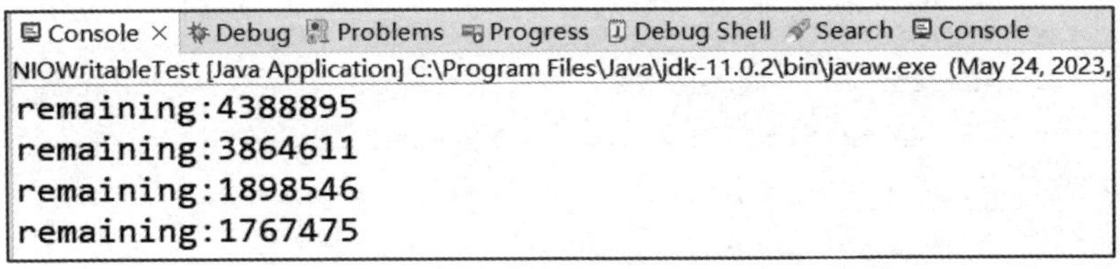

```
remaining:4388895
remaining:3864611
remaining:1898546
remaining:1767475
```

图 8-2  OP_WRITE 事件控制网络分批写出

### 8.2.3 基于 AIO 的异步网络编程模型

Java 异步输入输出(Asynchronous I/O,AIO)模型是 JDK 7 中引入的新的编程模型，它以一种异步非阻塞的 I/O 访问方式，允许程序在等待 I/O 操作完成的同时继续执行其他任务，从而提高了系统的并发性能。与 NIO 通过注册事件提高并发访问的方式不同，AIO 是通过注册回调方法的方式实现。当 I/O 操作完成时，回调方法将会被触发，程序可以在合适的时候继续后续操作。

AIO 的优势在于它能够处理大量的并发连接而不需要使用大量的线程，因为它采用了事件驱动的方式来处理 I/O。当网络应用需要处理大量并发连接的网络请求时，可以结合 AIO 来实现。

基于 AIO 的网络编程主要涉及 JDK 包中的 AsynchronousServerSocketChannel、AsynchronousSocketChannel、CompletionHandler 三个类。【示例源码】8-11 的关键点在于通过匿名内部类的方式实现了回调逻辑，对应的基类均为 CompletionHandler，回调逻辑均编写于 completed(...)方法中。该示例代码虽然看起来是一个整体，但是在实际运行时将分散于三个不同的线程之中，运行结果将证实这一点。

【示例源码】8-11　chap08.sect02.AIOServerTest

```
1  package chap08.sect02;
2  import java.nio.ByteBuffer;
3  import java.nio.channels.*;
4  public class AIOServerTest {
5    public static void main(String[] args) throws Exception {
6      System.out.println("main thread:" + Thread.currentThread().getName());
7      var assc = AsynchronousServerSocketChannel.open()
8        .bind(new java.net.InetSocketAddress(5000));
9      assc.accept(null, new CompletionHandler<AsynchronousSocketChannel,Object>(){
10       public void completed(AsynchronousSocketChannel asc, Object attachment) {
11         System.out.println("accept thread:" + Thread.currentThread().getName());
12         ByteBuffer buffer = java.nio.ByteBuffer.allocate(1024);
13         asc.read(buffer, null, new CompletionHandler<Integer, Object>() {
14           public void completed(Integer result, Object attachment) {
15             System.out.println("read thread:" + Thread.currentThread().getName());
16             System.err.println(new String(buffer.array()));
17             ByteBuffer bf = ByteBuffer.wrap("hello client".getBytes());
18             asc.write(bf, asc, new CompletionHandler<>() {
19               public void completed(Integer result, Asynchronous SocketChannel att){
20                 System.out.print("write thread:"+Thread.currentThread().getName());
21               }
22               public void failed(Throwable ex, AsynchronousSocketChannel att) { }
23             });
24           }
25           public void failed(Throwable ex, Object attachment) { }
```

```
26          });
27          assc.accept(null, this);
28        }
29        public void failed(Throwable ex, Object attachment) { }
30      });
31      System.in.read();
32   } }
```

- 第 6 行向主控台输出主程序运行的线程名称。
- 第 7 行和第 8 行创建支持异步模式的网络服务器端应用对象 assc，并绑定监听端口为 5000。
- 第 9 行调用 accept(...)方法，开启服务器端异步监听模式，其中第二个参数实现了 CompletionHandler 接口，它被指定为 I/O 操作完成后的处理类，包括成功操作或失败操作。
- 第 10 行定义匿名内部类中的 completed(...)方法，处理已接受的客户端网络连接请求。
- 第 11 行向主控台输出当前线程名称，验证网络通道建立后的处理线程。输出信息显示其与主线程不同。
- 第 13 行调用 asc.read(...)方法，读取客户端发送到服务器端的消息。从方法定义可知，第一个参数为 ByteBuffer 类型，第三个参数是 CompletionHandler 接口的内部类，用于处理 I/O 操作后续的成功/失败逻辑，并且 read(...)方法的第二个参数类型为泛型，作为携带的附件传入内部类，所以 read(...)方法的定义将泛型类型的参数传入到 CompletionHandler 接口的内部。
- 第 14 行定义 I/O 读操作完成后的 completed(...)方法，其第二个参数为第 13 行中的 read(...)方法传入的对象，本示例没有使用到该参数。
- 第 15 行验证执行 I/O 读操作所使用的线程。
- 第 18 行执行写操作，三个参数的类型与读方法非常相似。
- 第 20 行向主控台输出当前线程的名称，验证执行 I/O 写操作所使用的线程。
- 第 27 行设置服务器端进入监听状态，接受客户端新的连接请求。该方法在第一次 accept(...)请求后，处理结束时，在方法尾部再次调用。
- 第 31 行用于保持主线程持续运行。

对于 AIO 的编写方法，还可以使用基于 Future 接口的方式实现，在 JDK 中，提供了 accept(...)方法与 accept()方法两种实现方式。如图 8-3 所示，在搜索框中输入关键字"accept"后，列表中展示了 accept(...)方法与 accept()方法的详细定义信息，第二种 accept()方法的返回值即为 j.u.c.Future 类。

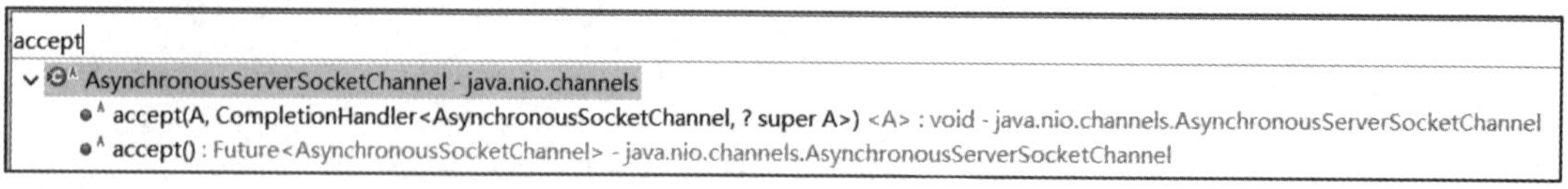

```
accept
  AsynchronousServerSocketChannel - java.nio.channels
    accept(A, CompletionHandler<AsynchronousSocketChannel, ? super A> <A> : void - java.nio.channels.AsynchronousServerSocketChannel
    accept() : Future<AsynchronousSocketChannel> - java.nio.channels.AsynchronousServerSocketChannel
```

图 8-3　accept(...)方法与 accept()方法的详细定义信息

## 8.3　JDK 内置网络组件应用

并不是所有的网络应用都需要使用复杂庞大的第三方开源组件库，JDK 内置了一些小而美的应用组件，同样能够胜任特定场景。

### 8.3.1　远程方法调用（RMI）

Java 远程方法调用（Remote Method Invocation，RMI）是 JDK 1.1 中实现的一组拥有开发分布式应用程序能力的 API。它集合了 Java 序列化和 Java 远程方法调用协议，大大增强了 Java 开发分布式应用的能力。通过访问 Java 语言接口定义的远程对象，RMI 支持部署于不同网络空间的程序级对象之间彼此进行通信，实现了类似于本地方法调用式的无缝衔接。理解 RMI，是进一步学习 WebService 和远程过程调用（RPC）的基础。

【示例源码】8-12 展示了 JDK 内置 RMI 组件的服务器端原生使用方法，列举了两种服务器端服务注册发布方式。

【示例源码】8-12　chap08.sect03.RMIServerTest

```java
1  package chap08.sect03;
2  import java.rmi.RemoteException;
3  import java.rmi.registry.LocateRegistry;
4  import java.rmi.server.UnicastRemoteObject;
5  import java.util.*;
6  public class RMIServerTest {
7    public static void main(String[] args) throws Exception {
8      LocateRegistry.createRegistry(5000).bind("FirstRMI",new HelloImpl());
9      java.rmi.Naming.bind("rmi://127.0.0.1:5000/SecondRMI", new HelloImpl());
10     System.in.read();
11   }
12 }
13 interface IHello extends java.rmi.Remote{
14   public List<String> sayHello( String s) throws RemoteException;
15 }
16 class HelloImpl extends UnicastRemoteObject implements IHello{
17   protected HelloImpl() throws RemoteException { }
```

```
18
19    public List<String> sayHello(String s) throws RemoteException{
20      System.err.println(s);
21      List<String> asList = Arrays.asList("Hello " , s );
22      return asList;
23   } }
```

- 第 8 行注册 RMI 服务，指定端口为 5000，并绑定 HelloImpl 类型的对象，指定服务名为 "FirstRMI"。
- 第 9 行演示通过 Naming 类绑定 HelloImpl 类型的对象，并且指定服务名为 "SecondRMI"。
- 第 10 行使主线程保持运行时的状态。
- 第 13~15 行定义接口 IHello，定义 sayHello(...)方法，入参为字符串，返回值为 List 类型。
- 第 16 行定义实现类 HelloImpl，并且继承 UnicastRemoteObject 类，代表一个远程对象的存根（Stub）。其继承关系为 Object→RemoteObject→RemoteServer→UnicastRemoteObject。

RMI 客户端调用请求有两种方法。第一种方法是在常规情况下，将服务器端定义的接口文件部署一份到客户端应用包中，客户端根据 RMI 地址进行初始化，客户端应用作为服务端接口的一个实现，可以像普通对象一样调用访问，上传输入参数再获得返回对象。如果对网络访问细节进行适当的封装，则普通开发人员在编码的时候感觉不到网络编程的存在。当然，这样的编程方式也有不便之处，在应用部署时，需要将接口源码复制两份，分别部署到服务器端和客户端。第二种方法则可以规避接口文件部署的烦琐性，在客户端调用时，通过反射机制将远程对象实例化为一个 Method 类对应的对象，再通过 Method.invoke(...)方法执行远程方法，在输入输出参数已知的情况下，方法调用可以摆脱对接口对象的依赖要求，使程序应用具有更高的灵活性。

【示例源码】8-13 是 RMI 应用的客户端实现代码，列举了请求 RMI 服务的两种方式，包括接口直连方式和方法名称反射方式。

【示例源码】8-13  chap08.sect03.RMIClientTest

```
1 package chap08.sect03;
2 import java.lang.reflect.Method;
3 import java.util.List;
4 public class RMIClientTest {
5   public static void main(String[] args) throws Exception {
6     java.rmi.Remote lookup1=java.rmi.Naming.lookup("rmi://127.0.0.1:5000/FirstRMI");
7     System.out.println(((IHello)lookup1).sayHello("接口直连模式"));
```

```
 8
 9      java.rmi.Remote lookup2=java.rmi.Naming.lookup("rmi://127.0.0.1:5000/SecondRMI");
10      Method method = lookup2.getClass().getMethod("sayHello", String.class);
11      List<String> list = (List<String>) method.invoke(lookup2, "方法反射模式");
12      System.out.println(list);
13   }
14 }
```

- 第 6 行通过 Naming.lookup(...)方法查找远程对象。
- 第 7 行执行远程对象，并打印返回结果。
- 第 9 行通过 Naming.lookup(...)方法查找远程对象。
- 第 10 行通过反射技术获取远程对象的"sayHello"方法。
- 第 11 行执行远程方法，获取返回值。
- 第 12 行向主控台输出返回结果。

### 8.3.2　WebService 远程调用

顾名思义，WebService 是一种以 Web 方式提供服务的网络编程模式，在客户/服务器两端通过超文本传输协议（Hypertext Transfer Protocol，HTTP）协议传递消息，在基础协议之上，所传递的内容是具有自描述、自校验特性的可扩展标记语言（XML）格式。XML 格式的内容能够清晰地描述数据的结构和含义，并且可以通过内置的校验机制确保数据的完整性和准确性。

基于 HTTP 协议的 WebService 服务天然具有跨平台性，无论客户端和服务器端使用何种操作系统、编程语言或硬件平台，都可以通过 WebService 进行无缝的连接和交互。同时，WebService 还具有最优的网络穿透能力，能够在各种复杂的网络环境中顺利地传输数据，克服网络防火墙、代理服务器等可能存在的障碍。

为了更加感性、直观地了解 WebService 的基本功能，下面将用最小的代码量编写其服务器端和客户端的示例程序。在编写示例代码之前，需要先将以下 5 行配置信息添加到 Sample 工程的 pom.xml 文件的依赖节点中。

```
1 <dependency>
2     <groupId>com.sun.xml.ws</groupId>
3     <artifactId>rt</artifactId>
4     <version>2.3.2</version>
5 </dependency>
```

如【示例源码】8-14 所示，WebService 的服务器端代码由三个部分组成。第一，定义向客户端提供服务的类和具体方法，此处为 WSHelloServer.sayHello(...)方法；第二，在服务类上添加@j.j.WebService 注解，标记此类为 WebService 服务；第三，通过 j.x.w.

Endpoint.publish(...)方法向外发布服务，在参数中指定了对外服务的详细地址以及提供服务的对象实例。

【示例源码】8-14　chap08.sect03.WSHelloServer

```
1  package chap08.sect03;
2  import java.util.*;
3  @javax.jws.WebService(endpointInterface = "chap08.sect03.WSHelloServer")
4  public class WSHelloServer {
5    public List<String> sayHello(String s) {
6      List<String> list = new ArrayList<>();
7      System.out.println(s);
8      list.add("hello client");
9      return list;
10   }
11   public static void main(String[] args) {
12     javax.xml.ws.Endpoint.publish("http://127.0.0.1:5000/hello",new WSHelloServer());
13   }
14 }
```

- 第 3 行使用注解@WebService，标记被修饰的类为 WebService 服务，指定服务端点为"chap08.sect03.WSHelloServer"。
- 第 7 行向主控台输出客户端发送过来的消息。
- 第 8 行和第 9 行向客户端返回 list 对象。
- 第 12 行调用 Endpoint.publish(...)方法，指定服务地址及服务对象，注册 WebService 服务。

【示例源码】8-15 以纯手工的方式实现了 WebService 客户端的访问逻辑。发起网络访问的组件为 JDK 自带的 URLConnection，访问地址则可以从【示例源码】8-14 中获得。请求参数则是通过 StringBuilder 类拼接出的 XML 格式的字符串，包含了服务器端的方法名"sayHello(...)"和参数值"hello server"。在示例源码的结尾部分展示了通过输入流获取返回参数的过程。

【示例源码】8-15　chap08.sect03.WSHelloClient

```
1  package chap08.sect03;
2  import java.io.*;
3  import java.net.*;
4  public class WSHelloClient {
5    public static void main(String[] args) throws MalformedURLException, IOException {
6      URLConnection conn=new URL("http://127.0.0.1:5000/hello").openConnection();
7      conn.setDoOutput(true);
8      conn.setRequestProperty("Content-Type", "text/xml;charset=UTF-8");
```

```
9
10      StringBuilder sb = new StringBuilder();
11      sb.append("<soapenv:Envelope ")
12        .append("xmlns:soapenv='http://schemas.xmlsoap.org/soap/envelope/' ")
13        .append("xmlns:myNS='http://sect03.chap08/'><soapenv:Header/><soapenv:Body>")
14        .append("<myNS:sayHello><arg0>hello server</arg0></myNS:sayHello>")
15        .append("</soapenv:Body></soapenv:Envelope>");
16
17      OutputStream os = conn.getOutputStream();
18      os.write(sb.toString().getBytes("utf-8"));
19
20      var br = new BufferedReader(new InputStreamReader(conn.getInputStream()));
21      System.out.println(br.readLine());
22    } }
```

- 第 6 行通过 JDK 中的 URL 类访问指定的地址，启动服务端后，在浏览器中可以直接访问 http://127.0.0.1:5000/hello 和 http://127.0.0.1:5000/hello?wsdl，查看接口定义详细信息。
- 第 10～15 行构建 XML 格式的字符串，作为调用服务器的请求参数，其中"<myNS:sayHello>"节点代表服务端相应命名空间中的 sayHello(...)方法，"<arg0>"节点则代表方法参数。
- 第 17 行和第 18 行从网络连接 conn 中获取输出流，并且调用 write(...)方法向服务器端发送消息。
- 第 20 行和第 21 行从网络连接 conn 中获取输入流，并将获取的 XML 报文输出到主控台，以下为浏览器接收到的返回信息。

```
<?xml version='1.0' encoding='UTF-8'?>
<S:Envelope xmlns:S="http://schemas.xmlsoap.org/soap/envelope/">
 <S:Body>
   <ns2:sayHelloResponse xmlns:ns2="http://sect03.chap08/">
     <return>hello client</return>
   </ns2:sayHelloResponse>
 </S:Body>
</S:Envelope>
```

在实际使用 WebService 时，真实的跨平台、跨语言并不如想象中的美好，其原因是多方面的。首先，需要考虑到网络应用通常具有跨系统甚至跨企业的应用，在 WebService 不断升级发展的过程中，必然造成多个版本并存的情况，也就存在兼容性问题。其次，WebService 本身并不是一个独立的技术，而是由简单对象访问协议（Simple Object Access Protocol，SOAP）、网络服务描述语言（Web Services Description Language，WSDL）协议，以及通用描述、发现与集成（Universal Description Discovery and Integration，UDDI）协议等组成，底层技术又依赖于超文本传送协议和可扩展标记语言规范等。在极端情况下，两套完全由不同语言开发的 WebService 服务需要考虑兼容 HTTP 1.1、HTTP 2.0、SOAP 1.1、SOAP 1.2、XML 等技术规范，在现实世界中，即使技术上能完全打通，成本控制也不一定可行。为了解决 WebService 服务在连接上的兼容性问题，Java 领域也有一些集成化的工具包，对于常规应用可以带来一定的帮助，但是在分析和解决兼容性问题时，难免需要对 Java 底层源码进行分析。因此，掌握源码阅读技巧才是王道。

### 8.3.3 远程过程调用（RPC）

RPC 是远程过程调用（Remote Procedure Call）的英文缩写，是一种异构型分布式网络通信技术的统称。相较于 RMI 远程方法调用，RPC 框架具有明显的跨平台、跨语言的特征，所以在定义接口交互规范的时候，首先要考虑的是接口参数可以被主流语言所描述。RPC 工具的重点不在于网络通信，而是在于保障开发人员以一种近似无感的方式调用远程机器上的服务，而无须关注远程服务由何种语言开发、是否以集群形式存在、是否跨数据中心等问题。RPC 工具的另外一个重点是对非功能部分的支持，提供强大的监控及运维能力。

各家企业，无一例外地，都需要一款满足自身业务特点的 RPC 工具作为企业级互联互通基础设施。所以众多大厂都推出了各具特色的开源组件，目前比较主流的产品包括 Dubbo、gRPC、Thrift 等，而国内广泛使用的 Dubbo 组件则又扩展出多个衍生版本，以适应不同类型企业的应用场景。

【示例源码】8-16 通过 JDK 包中自带的动态代理模块来演示 RPC 编程能力，在动态代理能力的加持下，对远程方法的执行和在本地执行无明显区别，对于理解 RPC 非常有用。

【示例源码】8-16　chap08.sect03.RPCServerTest

```
1  package chap08.sect03;
2  import java.io.*;
3  import java.net.*;
4  public class RPCServerTest {
5    public static void main(String[] args) throws Exception {
6      ServerSocket serverSocket = new ServerSocket(5000);
7      while (true) {
8        Socket socket = serverSocket.accept();
9        ObjectInputStream ois = new ObjectInputStream(socket.getInputStream());
10
11       String className = ois.readUTF();
12       String methodName = ois.readUTF();
13       Class[] parameterTypes = (Class[]) ois.readObject();
```

```java
14        Object[] inArgs = (Object[]) ois.readObject();
15
16        Class<?> clazz = Class.forName(className);
17        java.lang.reflect.Method method = clazz.getMethod(methodName, parameterTypes);
18        Object invoke = method.invoke(clazz.newInstance(), inArgs);
19
20        ObjectOutputStream oos = new ObjectOutputStream(socket.getOutputStream());
21        oos.writeObject(invoke);
22  } } }
23  interface IQuery extends Serializable{
24    public java.util.List<String> sayHello( String msg);
25  }
26  class QueryImpl implements IQuery {
27    public java.util.List<String> sayHello(String msg) {
28      System.err.println(msg);
29      return java.util.Arrays.asList("hello", " client");
30  } }
```

- 第 6 行创建网络服务器端监听端口。
- 第 9 行从 socket 中获取输入流，转换为对象输入流 ois。
- 第 11~14 行依次读取客户端发送的四项数据，传入四组参数的作用是通过反射机制实例化指定对象，并执行指定方法。
- 第 16~18 行根据传入的四个数据，利用反射机制初始化实现类，查找指定的方法，根据传入参数执行指定方法。
- 第 20 行和第 21 行从网络对象中获取输出流，通过 writeObject(...)方法，将实现类执行后的结果发送给客户端。
- 第 23~25 行定义一个应用的接口。
- 第 26 行定义一个演示用的实现类。
- 第 27 行定义演示方法 sayHello(...)，入参为字符串，返回值为 List 集合。
- 第 28 行向主控台打印客户端发送过来的参数信息。
- 第 29 行向客户端反馈消息。

【示例源码】8-17 是客户端程序的演示部分，其中内部 RPC 类可以看成工具包，在实例化远程对象的时候只需要传递两个参数，第一个参数是双方约定的接口 IQuery，第二个参数是服务器端实现类的名称，也就是通知服务器需要创建的具体对象。当 RPC 工具类按照入参完成初始化后，接下来的编程逻辑就与本地方法调用无异了。

【示例源码】8-17 chap08.sect03.RPCClientTest

```java
1  package chap08.sect03;
```

```
 2 import java.io.*;
 3 import java.lang.reflect.*;
 4 import java.net.Socket;
 5 public class RPCClientTest {
 6   public static void main(String[] args) throws Exception {
 7     IQuery iQuery = (IQuery) RPC.init(IQuery.class,"chap08.sect03.QueryImpl");
 8     java.util.List<String> queryByName = iQuery.sayHello( "hello server" );
 9     System.err.println(queryByName);
10   }
11 }
12 class RPC{
13   public static Object init(Class o, String className) {
14     return Proxy.newProxyInstance(o.getClassLoader(),new Class[]{o},new InvocationHandler(){
15       public Object invoke(Object p, Method method,Object[] args) throws Throwable{
16         Socket socket = new Socket("127.0.0.1",5000);
17         ObjectOutputStream oos = new ObjectOutputStream(socket.getOutputStream());
18
19         oos.writeUTF(className);
20         oos.writeUTF(method.getName());
21         oos.writeObject( method.getParameterTypes());
22         oos.writeObject(args);
23         ObjectInputStream ois = new ObjectInputStream(socket.getInputStream());
24         return ois.readObject();
25       }
26     });
27 } }
```

- 第 7 行调用工具类中的静态方法 RPC.init (...)，初始化 IQuery 接口。
- 第 8 行执行 IQuery 接口中的 sayHello(...)方法，实际是执行了远程服务器中的方法。
- 第 9 行向主控台打印服务器端返回的消息。
- 第 14 行使用 JDK 自带的 Proxy.newProxyInstance(...)方法，实现动态代理。
- 第 16～17 行创建与服务器的连接，并且将输出流包装为对象输出类型 oos。
- 第 19～22 行依次向服务器端发送四项数据，服务器端按顺序取出即可。
- 第 23 行从网络连接中获取输入流，并包装为对象输出流 ois。
- 第 24 行将服务器端返回的执行结果返回给被代理对象。

ZK 3.4.14 中携带的 org.apache.jute 包是一个经典的 RPC 实现，仅仅含 39 个 Java 文

件，约 6000 行有效代码，详细地定义了接口支持的数据类型、全部类型的序列化和反序列化策略等，具有非常高的学习价值和借鉴意义。

### 8.3.4　JDK 内置 HTTP 协议支持

提起 Java Web 服务器，常见的开源版本有 Tomcat、Jetty、Resin 等，这些 Web 服务器无一例外地具有完备的 Web 服务器的产品化特性，想要详细地学习和了解其实现逻辑，每个产品都具有相当的复杂度。其实，从 JDK 6 版本开始，Java 内置了 HttpServer 类，可以轻易地实现一个简易版的 Web 服务器，该类可以为学习 HTTP 协议与练习网络编程带来极大的便利。甚至在很多轻 Web 应用的组件中，可以直接通过 HttpServer 类提供简易的 Web 访问功能，或者通过 HttpServer 提供 WebService 支持，而不必为了部署独立的 Web 服务器而大动干戈。

#### 1. HttpServer 的应用

其实，自己开发一款 Web 服务器的目标并非遥不可及，在避免重复造轮子的原则下，利用 JDK 自带的 HttpServer 就可以完成大部分的 Web 底层功能，包括对不同传输协议和不同网络协议的支持。如【示例源码】8-18 所示，该程序以一个稍显复杂的例子模拟了当下比较流行的响应流式 Web 应用，在客户端发起一次请求之后，服务器端以模拟监控平台的方式每隔一秒推送一条消息。

【示例源码】8-18　chap08.sect03.HttpServerTest

```java
1   package chap08.sect03;
2   import java.util.concurrent.Executors;
3   import com.sun.net.httpserver.*;
4   public class HttpServerTest {
5     public static void main(String[] args) throws Exception {
6       HttpServer server = HttpServer.create(new java.net.InetSocketAddress(5000), 0);
7       server.setExecutor(Executors.newFixedThreadPool(5));
8       server.createContext("/", new HttpHandler() {
9         @Override
10        public void handle(HttpExchange exchange) throws java.io.IOException {
11          System.err.println(Thread.currentThread().getName());
12          exchange.getRequestHeaders().entrySet().forEach(System.out::println);
13          Headers headers = exchange.getResponseHeaders();
14          headers.set("Content-Type", "text/stream");
15          exchange.sendResponseHeaders(200, 0);
16          java.io.OutputStream out = exchange.getResponseBody();
17          for (int i = 0; i < 100; i++) {
18            out.write(("hello server : " + new java.util.Date() + "\n").getBytes());
19            out.flush();
```

```
20              try { Thread.sleep(1000); }catch( Exception e) { e.printStackTrace(); }
21          }
22          out.close();
23        }
24      });
25      server.start();
26   }
27 }
```

- 第 6 行通过 create(...)方法创建 HttpServer 类的实例，并绑定端口。
- 第 7 行为服务器实例指定工作线程池，此处分配 5 个线程负责与客户端交互。
- 第 8 行设置 Web 请求路径，并通过匿名内部类的方式为该路径指定处理器。
- 第 10 行实现抽象方法 handle(...)，入参类型 HttpExchange 中封装了接收到的 HTTP 请求和要生成的响应，提供了检查客户端请求建立和结束响应的方法。
- 第 11 行向主控台输出处理客户端请求的线程，由于为线程池设置了 5 个线程，在浏览器中多次刷新时，可以观察到线程轮流响应。
- 第 12 行获取 HTTP 请求头，通过 Lambda 表达式逐行打印集合内容。
- 第 14 行设置响应头的"Content-Type"为"text/stream"，以响应流模式提供 Web 服务。
- 第 16 行从 exchange 变量中获取输出流。
- 第 18~20 行控制每秒向客户端输出一行字符串，其中包含了时间戳，便于观察。
- 第 25 行启动 HttpServer 服务器，其内部启动了一个监听线程。

如图 8-4 所示，在浏览器中输入 URL 地址"http://localhost:5000"后，窗口中将每隔一秒钟显示一行信息。在部分浏览器上，接收的内容可能被当作资源下载来处理，在下载文件中可以查看到同样的信息。

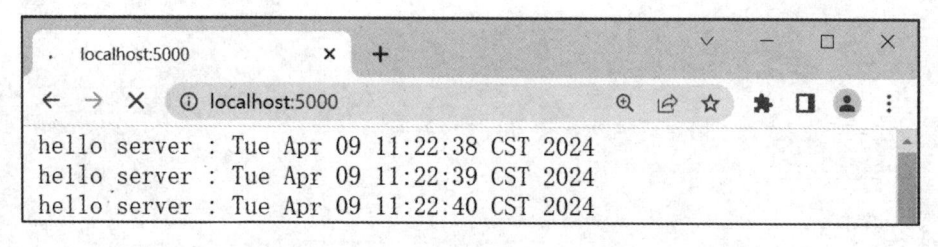

图 8-4　通过浏览器访问 HttpServerTest

2. HttpClient 的应用

在日常工作中，我们经常会接触到模拟浏览器发送和接收 Web 消息的基础组件，如 Apache HttpClient、OkHttp 和 JDK 11 之前的 HttpURLConnection 类等。通过它们，用户可以开发单元测试工具、压力测试工具以及将其用于自定义网络爬虫。自 JDK 11 开始，Java 官方正式推出了全新的 java.net.http 包，用于支持异步和同步 Web 请求，提供了流式 API

等新功能，使自定义 Web 客户端更加方便、高效和灵活。【示例源码】8-19 演示了基于 JDK 内置的 HttpClient 类实现的响应流式 Web 客户端编程。

【示例源码】8-19　chap08.sect03.HttpClientTest

```java
package chap08.sect03;
import java.net.URI;
import java.net.http.*;
import java.nio.ByteBuffer;
import java.nio.charset.Charset;
import java.util.List;
import java.util.concurrent.Flow;
public class HttpClientTest {
  public static void main(String[] args) throws Exception {
    var client = HttpClient.newHttpClient();
    var request=HttpRequest.newBuilder(URI.create("http://127.0.0.1:5000")).build();
    var subscriber = HttpResponse.BodyHandlers.fromSubscriber(new MySubscriber());
    client.sendAsync(request, subscriber).join();
  }
  static class MySubscriber implements Flow.Subscriber<List<ByteBuffer>> {
    Flow.Subscription subscription;
    public void onSubscribe(Flow.Subscription subscription) {
      this.subscription = subscription;
      subscription.request(1);
    }
    public void onNext(List<ByteBuffer> item) {
      for (ByteBuffer buffer : item) {
        System.out.print(Charset.defaultCharset().decode(buffer));
      }
      subscription.request(1);
    }
    public void onError(Throwable throwable) { }
    public void onComplete() { }
  }
}
```

- 第 10 行调用静态方法获取 HttpClient 实例。
- 第 11 行创建 HttpRequest 对象，并绑定本机 IP 和 5000 端口。
- 第 12 行将静态内部类 MySubscriber 作为入参，创建一个订阅者对象 subscriber，负责接收 Response 响应。
- 第 13 行开启异步 HTTP 请求，并调用 join()方法保持主线程不退出。
- 第 15 行创建 MySubscriber 类，继承流式响应 API，允许持续处理服务器端推送的

- 第 17 行覆写 onSubscribe(...)方法，当订阅建立时调用，其入参 subscription 用于控制数据流的数据请求和取消。
- 第 19 行从响应流中获取下一条数据。
- 第 21 行覆写 onNext(...)方法，当接收到新元素时调用，其入参 item 表示接收到的数据。
- 第 22~24 行循环处理 item 中的数据，将其中的字节码按照默认的字符集转换为文字并输出到主控台。
- 第 25 行再次从响应流中获取下一条数据。

HttpClientTest 响应结果如图 8-5 所示，当 HttpServerTest 服务启动之后，HttpClientTest 程序将每秒接收到一条响应数据，实现了简单的响应流式 Web 编程。

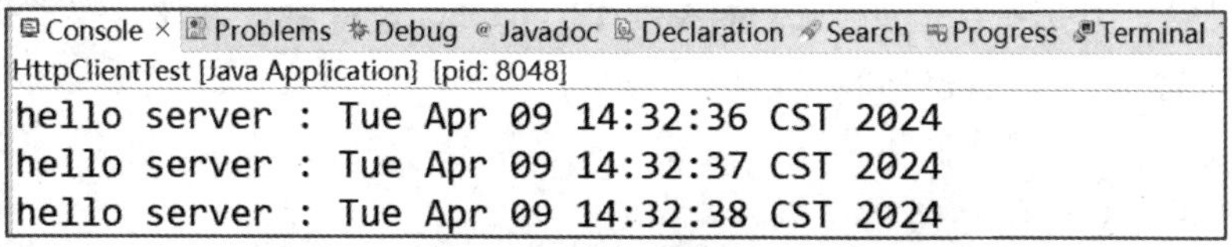

```
© Console × ® Problems ® Debug @ Javadoc © Declaration ® Search ® Progress ® Terminal
HttpClientTest [Java Application]  [pid: 8048]
hello server : Tue Apr 09 14:32:36 CST 2024
hello server : Tue Apr 09 14:32:37 CST 2024
hello server : Tue Apr 09 14:32:38 CST 2024
```

图 8-5　HttpClientTest 响应结果

## 8.4　ZK 组件之网络应用

ZK 组件作为典型的分布式应用组件，其网络应用涉及集群内部的 Leader 选举、集群内部的心跳连接、集群内部消息同步、集群与客户端之间的消息传递等。在 ZK 3.4.14 版本中，网络应用部分保留了两种策略，一种是原生的 Java NIO 应用策略，另外一种策略就是使用 Netty。下面将就 Netty 应用进行初步的探讨。

### 8.4.1　Netty 模式应用

开源组件 Netty 是一个基于事件驱动的异步网络应用开发框架，旨在帮助开发人员快速构建高性能、可维护的网络应用程序。作为 Java 网络编程领域的事实标准，学习 Java 网络编程无法绕过 Netty 开发框架。本节将在 Netty 框架上编写一个简单的网络应用，以此作为深入学习 Java 网络编程的开端。

```
1  <groupId>io.netty</groupId>
2  <artifactId>netty-all</artifactId>
3  <version>4.1.107.Final</version>
```

基于 Netty 组件开发网络应用，让人印象深刻的莫过于其"三板斧"式的初始化过程。这些步骤初看感觉眼花缭乱，其实它们基本属于规定动作，用户可自由发挥的空间不大，只需要熟记即可。【示例源码】8-20 是一段基于 Netty 组件的"Hello World"演示程序，其中共涉及 5 个重要对象的创建，下面对其进行一一列举。

（1）ServerBootstrap：创建服务器端的引导类，用于设置服务器端的线程模型、处理器链、端口号等各种参数，用于方便地管理服务器端的网络通信。

（2）NioEventLoopGroup：事件循环组，为监听事件、读写事件等指定工作线程或线程池，通常创建 boss 组和 worker 组。boss 组负责接收客户端连接请求，worker 组负责处理连接后的各种 I/O 操作。

（3）NioServerSocketChannel：代表服务器端的监听套接字通道，负责接收客户端的连接请求，并在连接建立后创建对应的 NioSocketChannel 用于后续的数据通信。

（4）ChannelInitializer：在通道流水线中配置输入流（Inbound）和输出流（Outbound）处理器。当新连接建立时，该类的 initChannel 方法会被调用。

（5）ChannelInboundHandlerAdapter：作为处理入站事件的 ChannelHandler 的适配器，提供了默认的方法实现，如 channelActive、channelRead 等，方便开发者扩展。

【示例源码】8-20　chap08.sect04.NettyServerTest

```
1  package chap08.sect04;
2  import io.netty.channel.*;
3  public class NettyServerTest {
4    public static void main(String[] args) {
5      new io.netty.bootstrap.ServerBootstrap()
6        .group(new io.netty.channel.nio.NioEventLoopGroup())
7        .channel(io.netty.channel.socket.nio.NioServerSocketChannel.class)
8        .childHandler(new ChannelInitializer<io.netty.channel.Channel>() {
9          protected void initChannel(io.netty.channel.Channel ch) throws Exception {
10           ch.pipeline().addLast(new io.netty.handler.codec.string.StringEncoder());
11           ch.pipeline().addLast(new io.netty.handler.codec.string.StringDecoder());
12           ch.pipeline().addLast(new ChannelInboundHandlerAdapter() {
13             public void channelRead(ChannelHandlerContext ctx, Object msg) throws Exception {
14               System.out.println(msg);
15               ctx.channel().writeAndFlush("hello client");
16               super.channelRead(ctx, msg);
17             } });  }
18         }).bind(5000);
19  } }
```

- 第 5 行通过 new ServerBootstrap 创建服务器端的引导类。
- 第 6 行通过 new NioEventLoopGroup 设置事件循环组。

- 第 7 行通过 new NioServerSocketChannel（反射方式创建）初始化通道类型。
- 第 8 行通过 new ChannelInitializer 初始化网络通道。
- 第 9 行覆写父类中的 initChannel(...)方法，在流水线（pipeline）中设置处理器。
- 第 10 行和第 11 行在流水线中设置字符编码和字符解码的处理器，解码器作用于输入流，将字节数组按指定的字符编码转换为内存中的有效字符串；编码器作用于输出流，将内存中的字符串按照指定字符编码转换为字节数组。
- 第 12 行通过 new ChannelInboundHandlerAdapter 自定义输入流处理器。
- 第 13 行覆写 channelRead(...)方法，编写用户业务逻辑。
- 第 14 行将入参 msg 打印到主控台，经过字符串解码器处理后的 msg 为 String 类型。
- 第 15 行向通道中写入字符串，流水线中的字符编码处理器最终将字符串转换为字节数组。
- 第 16 行向流水线中的下一个处理器传递消息。
- 第 18 行绑定端口，并启动服务器监听任务。

基于 Netty 组件开发客户端程序同样遵循固定的初始化步骤，【示例源码】8-21 列出了常见的 5 个步骤，其中有两个步骤与服务器端初始化存在差异，下面就差异部分进行说明。

（1）Bootstrap（服务器端为 ServerBootstrap）：创建客户端的引导类，用于设置客户端的线程模型、处理器链、服务器地址等各种参数，用于便捷地管理客户端的网络通信。

（2）NioSocketChannel（服务器端为 NioServerSocketChannel）：针对不同软硬件平台或应用场景选择最适合的通道实现。

【示例源码】8-21　chap08.sect04.NettyClientTest

```
1  package chap08.sect04;
2  import io.netty.buffer.*;
3  import io.netty.channel.*;
4  import io.netty.util.CharsetUtil;
5  public class NettyClientTest {
6    public static void main(String[] args) throws InterruptedException {
7      new io.netty.bootstrap.Bootstrap()
8        .group(new io.netty.channel.nio.NioEventLoopGroup())
9        .channel(io.netty.channel.socket.nio.NioSocketChannel.class)
10       .handler(new ChannelInitializer<io.netty.channel.Channel>() {
11         protected void initChannel(io.netty.channel.Channel ch) throws Exception {
12           ch.pipeline().addLast(new ChannelInboundHandlerAdapter() {
13             public void channelActive(ChannelHandlerContext ctx) throws Exception {
14               ctx.channel().write(Unpooled.wrappedBuffer("hello server".getBytes()));
15               ctx.channel().flush();
```

```
16              }
17              public void channelRead(ChannelHandlerContext ctx,Object msg)
                    throws Exception{
18                  System.out.println(((ByteBuf)msg).toString(CharsetUtil.UTF_8));
19              }});
20          }).connect(new java.net.InetSocketAddress("localhost", 5000))
21          .sync();
22      }
```

- 第 7 行通过 new Bootstrap 创建客户端的引导类。
- 第 8 行通过 new NioEventLoopGroup 设置事件循环组。
- 第 9 行通过 new NioSocketChannel（反射方式创建）初始化通道类型。
- 第 10 行通过 new ChannelInitializer 初始化网络通道。
- 第 11 行覆盖父类中的 initChannel(...)方法，在流水线（pipeline）中设置处理器。
- 第 12 行通过 new ChannelInboundHandlerAdapter 自定义输入流处理器。
- 第 13 行覆写 channelActive(...)方法，响应通道就绪事件。
- 第 14 行向服务器端发送字符串，由于流水线中没有配置字符串编码处理器，所以需要在应用逻辑中将传递信息转换为 ByteBuf 数据格式。
- 第 17 行覆写 channelRead(...)方法，读取服务器端发送的消息。
- 第 18 行向主控台输出文本信息，由于流水线中没有配置字符串解码处理器，因此入参 msg 为原生的 ByteBuf 数据格式。
- 第 20 行调用 connect(...)方法向服务器发起连接，该方法为异步请求。
- 第 21 行调用同步方法 sync()，等待初始化连接完成。

Netty 作为基于事件驱动的开发框架，对网络响应性能有着极致的追求，在 Netty 内部实现中，对于 JDK 中 Future 类、ByteBuffer 类、Channel 类等进行了大幅度的封装或改写。

### 8.4.2　ZK 工程中的 NIO 模式应用分析

为了查找 ZK 工程中的网络应用模块，在工程中搜索关键字 ".accept("，可以发现在 NIOServerCnxnFactory 类的 run()方法中实现了完整的 NIO 服务器端连接管理功能。【源码】8-1 摘录了其中的关键段落，通过对比本章【示例源码】8-9 中的代码，可以更好地掌握基于选择器的 NIO 网络编程。

【源码】8-1　org.apache.zookeeper.server.NIOServerCnxnFactory

```
1  package org.apache.zookeeper.server;
2  ......
3  public class NIOServerCnxnFactory extends ServerCnxnFactory implements Runnable {
4      ......
5      ServerSocketChannel ss;
6      final Selector selector = Selector.open();
```

```
7   public void run() {
8     while (!ss.socket().isClosed()) {
9       try {
10        selector.select(1000);
11        Set<SelectionKey> selected;
12        synchronized (this) {    selected = selector.selectedKeys();    }
13        ArrayList<SelectionKey> selectedList=new ArrayList<SelectionKey>(selected);
14        Collections.shuffle(selectedList);
15        for (SelectionKey k : selectedList) {
16          if ((k.readyOps() & SelectionKey.OP_ACCEPT) != 0) {
17            SocketChannel sc = ((ServerSocketChannel) k.channel()).accept();
18            InetAddress ia = sc.socket().getInetAddress();
19            int cnxncount = getClientCnxnCount(ia);
20            if (maxClientCnxns > 0 && cnxncount >= maxClientCnxns) {
21              LOG.warn("Too many connections from "+ia+" -max is "+maxClientCnxns);
22              sc.close();
23            } else {
24              LOG.info("Accepted socket ..." + sc.socket().getRemoteSocketAddress());
25              sc.configureBlocking(false);
26              SelectionKey sk = sc.register(selector, SelectionKey.OP_READ);
27              NIOServerCnxn cnxn = createConnection(sc, sk);
28              sk.attach(cnxn);
29              addCnxn(cnxn);
30            }
31          }else if((k.readyOps()&(SelectionKey.OP_READ|SelectionKey.OP_WRITE))!=0){
32            NIOServerCnxn c = (NIOServerCnxn) k.attachment();
33            c.doIO(k);
34          } else {
35            if (LOG.isDebugEnabled()) {
36              LOG.debug("Unexpected ops in select " + k.readyOps());
37        } } }
38        selected.clear();
39      } catch (RuntimeException e) {
40        ……
```

- 第 3 行定义 NIOServerCnxnFactory 类，创建基于原生 NIO 编程模型的服务器端连接工厂，其中继承了抽象工厂方法，并且实现了 Runnable 接口，允许以独立线程运行。
- 第 5 行和第 6 行分别定义 NIO 重要组件 ServerSocketChannel 与 Selector。
- 第 7 行覆写 run()方法，以独立线程运行。
- 第 8 行在服务器端监听端口一直开放的情况下无限循环。

- 第 15 行开始循环处理每一个 OP_ACCEPT、OP_READ 或 OP_WRITE 事件。
- 第 17 行接受 Client 端连接请求，并且获取连接通道 sc。
- 第 19~22 行管理单个 Client 端最大连接数量，默认为 60 个。
- 第 25 行设置新的连接通道为非阻塞模式。
- 第 26 行在选择器中注册新生成连接通道的 OP_READ 事件。
- 第 28 行将对象 cnxn 作为附件在网络事件中传递，第 32 行将从中获取附件。
- 第 31 行处理读、写事件。
- 第 33 行调用 doIO(...)方法，该方法通过 ByteBuffer 类处理输入输出流。
- 第 38 行清空 selected 对象，这是保障下一次从选择器中正确获取数据的规定动作。

### 8.4.3　ZK 工程中 Netty 应用分析

在 ZK 工程中，基于 NIO 的网络应用实现了抽象类 ServerCnxnFactory。同理，基于 Netty 的网络也实现了 ServerCnxnFactory。【源码】8-2 中定义了基于 Netty 组件的服务器端网络连接工厂类，其中包括了 ServerBootstrap 类型对象的创建语句。

【源码】8-2　org.apache.zookeeper.server.NettyServerCnxnFactory

```
1  package org.apache.zookeeper.server;
2  ……
3  public class NettyServerCnxnFactory extends ServerCnxnFactory {
4    ServerBootstrap bootstrap;
5    ……
6    NettyServerCnxnFactory() {
7      bootstrap = new ServerBootstrap(
8        new NioServerSocketChannelFactory(Executors.newCachedThreadPool(),
                Executors.newCachedThreadPool()));
9      // parent channel
10     bootstrap.setOption("reuseAddress", true);
11     // child channels
12     bootstrap.setOption("child.tcpNoDelay", true);
13     /* set socket linger to off, so that socket close does not block */
14     bootstrap.setOption("child.soLinger", -1);
15     bootstrap.getPipeline().addLast("servercnxnfactory", channelHandler);
16   }
17   @Override
18   public void start() {
19     LOG.info("binding to port " + localAddress);
20     parentChannel = bootstrap.bind(localAddress);
21   }
22   @Override
23   public void startup(ZooKeeperServer zks) throws IOException,InterruptedException{
```

```
24      start();
25      setZooKeeperServer(zks);
26      zks.startdata();
27      zks.startup();
28    }
29  ......
```

- 第 3 行定义 NettyServerCnxnFactory 类，继承抽象服务器端连接工厂。
- 第 7 行和第 8 行在构造方法中创建 ServerBootstrap 实例，Executors.newCachedThreadPool()方法为其指定了两个不同的线程池。
- 第 15 行在流水线上指定 channelHandler 处理器，用于处理入站、出站事件。
- 第 18 行覆写父类中的 start()抽象方法，启动网络服务。
- 第 20 行执行 bootstrap.bind(...)方法绑定本地端口，在新的线程中开启网络监听。在 NIOServerCnxnFactory 类中，通过执行 thread.start()方法开启新的线程。
- 第 23 行覆写父类中的 startup(...)抽象方法，初始化 ZK 客户端。这里是跟踪调试 ZK 服务器端代码的关键入口。
- 第 24 行启动网络。
- 第 26 行初始化加载 ZK 数据，或者第一次创建新的数据结构。
- 第 27 行负责启动和初始化与 ZK 相关的服务组件，是 ZK 服务器初始化的关键步骤。

### 8.4.4 粘包拆包问题处理

在大部分 Java 教材中，涉及网络编程的部分都没有对粘包拆包问题作专门探讨，而有些提及粘包拆包问题的教材，则将重心放在列举发生粘包拆包问题的各种理论上的可能性，这两类模式都无助于 Java 网络编程的学习。简单来说，粘包拆包问题就像没有标点符号的文言文，把困难都扔给了读者，少加一个句号可以理解为粘包，而多加一个句号断句则可以理解为拆包。

粘包拆包问题并不只是网络编程中的问题，实际上涉及流操作的场景都需要考虑准确切分的问题。本书第 5 章中图 5-7 所展示的内容同样体现了粘包拆包问题，其中第 3 行和第 4 行的输出结果完全一致，而没有遵循程序中每次多打印一个 char 类型数据的逻辑。这是因为 FileReader 类对汉字的合法性进行了校验，限制了对辅助多文种平面中单个 char 类型数据的读取。

1. 粘包拆包问题处理策略

在真实的生产应用场景中，处理粘包拆包问题需要使用不同的策略，以确保数据能够被正确地接收和解析。常见的处理策略分为以下三种。

1）固定长度策略

在 Java 序列化原生数据类型时，固定长度策略是一种常见的方法。在这种策略中，每个数据包都被分割成固定长度的部分，这样接收端就可以根据预先设定的长度来正确地接收和解析数据。对于长度不够的特殊情况，可以采用补充特殊字符对齐的方式处理。

2）按分隔符拆分

另一种常见的策略是按分隔符拆分数据包。在这种方法中，数据包的结束通过特定的分隔符来标识，接收端可以根据这个分隔符来切割数据包。当正文中出现分隔符时，则通过转义来处理。这种方法的效率较低，因为它需要逐个字节地检查数据，在数据量较大时会影响性能。

3）包头+包体结构

包头+包体结构是一种更为复杂但更有效的策略。在这种方法中，数据包被分为包头和包体两部分。包头通常包含一些元数据，如数据长度、数据类型等信息，而包体则包含实际的数据内容。接收端首先读取包头信息，根据包头中的信息确定包体的长度，然后再读取相应长度的包体内容，是一种极为常见的粘包拆包处理方法。

2. ZK 工程中的粘包拆包实践

粘包拆包问题是所有网络应用都需要面对的问题，研究粘包拆包遵循业界最佳实践即可，无须为了学习而学习。作为汇集了众多网络应用模式的经典组件，ZK 工程中就有多处封装了粘包拆包处理逻辑。【源码】8-3 是 ZK 组件中基于 NIO 的网络通信模块，在 sendResponse(...)方法中定义了消息发送格式，每个消息的前 4 字节中存放了消息长度信息。

【源码】8-3　org.apache.zookeeper.server.NIOServerCnxn（一）

```
1   package org.apache.zookeeper.server;
2   public class NIOServerCnxn extends ServerCnxn {
3     private final static byte fourBytes[] = new byte[4];
4     synchronized public void sendResponse(ReplyHeader h, Record r, String tag) {
5       try {
6         ByteArrayOutputStream baos = new ByteArrayOutputStream();
7         BinaryOutputArchive bos = BinaryOutputArchive.getArchive(baos);
8         try {
9           baos.write(fourBytes);
10          bos.writeRecord(h, "header");
11          if (r != null) {
12            bos.writeRecord(r, tag);
13          }
14          baos.close();
15        } catch (IOException e) { LOG.error("Error serializing response"); }
16        byte b[] = baos.toByteArray();
17        ByteBuffer bb = ByteBuffer.wrap(b);
```

```
18       bb.putInt(b.length - 4).rewind();
19       sendBuffer(bb);
20       ……
21  }
```

- 第 3 行定义 4 字节的静态数组 fourBytes，4 字节即代表一个整型。
- 第 6 行定义字节数组输出流 baos。
- 第 7 行将 baos 流包装为 ZK 工程中的二进制对象输出流，用于输出有效数据。
- 第 9 行向 baos 中写入 4 字节，此时 4 字节并无有效数据，仅作占位使用，待输出数据长度确定后再作替换。
- 第 10 行向流中输出有效的业务数据。
- 第 16 行将输出流中的数据转换为字节数组。
- 第 17 行将字节数组包装为字节缓冲区。
- 第 18 行调用字节缓冲区的 putInt(...)方法，写入有效数据的长度，即数组长度减去 4 个字节的占位长度。
- 第 19 行调用 sendBuffer(...)方法，发送数据。

【源码】8-4 中定义了消息接收方法 readLength(...)，涉及两个字节缓冲区的定义。其中，lenBuffer 缓冲区的长度固定为 4，该缓冲区存放的整型变量代表了消息的长度；incomingBuffer 缓冲区的长度随消息长度的变化而变化，当且仅当缓冲区填充满且数据全部被获取才代表一次读取结束。

【源码】8-4　org.apache.zookeeper.server.NIOServerCnxn（二）

```
1  ByteBuffer lenBuffer = ByteBuffer.allocate(4);
2  ByteBuffer incomingBuffer = lenBuffer;
3  ……
4  private boolean readLength(SelectionKey k) throws IOException {
5      int len = lenBuffer.getInt();
6      ……
7      incomingBuffer = ByteBuffer.allocate(len);
8      return true;
9  }
```

- 第 1 行初始化长度为 4 字节的字节缓冲区，接收 int 类型的数据。
- 第 2 行定义的 incomingBuffer 为接收长度变化的实际数据。
- 第 4 行定义 readLength(...)方法，确定每次需要读取数据的长度。
- 第 5 行调用字节缓冲的 getInt()方法，获得发送方标记的数据长度信息。
- 第 7 行用数据长度信息初始化 incomingBuffer。

## 8.5 本章小结

通过本章，我们学习了阻塞式网络编程、非阻塞式网络编程、异步网络编程和基于 Netty 的事件驱动网络编程模型，通过对比学习，可以更好地掌握其精髓。

表 8-1 整理了 4 种网络编程模式的基础组件和应用组件，从第二列"网络基础组件"信息可以看出，服务器端组件命名比客户端组件命名统一多了一个单词"Server"，表 8-1 中以粗体的形式做了标记。

表 8-1　4 种网络编程模式组件对比

| 模　式 | 网络基础组件 | 主要应用组件 | 初始发布版本 |
| --- | --- | --- | --- |
| 阻塞模式 | Socket<br>**Server**Socket | InputStream<br>OutputStream<br>byte[] | JDK1.1 |
| 非阻塞模式 | SocketChannel<br>**Server**SocketChannel | Selector<br>Channel<br>ByteBuffer | JDK1.6 |
| 异步模式 | AsynchronousSocketChannel<br>Asynchronous**Server**SocketChannel | CompletionHandler | JDK1.7 |
| 事件驱动模式 | Bootstrap<br>**Server**Bootstrap | ByteBuf<br>io.netty.Channel | Netty4.0 |

# 反侵权盗版声明

电子工业出版社依法对本作品享有专有出版权。任何未经权利人书面许可，复制、销售或通过信息网络传播本作品的行为；歪曲、篡改、剽窃本作品的行为，均违反《中华人民共和国著作权法》，其行为人应承担相应的民事责任和行政责任，构成犯罪的，将被依法追究刑事责任。

为了维护市场秩序，保护权利人的合法权益，我社将依法查处和打击侵权盗版的单位和个人。欢迎社会各界人士积极举报侵权盗版行为，本社将奖励举报有功人员，并保证举报人的信息不被泄露。

举报电话：（010）88254396；（010）88258888
传　　真：（010）88254397
E-mail：dbqq@phei.com.cn
通信地址：北京市万寿路 173 信箱
　　　　　电子工业出版社总编办公室
邮　　编：100036